中国风景园林学会规划设计委员会
中国风景园林学会信息委员会　编
中国勘察设计协会园林设计分会

Landscape
Architects

风景园林师 12

中国风景园林规划设计集

中国建筑工业出版社

風景園林師

Landscape Architects

编 委 名 单

共创民族特色和地方风格

——论现代风景园林设计（代序）

我国建设的总目标是建设具有中国特色的社会主义社会，落实到城市风景园林建设就是共创中华民族风景园林之特色和地方风格。前者是共性，后者是特殊性。这也包含学习国外的先进经验，不是崇洋媚外或刮欧美风，而是“以中为体，以外为用”。在半封建半殖民地时期有些城市留下了一些外国文化，这只是枝而不是干，更不是本源，正本清源至关重要。

我中华之于城市建设有“天下为庐”之说，但要“各适其天”。有所为，有所不为。并非天下皆宜居环境。有所为者，沙漠地区察得地下矿产。修路敷绿，历数十年事竟成。人进绿进，绿进沙退。产业、环境双赢。有所不为者，为泥石流通道让道，为三江源生态环境让保护地，退出不宜居环境，逆自然事不为。都江堰古代治水诀都铭刻在石头上，唯恐不流传。“安流须轨”、“深掏滩，低作堰”。这反映了以疏浚为主，以堤堰为辅的治水方针。

“景以境出”说明要造景先造境，再在境上造景。建筑、道路、场地和大量的植物莫不皆然。孤立的植物如何造景，只有先为植物创造了适应的生态环境地形，植物方可能为人创造好的生态环境。“境”有物境和意境，造园目的既定，就要按宗旨塑造地球表面。这也是我们赞成以Landscape Architecture与国际学科名接轨之因。L是自然的属性。LA便是人造自然。L亦指自然山水。这就和中华的民族特色更靠近了，中华民族风景园林的概念模式是文人写意自然山水园。因此，山水竖向地形设计是先要塑造出来的“境”。目前主要问题是“有丘无壑，有坡无谷”，胸有丘壑者是坡谷相生的，唯“外师造化，内得心源”能解决这问题。除了表象的物境还有内涵的意境，把风景园林的综合效益化为诗篇。唯诗能言志。美学家李泽厚用现代语言概括“中国园林是人的自然化和自然的人化”。这是“天人合一”的宇宙观见诸风景园林的反映。作为人享受自然必然要求人化。唯我中华有独特、优秀的传统提供设计者和游览者之间心地交流。这就是园林中的诗情画意。景有景题、景诗、额题、楹联、摩崖石刻等。从一个字到数千字足以表达。传统是相传成统。在传的过程中循时代而进。“从来多古意，可以赋新诗”。动物园的鸣禽馆“看花笑谁，听鸟说甚”，花博会“人非过客，花是主人”、“交友无间，赏花有约”。会客室称“胜读十年书”或“洗耳恭听”，都有“寓教于景”的效果。体育建筑因立意鸟巢和水立方而中标，航天高科技也以天宫和神州寓意。何况风景园林乎，这是中华民族特色。

因“一方风水养一方人”而需要“各适其天”，特色是风景园林艺术的生命，这不仅是植物分布的地带性，山水和民居建筑皆然。“道法自然”即真理师法自然。江浙水乡、北京皇苑、荆楚河山、巴蜀山寨、康定草原、岭南二樵、西藏云山、新疆胡杨，莫不引人入胜。各地方之山水都是有鲜明性格的。北雄南秀、东纤西犷，都能寻觅出性格来。在文脉方面则要从地方志和相关文献中摸文脉。建筑特色都是适应山水地形和衍展文脉而成的，千城、千景异面可行。

科学发展观是中国国策。也就是实事求是，也是设计师的天职。难在处理具体矛盾的分辨和掌握火候。中庸之道即不偏不倚，既反对“左倾”，也反对“右倾”，从不断纠偏中坚持正确的道路。与“谁大听谁的”有所区别，民主集中。掌握了党给我们的武器，密切结合中国的特色具体分析，便可“随遇而安，水到渠成”了。

我们面临极大的机遇和挑战。中国要从科技大国转为科技强国，我们学科是综合国力不可缺少的组成部分。风景园林规划设计的战略高地何在？我们如何去占领？是不是要制造中华民族风景园林规划设计的软件？如何运用三维扫描仪和立体打印机变图纸为模型。一切空间有赖于模型设计和身历感的预估。我们要通过世代接力深之欲达到提高综合国力的目的。造福于中国人民和“有朋自远方来”的朋友。

孟兆祯

contents

目 录

contents

公园花园

景观环境

contents

中国风景名胜区事业发展公报（1982—2012）

住房和城乡建设部

发展论坛

在社会快速转型、经济高速发展、城市化急速推进中，风景园林也面临着前所未有的发展机遇和挑战，众多的物质和精神矛盾，丰富的规划与设计论题正在召唤着我们去研究论述。

前言

风景名胜区是国家依法设立的自然和文化遗产保护区域，以自然景观为基础，自然与文化融为一体，具有生态保护、文化传承、审美启智、科学研究、旅游休闲、区域促进等综合功能及生态、科学、文化、美学等综合价值。风景名胜区与国际上的国家公园相对应，同时又有着鲜明的中国特色，它凝结了大自然亿万年的神奇造化，承载着华夏文明五千年的丰厚积淀，是自然史和文化史的天然博物馆，是人与自然和谐发展的典范之区，是中华民族薪火相传的共同财富。

风景名胜资源属国家公共资源，风景名胜区事业是国家公益事业。1982 年，国家正式建立风景名胜区制度。30 年来，在党中央、国务院的高度重视和正确领导下，在国家建设行政主管部门、各级地方人民政府和风景名胜区管理部门的辛勤工作以及各相关行业部门的大力支持下，我国风景名胜区事业不断发展壮大，在保护自然文化遗产、改善城乡人居环境、维护国家生态安全、弘扬中华民族文化、激发大众爱国热情、丰富群众文化生活等方面发挥了极为重要的作用。

值此事业而立之年，为使公众更全面地了解中国风景名胜区发展情况，特进行全面介绍。

一、体系建设

体系建设是风景名胜区事业发展的基础。1982 年国务院审定公布第一批 44 处国家重点风景名胜区（2006 年 12 月 1 日《风景名胜区条例》实施后，统一改称为"国家级风景名胜区"）以来，经过 30 年的不懈努力，我国已形成覆盖全国的风景名胜区体系。

等级。我国风景名胜区分为国家级和省级两个层级。国务院先后批准设立国家级风景名胜区 8 批共 225 处，面积约 10.36 万 km^2；各省级人民政府批准设立省级风景名胜区 737 处，面积约 9.01 万 km^2，两者总面积约 19.37 万 km^2。这些风景名胜区基本覆盖了我国各类地理区域，遍及除香港、澳门、台湾和上海之外的所有省份，占我国陆地总面积的比例由 1982 年的 0.2%提高到目前的 2.02%。

类型。我国是世界上风景名胜资源类型最丰富的国家之一，包括历史圣地类、山岳类、岩洞类、江河类、湖泊类、海滨海岛类、特殊地貌类、城市风景类、生物景观类、壁画石窟类、纪念地类、陵寝类、民俗风情类及其他类 14 个类型，基本涵盖了华夏大地典型独特的自然景观，彰显了中华民族悠久厚重的历史文化。

价值。在保护实践中，风景名胜区不仅展示了生态、科学、美学、历史文化等本底价值，还充分体现出科研、教育、旅游、实物产出等直接利用价值和促进产业发展、社会进步等衍生价值，这种多元价值使其成为我国各类遗产保护地中保护管理最复杂、功能最综合的法定保护区。在国家自然和文化遗产保护体系中，风景名胜区占重要地位，与自然保护区、文物保护单位／历史文化名城并列为国家三大法定遗产保护地。

二、法规和体制

法规制度与管理机构是风景名胜区事业发展的根本保障。各级政府十分重视风景名胜区管理的法制化和规范化，30 年来，出台了一系列法律、法规、规章及规范性文件，建立了符合我国国情的风景名胜区管理体制。

在法律层面上，国家先后颁布《中华人民共和国城乡规划法》、《中华人民共和国土地管理法》、《中华人民共和国环境保护法》等与风景名胜区密切相关的法律10余部，为规范风景名胜资源的综合保护管理提供了法律依据。

在法规层面上，1985年，国务院颁布我国第一个关于风景名胜区工作的专项行政法规——《风景名胜区管理暂行条例》，使风景名胜区走上依法发展之路。2006年，国务院颁布《风景名胜区条例》，强化了风景名胜区的设立、规划、保护、利用和管理，并在风景名胜资源有偿使用、门票收缴管理以及保护风景名胜区内有关财产所有权人合法权益等方面取得了重要突破，是风景名胜区事业发展的重要里程碑。为及时解决发展中出现的问题，使风景名胜区始终保持有序健康发展，国家建设行政主管部门先后出台了《风景名胜区环境卫生管理标准》、《风景名胜区安全管理标准》、《风景名胜区建设管理规定》、《国家重点风景名胜区规划编制审批管理办法》、《国家重点风景名胜区总体规划编制报批管理规定》、《国家重点风景名胜区审查办法》、《国家级风景名胜区徽志使用管理办法》、《国家级风景名胜区监管信息系统建设管理办法（试行）》等一系列配套制度。各级地方政府、人大也很重视风景名胜区的立法工作，先后有19个省（直辖市、自治区）制定了地方性法规，82个国家级风景名胜区实现了"一区一条例"。在我国市场经济转型期复杂的历史条件下，这些法规对风景名胜区行政管理、资源保护、规划建设和旅游服务等发挥了重要的规范指导作用。

就体制而言，我国建立了国家建设行政主管部门、地方政府主管部门以及风景名胜区管理机构三级管理体制。国家建设行政主管部门负责全国风景名胜区的监督管理，省、自治区人民政府建设主管部门和直辖市人民政府风景名胜区主管部门，负责本行政区域内风景名胜区的监督管理。风景名胜区所在地县级以上地方人民政府设置的风景名胜区管理机构，具体负责风景名胜区的保护、利用和统一管理。目前，全部国家级风景名胜区都已建立管理机构，设立了风景名胜区管理委员会（管理局、管理处等），行使地方人民政府或有关主管部门依法委托的行政管理职权。大部分省级风景名胜区也建立了相应的管理机构。

三、资源保护

资源保护是风景名胜区事业发展的核心内涵。30年来，我国风景名胜区的保护理念不断提升，逐步实现由注重视觉景观保护向视觉景观、文化遗产、生物多样性、自然生态系统等方面综合保护的转变，由点状保护向网络式、系统式保护的转变，由注重区内保护向区内区外协调保护、共同发展的转变。30年来，风景名胜区以较少的政府资金投入，保护了我国最优秀的自然和文化遗产资源。

保护了珍贵的自然资源。风景名胜区的设立，不仅有效保护了丹霞地貌、喀斯特地貌、花岗岩地貌、火山地貌、雪山冰川及江河湖泊等最珍贵的地质遗迹、最典型的地貌类型和最美的自然景观，还为我国及世界生物多样性保护作出了积极贡献。绝大多数国家级风景名胜区（约7.87万km^2）被列入《中国生物多样性保护战略与行动计划（2011—2030年）》中的生物多样性保护优先区域；武夷山、黄龙、九寨沟、西双版纳等7个国家级风景名胜区被联合国教科文组织列入"世界生物圈保护区"。

传承了丰富的民族文化。风景名胜区以物质或非物质载体的方式保存了大量文化遗产，分布着401个全国重点文物保护单位和490个省级文物保护单位，还有非物质文化遗产196项。尤为重要的是，我国风景名胜区十分重视文化与自然的和谐统一，整体保护传统文化所处的自然与人文环境，使传统文化成为活的可传承的文化，这不仅是对中华民族文化传承的重要贡献，也是对全球文明传承的重要贡献。

优化了风景环境。在风景名胜区事业发展过程中，由于认识不到位、法规不健全、管理不到位等原因，出现了一些违反风景名胜区相关规定、不符合风景名胜区规划和资源保护要求的行为。针对上述问题，自2003年起，全国国家级风景名胜区开展了环境综合整治工作，累计拆除违规建设或影响景观环境的宾馆、酒店、度假村等楼堂馆所2000多家，关闭非法采石场、挖沙场、小煤窑2534处，恢复绿地789.8万m^2，疏浚治理河流200多条，治理水域污染4100km^2，退田还湖、退地还海1000km^2，退耕还林3万km^2。一些省级主管部门借鉴国家级风景名胜区综合整治经验，在省级风景名胜区也组织开展了综合整治工作。通过综合整治，风景名胜区的自然景观和生态环境显著优化。

四、规划管理

规划是风景名胜区保护、利用和管理工作的重要依据。30年来，我国风景名胜区规划管理取得三方面重要成就。

规划编制全面规范。风景名胜区规划包括总体规划、详细规划和省域／区域体系规划三个层次。规划编制遵循“政府主导、公众参与、专家论证、科学决策”的原则，具有较强的科学性和规范性。截至目前，已有181个国家级风景名胜区完成总体规划编制，152个国家级风景名胜区完成重点景区详细规划编制，7个省（直辖市、自治区）完成省域风景名胜区体系规划编制，343个省级风景名胜区完成总体规划编制。

规划审批程序严格。风景名胜区规划属法定规划，具有严格的审批要求和程序。国家级风景名胜区总体规划由国务院审批，在审批前需经9部门组成的部际联席会议审查；详细规划由国家建设行政主管部门审批。省级风景名胜区总体规划由省级人民政府审批；详细规划由省、自治区人民政府建设主管部门和直辖市人民政府风景名胜区主管部门审批。目前，全国已有128个国家级风景名胜区、271个省级风景名胜区总体规划通过审批。

规划监管制度完备。按照《城乡规划法》、《风景名胜区条例》中相关规定，加大对风景名胜区规划实施的监管力度。建立国家级风景名胜区遥感监测信息系统，对150多个国家级风景名胜区的规划实施、资源保护和项目建设情况实施动态监测，及时发现和严肃查处各类违规建设行为。2006年，建立城乡规划督察员制度，积极开展国家级风景名胜区规划实施督察，有效促进规划的依法实施，累计发现和查处违反风景名胜区规划行为30余项。规范和加强国家级风景名胜区重大建设工程项目选址方案的审查和核准工作，自2008年以来，已依法审查80余项。一些省级建设行政主管部门积极探索，实行风景名胜区建设项目选址审批书制度和初步设计报批制度，对风景名胜区规划实施的重要方面进行有效监管，指导地方妥善处理保护与利用的关系。

五、能力建设

能力建设是风景名胜区保护、利用和管理的重要支撑。30年来，风景名胜区的基础设施日益完善，管理队伍日益规范，管理方式日益精细。

基础设施日益完善。各级风景名胜区把服务设施能力作为展示风景名胜区形象的重要窗口，广泛动员和整合社会相关力量，积极拓展景区建设投融资渠道，极大地改善了景区内外交通、住宿、餐饮、污水处理等基础设施，以及游客中心、旅游集散中心等公共服务设施。“十一五”期间，我国国家级风景名胜区完成固定资产投资725.6亿元，为全方位游客服务提供了良好保障。

管理队伍日益规范。目前，国家级风景名胜区共有管理人员4万余人，其中专业技术人员约1.3万人，占总数的32.5%。各级风景名胜区主管部门不断加强风景名胜区管理人员的在岗培训和业务交流，有效增强了管理队伍依法保护管理的执行能力和业务能力，对国内外遗产保护利用经验教训的认知也得到提升。

管理方式日益精细。在加强风景名胜区科学研究的基础上，充分运用现代信息技术，提升风景名胜区科学保护、科学利用、科学决策的能力。从2004年开始，国务院建设行政主管部门在黄山、峨眉山、九寨沟、杭州西湖等24处国家级风景名胜区进行“数字景区”建设试点，并逐步在其他有条件的国家级风景名胜区推广。通过“数字景区”建设，一些风景名胜区在资源监测、森林防火、游客组织、交通调度、政务票务、信息发布、应急救援等方面逐步实现精细化管理，提升了管理效率和水平。

六、经济和社会贡献

30年来，具有公益性的风景名胜区事业，作出了巨大的社会贡献，带动了相关产业发展。

拉动旅游经济发展。风景名胜区作为文化和旅游经济的重要资源，在培育国民经济新的增长点、促进旅游经济和现代服务业发展方面，发挥着越来越重要的作用。“十一五”期间，我国国家级风景名胜区共接待游客21.4亿人次。其中，2010年国家级风景名胜区接待游客4.96亿人次，比上年增长10%，占全国国内和入境过夜游客总数的23%，浙江、江苏均超过6000万人次；接待境外游客1171万人次，占全国入境过夜旅游人数的32%；直接旅游收入397亿元，增长11%，占全国国内和入境过夜旅游总收入的2.5%，安徽、浙江两省均超过60亿元。另外，风景名胜区自身开展特许经营的收入也不断增长，“十一五”期间，国家级风景名胜区经营服务收入1402亿元，年均增长9.9%，其中2010年达到328.5亿元。

开展科学普及和爱国主义教育。风景名胜区丰富的自然和文化资源，为开展青少年科普、环境教育和爱国主义教育奠定了基础，是我国社会主义精神文明建设的重要载体。目前，全国设立“全国科普教育基地”和“全国青少年科技教育基地”的风景名胜区达到107个，设立各级爱国主义教育基地286个。

促进和谐社会建设。风景名胜区事业发展与人民生活紧密相连，惠及民众，服务社会。30年来，风景名胜区始终坚持资源保护、旅游发展与民生发展相结合的道路，通过旅游收入反哺居民、门票利益居民共享、生态补偿及搬迁补偿、促进居民就业等多种方式，大大提高了居民就业率，改善了民生，完善了基础设施，缩小了地区差距，很好地促进了社会和谐发展，很多风景名胜区的所在地区成为脱贫致富的典范。据不完全统计，2010年，通过带动旅游产业和区域服务业的发展，风景名胜区为37万人提供了就业机会，间接为地方创造经济价值1095.7亿元。

七、国际交往

作为与国外国家公园最接近的自然和文化遗产管理体系，30年来，我国风景名胜区开展了多层次、多主体、多形式、全方位的国际交流。

认真履行国际公约。在履行《保护世界文化和自然遗产公约》、《生物多样性公约》等国际公约工作中，国家和地方各级风景名胜区管理部门会同中国风景名胜区协会、相关科研培训机构，与联合国教科文组织、世界自然保护联盟等100多个国际组织、政府、机构建立了密切联系，在资源保护、技术标准、专业培训、世界遗产申报管理等方面建立了广泛而深入的对话和合作机制。1998年，原建设部（现为住房和城乡建设部）风景名胜区管理办公室与美国内政部国家公园管理局签署关于在保护和管理国家公园及其他文化与自然遗产方面开展合作的谅解备忘录，并先后5次签署两年行动计划，开展务实合作。27个国家级风景名胜区与国外的国家公园建立了友好公园，共派出2061名技术人员赴国外学习交流，接待133801名国外国家公园人员访问交流。

学习借鉴保护理念和制度。1979年1月，邓小平同志访美签订的中美建交后的第一个中美科技合作协定和文化协定就包含了风景名胜区与国家公园交流的内容。我国风景名胜区从建立伊始就注重借鉴国外国家公园的理念和制度，在建设目的、性质定位、资源构成、建立标准、审批程序等方面与国外国家公园具有很多共性，从而也推动风景名胜区成为我国既有保护地体系中最规范、最成熟的一种，同时，在资源丰富度、保护和利用模式等方面又有鲜明的中国特色。

积极保护世界遗产。国际交往加深了世界对中国的了解，促进了我国世界遗产快速发展。我国自1985年加入《保护世界文化和自然遗产公约》以来，在价值研究、提名申报、资源监测、定期评估、人员培训、保护管理规划、能力建设、青少年教育等方面开展了深度国际合作，不仅推进了我国世界遗产的发展，而且带动了风景名胜区事业的发展。截至目前，我国共有世界遗产地43处，总量位居世界第三，共涉及国家级风景名胜区32处、省级风景名胜区8处。

树立良好的国际形象。作为遗产大国，我国承办了第28届世界遗产大会、第3届世界自然遗产大会、国际风景园林师联合会第47届世界大会，还与相关国际组织合作举办了一系列国际会议。这些会议增进了国际同行对我国文化和自然遗产保护理念、方法的认识和理解，形成了一些具有重要影响的国际文件（如:《苏州宣言》、《峨眉山宣言》等），为国际自然和文化遗产保护事业作出了重要贡献。具有中国特色的风景名胜区保护管理模式也极大地丰富了国际文化和自然遗产保护的理论、实践和模式，为广大发展中国家正确处理遗产的保护、利用与传承的关系提供了有益借鉴。联合国教科文组织世界遗产中心高度赞誉："中国政府和人民一直都是世界遗产的有力支持者"。

八、展望

30年来，我国风景名胜区事业在保护生态、服务人民、展示文化、推动发展上成就卓著。但是，我们也清醒地认识到，由于我国正处于工业化、城镇化和旅游产业快速发展的阶段，经济建设、城乡建设、旅游开发对风景名胜区的压力仍然十分突出。一些地方过于注重风景名胜区的经济功能，片面强调旅游开发，收取高额门票，出让或转让经营权，严重影响了风景名胜区的公益性；一些地方不顾风景名胜资源不可再生的特殊性，违章建设，错位开发，导致风景名胜区资源破坏严重；一些地方忽视风景名胜区管理机构能力建设，管理职能不到位，保护资金不落实，规划编制滞后，管理水平低下；还有一些大型基础设施建设缺乏科学论证，随意侵占、穿越风景名胜区，严重破坏其生态环境和自然文化遗产价值。

党的十八大报告提出，要把生态文明建设放在突出地位，努力建设美丽中国，并就优化国土空间开发格局、加大自然生态系统和环境保护力度、加强生态文明制度建设等做出了明确部署。

在新的历史时期，我国风景名胜区事业发展要始终坚持科学发展观，坚持"科学规划、统一管理、严格保护、永续利用”的基本方针，坚持生态效益、经济效益和社会效益的有机统一，坚持风景名胜资源保护和促进地区发展的相互结合，突出风景名胜区的公益性，全面发挥风景名胜区的各项功能，为广大人民群众提供更好的精神家园。

加强法制建设。认真贯彻落实《风景名胜区条例》，完善配套规章制度，特别是要加快制定和完善规划建设管理、门票管理和资源有偿使用、特许经营管理等方面的制度。支持和鼓励各地结合实际完善风景名胜区地方性法规，推进国家级风景名胜区“一区一条例”，做到有法可依、执法必严、违法必究。积极开展风景名胜区立法研究，提升其法律地位。加快风景名胜区分类管理政策和技术规范制定，实施分类指导，推进管理的规范化和科学化。

完善管理体制机制。进一步强化风景名胜区管理机构依法管理风景名胜区的主体地位，严格落实《风景名胜区条例》赋予的具体事权，切实做到统一规划、统一管理。建立风景名胜区管理绩效考核机制，实行动态管理：对考核优秀的风景名胜区，列入绿色名录；对考核不合格的风景名胜区，列入濒危名单并向社会公布。

加大资金投入。进一步强化风景名胜区的公益性，落实国家对禁止开发区的财政政策，不断加大中央财政投入，加强地方财政支持力度，使各级财政投入基本满足风景名胜区保护资金需求，逐步解决风景名胜区保护资金对门票收入的高度依赖问题，降低风景名胜区门票价格。积极推进风景名胜资源有偿使用，拓宽保护资金来源，弥补财政资金不足。

强化规划调控。继续加快风景名胜区规划编制审批进度，为风景名胜区保护、利用和管理提供依据。维护风景名胜区规划的权威性、规范性和科学性，建立规划实施定期评估制度，完善风景名胜区规划实施和资源保护状况年度报告制度；加强对规划实施的遥感动态监测，加大对违规建设行为的查处力度。依据风景名胜区规划，科学利用风景名胜区资源，积极发展旅游、服务、土特产加工等相关产业，更好地服务社会、服务公众，促进地方经济发展和人民群众脱贫致富，实现资源保护、生态建设和经济社会发展的良性循环。

加强科学研究和能力建设。建立风景名胜区与国内外科研机构和高等院校的合作机制，积极申请风景名胜区科研立项，开展资源普查与保护、生态环境监测、规划管理、游客服务与容量调控、应急管理等基础性研究，为风景名胜区保护与发展提供技术支撑。建立健全风景名胜区专业人才培养的科学机制和学科体系，为风景名胜区事业发展提供人才储备。进一步加大风景名胜区人才队伍培训力度，实现业务培训的定期化和制度化，提升其业务水平和实践能力。

鼓励公众参与。加强风景名胜区科学价值、综合功能和保护意义的宣传，增强公众保护意识。建立风景名胜区志愿者服务机制，鼓励社会团体和个人参与风景名胜区的巡查、卫生、宣传、科技服务等工作。完善风景名胜区规划公开公示制度，在规划编制阶段广泛征求社会各界的意见，在规划审批后及时向社会公布。建立风景名胜区违规行为的举报与发布制度，鼓励公众、媒体、社会组织对风景名胜区管理实施监督。

扩大国际交往。继续深入开展风景名胜区与国家公园的交流合作，把我国风景名胜区事业发展纳入国际自然和文化遗产事业发展的视野，充分学习借鉴国际先进经验，坚持改革创新，探索中国特色的自然和文化遗产保护与发展新路子，不断提高我国风景名胜区在国际上的知名度和影响力，开创我国风景名胜区事业科学发展新局面。

结束语

保护珍贵的自然和文化遗产，已成为全球共识。中国的风景名胜区事业不仅肩负着保护我国自然和文化遗产的重要历史使命，也是人类社会保护环境、传承文明的共同利益所在。在过去30年工作的基础上，继续把风景名胜区保护好、利用好、管理好，实现永续利用、永世传承，是当代人对历史、对社会、对子孙后代的应尽责任，也是对世界的应尽责任。

门城大沙坑环境整治中生态补偿设计的尝试

北京北林地景园林规划设计院有限责任公司 / 李学伟　叶　丹

对于人与自然的关系，在人类步入后工业时代以后，自然资源、生态资源、生物多样性等的重要性愈发被人们所重视，究其原因，无非是人们已经认识到人类向自然的索取已经造成了局部地区自然生态环境的极大破坏，甚至威胁到了人们自身及后代的生存。作为园林设计的从业者，其创作的作品虽然是为了满足人们更高的精神需求，但在如今席卷全球的生态主义浪潮下很多设计师已经从生态系统的角度来有意识发地使作品尽可能地减少对环境的破坏。在 1969 年，英国设计师伊恩 · 伦诺克斯 · 麦克哈格（Ian Lennox McHarg）撰写了具有里程碑意义的专著——《设计结合自然》，首次明确将生态学思想运用到园林设计中，并对园林设计与生态学的融合进行了初步探索。而在我国，明代造园家计成撰写的古代造园专著《园冶》则更早地提出了这种造园应与自然融合的思想。可以说，师法自然的境界一直为中国传统造园所推崇，但自明末清初以来的西学东渐一直持续到如今，对应在园林设计中也就产生了大量的草坪风、广场风、模纹花坛风等高投入、高维护的园林作品。这似乎与中国传统造园朴素的自然观背道而驰，这已经引起国内越来越多的设计者进行反思。如何使自己的作品能与自然相协调并尽可能减少对自然环境的破坏甚至能对自然提供良性的演替条件成为越来越多设计师所关注的话题。正是在这种背景下，生态补偿设计得到越来越多的重视，相对于常规设计而言，有意识地考虑使设计过程和结果对自然环境的破坏和影响尽可能减少的设计方式或设计措施，称为生态补偿设计[1]。本文试图从门城大沙坑环境整治中对生态补偿设计进行尝试，从而能对一些环境破坏严重场址的项目改造起到抛砖引玉的作用。

门城大沙坑环境景观整治范围

本项目位于门头沟新南城腹地（中门寺沟往南至 1 0 8 国道）的门头沟永定沙石坑，项目场址原为永定河古河道，目前已具有50多年的沙、石资源开采历史，采沙留下的沙坑，南北狭长，位于西六环内、莲石路北

图 1

一、项目简介

门城大沙坑环境整治项目位于门头沟新南城腹地（中门寺沟往南至 108 国道）的门头沟永定沙石坑，项目场址原为永定河古河道，经过长达 50 多年的沙、石资源攫取，目前形成了南北狭长、最深处达 40m、最宽处约 400m 的沙石坑，坑内崖壁陡直，局部区域接近 90° 角，且基质为大量的沙石，极易坍塌，整个沙石坑面积约 40 万 m^2，由于长期以来缺乏有效管理，这里已经成为附近居民的垃圾倾倒场所，局部垃圾覆盖深度近 1m，气味刺鼻，严重影响环境卫生，是北京西郊的主要污染源之一，对城市土壤、地貌、空气、水源涵养等都造成极大的危害。坑内仅部分崖壁坍塌区域存在极少量植被，在生态系统中起主导作用的生产者十分匮乏，生物物种几乎绝迹。可以说，如果不通过人为干预，该

图 2

图 3

图 1　大沙坑环境整治区位航拍图

图 2　大沙坑原址内随处可见的大量建筑、生活垃圾

图 3　坑内仅部分崖壁坍塌区域存在极少量植被，生态环境极为恶劣

区域的生态环境已经恶化到了在可以预期的相当长的时间内仅凭自然之力无法逆转的状况，生态环境极为恶劣。因此，针对项目本身特点，设计师希望通过生态补偿设计，为自然环境提供良好的演替条件，缩短自然环境恢复的进程，使沙坑内部形成稳定的群落，从而在较短时间内恢复沙坑内部自然演替机能。当然，客观地说，就目前的认知水平来说，虽然没有能力去严格地恢复出以前的天然系统状态，但这并不意味着不可以帮助自然，我们仍可以通过对加速当地自然演化进程的合理预期有意识地为当地生态系统中的物质循环与能量流动创造积极的条件，并逐渐实现该区域内生态系统从简单走向复杂、从不成熟走向成熟的发育过程的目标。

二、设计理念

“对自然进行补偿，引导被破坏自然环境在较短时间内形成良性自身演替机能”成为项目设计的设计理念，其目标是通过有意识地运用生态补偿设计观念尽可能地减少对自然的负影响，并争取经过若干年的恢复，经过自然演替，逐步形成自身相对稳定并可自行繁衍的良性生态体系，最终达到改良该区域环境的目的。虽然这一目标的达成需要一个较为长期的过程，同时也是多方面因素共同作用的结果，但我们希望以谦虚谨慎的态度对此做出力所能及的努力与尝试。

三、大沙坑生态补偿设计主要内容

（一）项目现状基质改良

永定河古河道原本是门头沟前期自然河道水生生态系统的组成部分，随着时代的变迁及环境的改变，永定河水早已干涸，采掘沙石造成的崖壁随处可见，显然，完全恢复到古河道的面貌已然不能以设计师一己之力所能达成，且投入巨大资金完全恢复历史原有面貌也是一个值得商榷的话题，目前大沙坑已经纳入到门城新城绿地规划体系之中，通过设计先将环境通过适当人为引导而形成自然演替的基本条件是设计师关注的重点，现状沙坑内全部为大小不一的卵石组成，作为植物生长基本要素之一的土壤完全丧失，因此对原有污染地块基质进行改良势在必行。当然，由于长期的大量建筑、生活垃圾的覆盖，磷、钾、镁和钙等营养元素的缺乏难以由自然过程所恢复，或者需要很长的一个时间，必须通过人为方式来提供。因此种植土应选用适于植物生长的选择性土壤，通过大量腐殖酸土的引入解决植物生长的基本要求，并适当加入有机废弃物、绿肥。同时，考虑到项目本身为古河道，因此在沙坑内部低洼处形成水面也可以适当改善局部小环境。

（二）营造地下森林环境

1. 较高的林木覆盖率

国内外研究结果表明，在一个多元复合生态系统内，森林覆盖率只有超过 30%，且分布均匀，才能实现系统良性循环[2]。因此，为了增加沙坑内部生态系统的稳定性及植物多样性，在植物种植的选择上突出群落种植，并参照长期自然界形成的稳定群落进行参照设计，整个林地覆盖率高达 50% 以上。

2. 植物的特色选择

以门头沟地区乡土植物品种为主基调，适当增加植物种类。基调常绿树种采用油松、雪松、红皮云杉、侧柏、桧柏、华山松等。基调阔叶树种采用国槐、刺槐、栾树、旱柳、馒头柳、小叶杨、白蜡、千头椿等。另外为了达成地下森林的目标，在种植设计注重乔、灌、花草混植，尽可能减少大量草坪的应用，并根据沙坑自身条件较差的特点注重选用根系发达的乔灌木，随坡就势进行种植设计，这种通过大量适于当地生长的多层次的植物种植容易形成种类多样、层次丰富的植物群落，可有效地减少由于雨水冲刷造成的大量地表径流。考虑到北京市缺水的现状，设计中有意增加了大量的节水耐旱植物，如醉鱼草、蜀葵、马蔺、胶东卫矛、地锦等。这些节水耐旱植物在180–250mm降水量水平每年灌水1–3次即可满足其正常生长发育要求，而在300mm以上降水量条件下，没有灌溉水分补充亦可正常生长并满足园林景观需求，在草坪耗水量的10%以下[3]。

大量的固氮植物、菌根植物也在项目中进行大量应用，以达到基质改良的目的。例如豆科蝶形花亚科的刺槐、紫穗槐。其根系发达、根部有根瘤，可以固定空气中的氮气，能够有效改良土壤，并且具有极强的适应性、抗旱耐瘠，造价低廉且生长迅速。

3. 原有植物的保留

与传统的单纯为营造景观的植物种植相比，该项目对局部区域内自然形成的植被给予保留，它们是自然选择的结果，能极强地适应沙坑内部环境。当然，随着沙坑环境的改善与多种植物品种的人工引进，这些被保留的植被将与其他植物展开新的竞争，从而重新形成稳定的群落，而这也正是设计师所预期的通过一段时间内植物间的自然竞争达到自然选择的结果。

图4

图4 大沙坑整治设计方案总平面图
图5 多层次的植物群落
图6 密植植物形成缓冲区避免游人靠近
图7 利用北坑局部地区台地形成水中岛屿
图8 南坑允许水体下渗回补地下水

图5

图6

图7

图8

（三）注重利用地形形成不同空间，创造多样的生物栖息生境环境

沙坑内部地形复杂，这在传统的项目里往往是不太有利的条件，而运用生态补偿设计的思想，这些更有利于创造丰富的坑内竖向空间，也可以更好地为动植物创造多样的生存条件，从而使未来的大沙坑成为被吸引来的昆虫、鸟类的良好栖息生境环境。

1. 崖壁的处理

沙坑四周的崖壁并没有全部做拉坡处理，而是通过与游人游览路线设计和种植设计的结合，在保证游人安全的前提下，对远离游人的区域依不同条件予以尽可能地保留，人们可以通过这些保留的崖壁了解到永定河古河道变迁的历史与文化，反映了对地域历史的一种尊重。另一方面人们也可以对过去人们过度采砂所对自然带来的破坏有着清晰直观的认识，从而起到良好的宣传教育作用。出于对游人安全的考虑，这些区域的顶部和底部均通过大量小檗、黄刺玫等密植的带刺植物群形成缓冲过渡区，在允许崖壁可能的自然坍塌的同时，形成与可能进入区域的隔离，此外，也通过园路设计尽可能地绕开这些区域。虽然游人不能直接靠近崖壁，但从远处仍能感受到极强的视觉冲击力。

在公园的入口及游人可以接近的区域，对崖壁进行了拉坡处理，出于植物种植的考虑，拉坡坡度普遍控制在1：3以内，通过鱼鳞穴种植，形成不同混交林种植区域，由于沙坑内部局部区域崖壁落差很大，因此虽然放坡坡度并不陡，但坡长比较长，局部区域仍出现冲沟现象，为了解决这一问题，在过长斜坡上设置截水渗沟，通过对雨水的层层拦截减少地表径流带来的冲刷问题。

2. 多台地的利用

由于沙坑存在深浅不一的采掘坑，利用这些采掘坑形成高低错落的台地，而针对局部自然坍塌地出现的部分野生自然植被，设计者进行了有意识的保留。此外，为了创造良好的坑内小环境条件，依据南北两个坑内原地形本身北高南低的高差特点，在坑内设计了利用沙坑上游污水处理厂提供的中水形成的贯穿南、北全坑的水体，同时利用北坑局部地区台地形成水中岛屿，这些大小不同的空间及水体的营造和水生植物的种植极大地改善这里的基本自然条件，形成了良好的小气候，为物种多样性提供了良好的条件，使得该区域自然演化进程得以在较短时间内恢复。目前，大沙坑已经成为鸟类及各种昆虫的乐园，设计师相信，随着时间的推移，这里会形成大量生物聚居的场所，从而散发出新的生机与活力。

（四）减少水资源的消耗，实现水循环体系

沙坑内部水面来源主要是通过雨洪收集及中水，两者共同使水面维持在设计水位。针对北京的实际状况，同时为了创造良好的水体环境，沙坑北坑水体进行了防渗处理，虽然沙坑内部渗水率相当

高，但设计师仍不希望采用传统的PE膜防水方式，因为这样会阻断与地下水的大循环，而是希望用胶泥进行水体防渗，但由于建设费用的原因最终未被采纳。沙坑南坑由于采掘深度较深，低洼区域底部存在稀软的淤泥层，于是在南坑坑底不作任何处理，允许水体自然下渗，回灌地下。由于避免原有垃圾对地下水造成二次污染，对于沙坑内部原有垃圾进行分类清理，对于能够自然降解的垃圾（如纸张、纯棉制品、食物屑）就地远离水体进行掩埋，而对于难以自然降解的部分（如电池、塑料、金属、玻璃等）进行清除。

从生态、环保的角度出发，沙坑中仅在局部重点区域采用了喷灌系统，利用独特的小气候条件以及通过节水耐旱植物品种的选择，尽可能地减少水资源的消耗，部分区域甚至仅仅通过自然降水维持沙坑内部植物所需，这种思路也有效地降低了工程造价与后期的水资源投入，目前沙坑内部一些野生植被已经逐渐地取代了少量的设计地被，虽然局部地区的具体哪些植被会被取代是设计师所无法掌控的，但这个植物竞争的过程正是设计师所希望看到的，随着时间的推移，这里将最终形成自然选择的稳定群落。

（五）材料的循环利用

强调就地取材，利用沙坑内部材料形成自身独特风格是设计师在设计之初就重点考虑的问题。大沙坑原有大量的随处可见的砂石、卵石，这些本身就是很好的设计材料，这些材料在道路垫层、挡墙、水中汀步、截水渗沟中得到大量应用。这不仅可以有效地降低建设成本，而且很容易使设计具有沙坑独特的自然风格。

图9 沙坑内原有卵石在驳岸、汀步中的应用

四、结束语

通过生态补偿设计，大沙坑并不像常见公园那样令人感到具有华丽的外貌，但其野趣横生的外观同样令人感到愉悦。这种野趣的实现体现了在对待人与自然的关系上，设计师的一种反省的态度和尊重自然的理念。目前随着我国城市化进程的加快，城市周边出现了大量的工业废弃地与类似大沙坑的不毛之地，这些废弃地的环境好坏已经严重影响到附近居民正常的生活，如果按照一般城市园林的处理方式将需要大量的财政投入和资源消耗，而生态补偿设计可以以较低的经济成本使得该区域生态效益能够逐步体现，这也为园林设计工作者在处理类似荒地提供了一种新的思路与方法。当然，就目前的认知水平而言，通过设计并不能做到真正意义上的“生态恢复”，但至少我们可以进行有益的尝试，通过对自然的“补偿”弥补我们对自然造成的创伤。

参考文献

[1] 周曦，李湛东．生态设计新论——对生态设计的反思和再认识[M]．南京：东南大学出版社，2003：20．

[2] 杨俊平主编．景观生态绿化工程设计模式研究[M]．科学出版社，1995：5．

[3] 沈效东．节水耐旱园林观赏植物研究与示范[M]．北京：中国林业出版社，2007.1：9．

设计单位：北京北林地景园林规划设计院有限责任公司

项目负责人：赵　锋　叶　丹

项目参加人：李学伟　钟继涛　郭竹梅　杨　玉　应　欣　任　尧　石丽平

项目演讲人：李学伟

北大河绿色计划

——西北干旱地区城市河道生态景观营造模式

北京清华城市规划设计研究院／王　霜　王晓阳

北大河位于酒泉市主城区北部，是城市的水利命脉，同时也是主城区重要的生态屏障。项目工程用地西至酒嘉界限，东至酒航路大桥以东0.5km处，南至西峰林场西侧耕地界限、南滨河路，北至北滨河路北100m绿化带界限，东西长13.4km，面积22.24km^2。

近年来，由于北大河上游水利工程的建设以及沿河工农业生产用水量的不断增加，北大河沿线的自然生境受到巨大影响：生态系统严重退化，河道常年处于干涸状态，滩面裸露，杂草丛生……如此的北大河，不仅有损于酒泉的城市形象，更加成为制约城市可持续发展的瓶颈。

一、北大河概况

（一）生态环境

环境因子分析表　　　　表1

环境因子	主要特征
气候	降雨稀少、蒸发强烈（平均降雨量85.3mm，平均蒸发量2148.8mm），日照时间长，昼夜温差大
地质地貌	砂石质戈壁倾斜平原和洪积滩地，以卵砾石为主，河床为中～强透水性
水	河道径流由冰川融水、地下水和降水三部分组成；地下水为孔隙性潜水，在砂卵砾石层中储存和运移，以河道径流及大气降水为主要补给
植被	以半灌木、草本植物组成的荒漠和草原植被为主，乔灌木较少，常见树种有胡杨、柽柳、梧桐、云杉、柳杉、杨、柳、沙枣等

（二）土地利用现状

此次综合治理项目用地主要集中于北大河两岸，用地类型复杂，不同区域差别较大（表2）。

现状用地分类表　　　　表2

序号	用地类型	面积（hm^2）	百分率（%）	备注
1	建设用地	335.7	15.1	城市建设用地：270.5hm^2
				村庄建设用地：48.4hm^2
				特殊用地：16.8hm^2
2	水域	590	26.5	现状防洪堤内面积
3	其他用地	1298.3	58.4	包括耕地及林地
合计		2224	100	

（三）河道现状

此次综合治理项目用地内河道长13.4km，宽200m～1100m，平均比降约8‰。因受两岸堤防及桥梁的制约，河道为宽浅"U"形河槽，较为规整，平面摆动不大。

此外，北大河市区段两岸堤防均为近年新建（仅酒航路大桥南岸无堤防），其防洪标准为50年一遇（洪峰流量1100m^3/s，堤防级别2级）。

图1　北大河现状用地类型

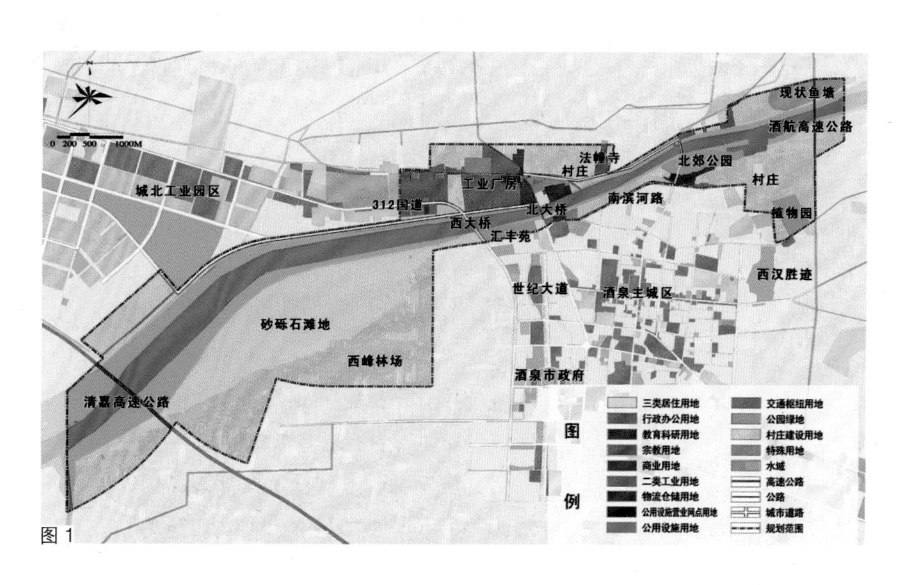

图1

二、面临的问题

从目前看，北大河如果依照固有模式发展，将与城市环境改善要求很不适应，影响了酒泉市的整体形象，制约着城市经济的发展。我们必须从系统性、独立性、相关性角度进行比较、分析，筛选出主要矛盾。

（一）不断恶化的环境对城市安全和生态安全构成严重威胁

规划区域内河道两岸植被稀疏，河滩裸露，水土流失严重，加之地下水下降区面积逐年扩大，地下水位不断加深，致使河道失去了它原有的生态功能。

此外，因北大河西段多为戈壁滩，成为天然的建筑砂石料场。而毫无节制的人为取砂、取石行为，加剧了地表裸露、沙化，造成严重的水土流失，并成为酒泉、嘉峪关两市空气扬尘和总悬浮微粒的主要污染源。

（二）河道行洪、防洪能力堪忧

现状北大河市区段两岸未形成完整的防洪体系，加之局部河道杂乱，有阻洪现象，甚至局部河道无堤防，整体无法满足50年一遇洪水设防标准，成为城市安全的一大隐患。

（三）水资源配置不合理

由于受到流域分水制度、上游水利工程建设等诸多因素的影响，讨赖河水资源量急剧减少。而嘉峪关和酒泉地区通过渠道引水灌溉又造成水资源消耗巨大，对流域下游用水产生严重影响。

（四）防护林地功能退化

北大河两岸的生态林带是酒泉城区西北部重要的防风固沙屏障。而由于近年来两岸植被的锐减以及生态林带功能的不断退化，城市北部沙漠地带的风沙长驱直入，严重影响区域空气质量。

（五）用地布局混乱，建设无序，景观质量较差

规划区域内建设用地混杂无序，建筑破旧，加之交通可达差，景观环境恶劣，与酒泉建设现代化都市的要求相去甚远。

（六）绿量少，植被单一、疏枯

整个规划区域内林地较少（不足300hm^2，占规划面积的13%），且林带群落结构单一，郁闭度低，连续性差。

三、生态治理模式的构建

针对此次北大河综合治理面临的复杂问题，我们在保障河道水利功能的基础上，提出复合生态系统的治理理念，即在保持河道自身生态可持续性和与城市共生互补性的基础上，加强北大河两岸的土地整理力度，在修复河道生态系统、构建城市生态屏障的同时，营建滨河景观廊道，进而完善城市功能，提升城市人居环境品质，最终实现城市可持续发展。

（一）土地整理

当代中国城市发展已从早期的强调生产功能转向注重城市生态、人文、休闲环境的塑造，而滨水区也因此成为坐拥水资源的城市的开发重点，并越来越倾向于以生态缓释、环境营造、文化立意、产业发展、城市经营等多目标为导向的综合开发。

在酒泉市北大河片区的规划设计中，我们以最大程度地避免开发建设对生态环境的冲击为前提，通过强调城市功能和活动的多样复合，注重公共空间和景观的交融渗透，实现环境建设与城市发展的良性互动。同时，采用生态治理与土地开发相结合

图2 现状北大河
图3 北大河生态治理平面图
图4 两岸土地整理空间结构图
图5 北大河河道水利工程规划平面图

图2

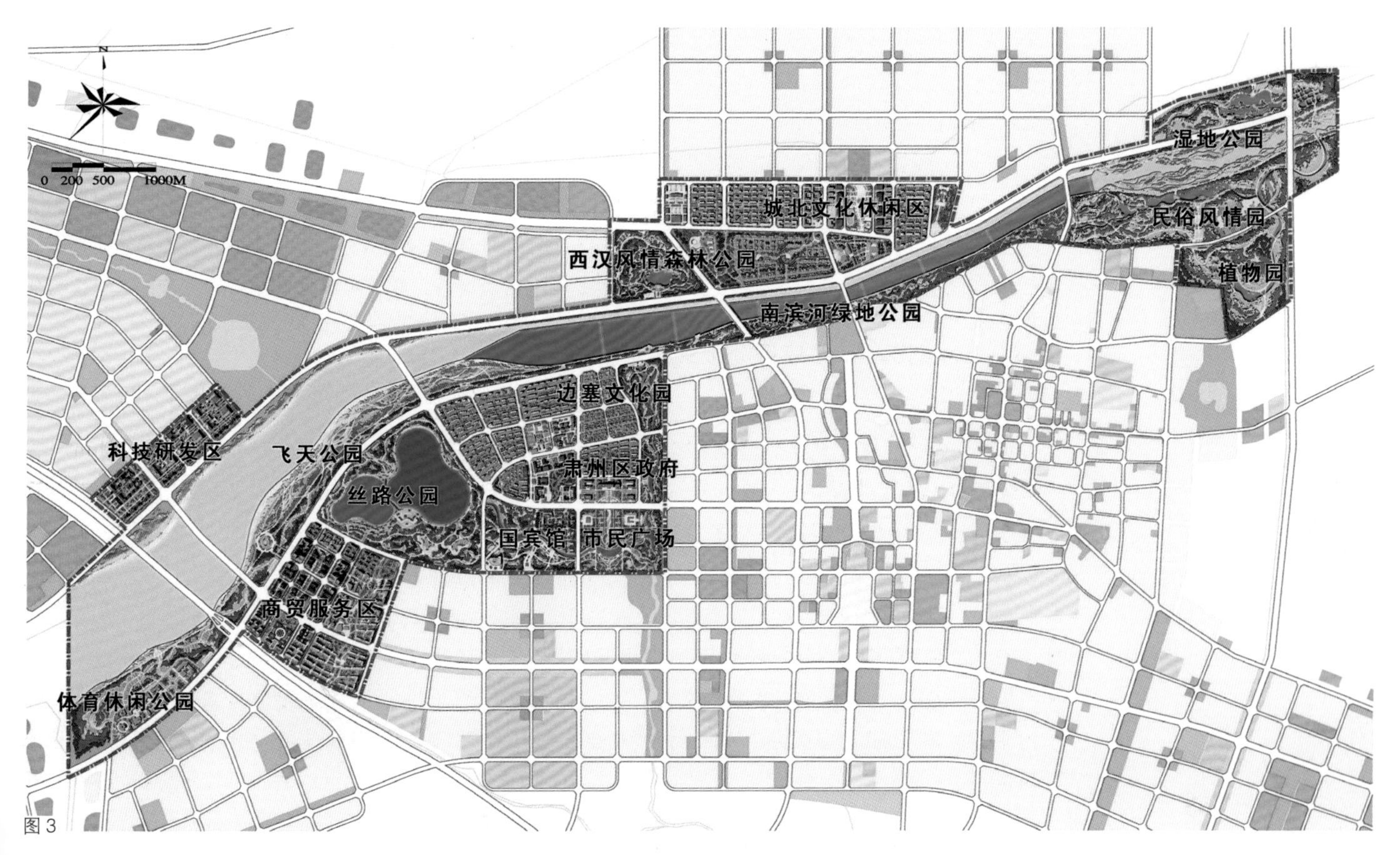

图3

的模式，形成“一带串景，两岸呼应，三片联动”的空间结构，进而营建“活力、文化、生态”的城市滨水空间，并最终形成集商贸金融、科研产业、行政办公、文化休闲于一体的环境友好型城市滨水新区。

• “一带串景”：以北大河为依托，形成城市空间主要轴线，打造城市滨水风景廊道；

• “两岸呼应”：注重滨水两岸的一体化设计和同步开发，确保城市功能与空间形态相互衔接与呼应，将“城外河”转化为“城内河”；

• “三片联动”：依托滨水空间，构建各具特色并相互联动的金融商务片区、行政办公片区和文化休闲片区。

（二）水利工程

根据规划区域内河道宽度、河床构造、地下水埋深程度及水质的不同，特将13.4km的河道划分为三个区段进行治理，分别为：上游4.7km的河滩公园区（清嘉高速北大桥－312国道北大桥河段）、中游6.2km的蓄水景观区（312国道北大桥－酒银路北大河桥河段）、下游2.5km的生态湿地区（酒银路北大河桥以下河段）。

1. 河滩公园区

北大河上游清嘉高速北大桥－312国道北大桥河段最大宽度达1.1km，由于地下水埋深较深，河

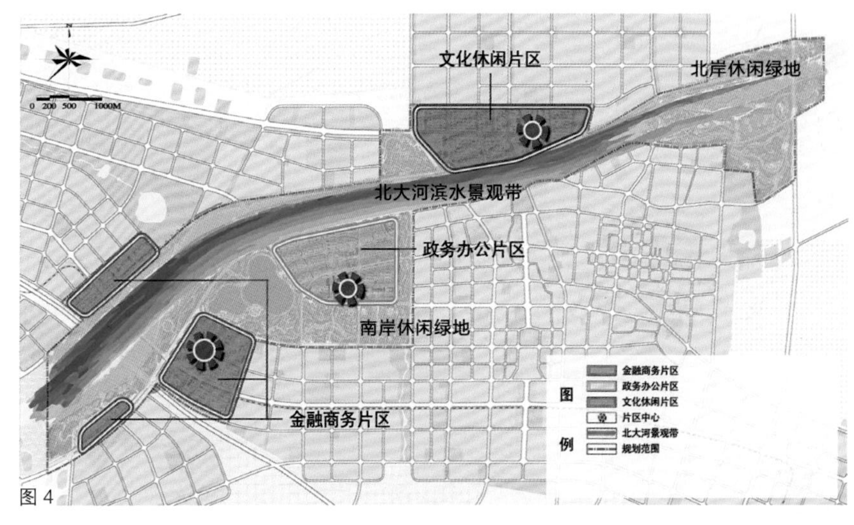

图4

图5

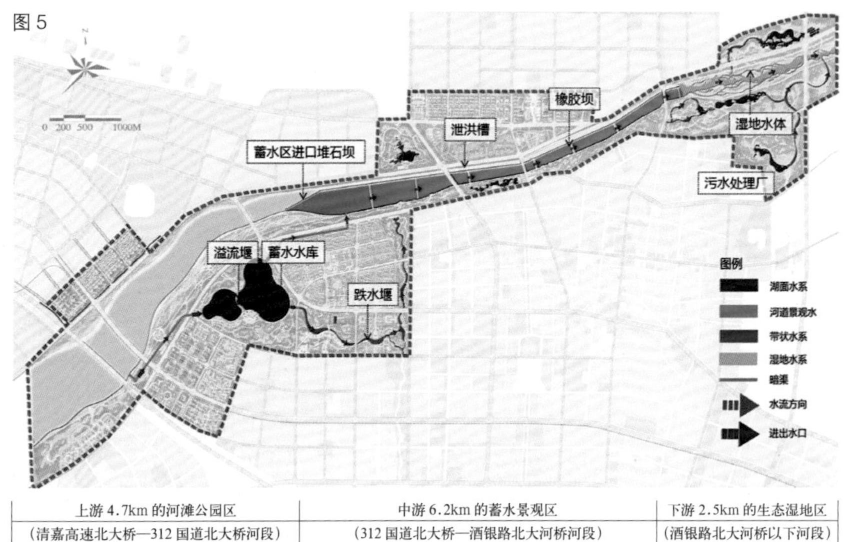

上游4.7km的河滩公园区	中游6.2km的蓄水景观区	下游2.5km的生态湿地区
（清嘉高速北大桥—312国道北大桥河段）	（312国道北大桥—酒银路北大河桥河段）	（酒银路北大河桥以下河段）

图 6　滨水防护绿地模式图
图 7　上游河道断面改造图
图 8　中游河道断面改造图
图 9　下游河道断面改造图
图 10　低洼绿地
图 11　卵石丘地
图 12　挖湖蓄水
图 13　堆山造林

道常年干涸，沙砾石裸露，景观效果不佳。

为改善河道景观，规划将此段河道划分为泄洪区与河滩绿地公园区两部分，左侧（北侧）为泄洪排沙通道，不蓄水，右侧（南侧）为河滩绿地公园，两者之间以子堤相隔。子堤的防护标准为 10 年一遇，设防流量为 510 ～ 750m³/s。在上游洪水低于 10 年一遇设防标准时，河滩公园将正常使用；当上游洪水大于河滩公园段设防标准 10 年一遇时，公园将全段行洪，确保城市防洪安全。

2. 蓄水景观区

北大河 312 国道北大桥－酒银路北大河桥河段河面宽度小于 0.4km，有利于形成人工水体景观。规划布置采用清洪分治两槽方案，即将该段河道划分为蓄水区及泄洪区两部分，用中隔墙将蓄水河道一分为二，形成复式河槽，右侧（南侧）为蓄水河槽，在宽度约 150 ～ 360m 的带状河道形成蓄水湖区，左侧（北侧）为泄洪槽，宽度约 60m。

规划中隔墙与上游 4.7km 河滩公园的子堤平顺衔接，自上而下形成一道隔堤，防护标准为 5 年一遇。在低于 5 年一遇洪水标准（$Q \leqslant 325m^3/s$）情况下，蓄水景观河段可安全运行，不受洪水泥沙的影响，蓄水河段按蓄清水功能运行，平时为蓄水水面，洪水自泄洪槽下泄，为平时主要的泄洪通道；高于 5 年一遇洪水标准（$Q > 325m^3/s$）的情况下，蓄水景观河段必须全断面过洪，蓄水区橡胶坝坍坝，与泄洪槽共同泄洪，达到畅泄大洪水的目的，洪水过后，方可立坝蓄水。

方案在适度调缓蓄水河槽河道比降的基础上，在蓄水河槽内采用橡胶坝与跌水堰间隔布置，形成基本连续的蓄水梯级湖区，深水、浅水相间布置，水景观按水深情况划分为浅水嬉戏区、深水划船区等不同功能区。

3. 生态湿地区

酒银路北大河桥以下 2.5km 河段地下水埋深浅，泉水丰富，水质清澈，规划将梳理现有水系、鱼塘，形成湿地水系净化和水体循环系统。

4. 人工蓄水湖

为满足河道上游景观绿地及中游 6.2km 河段蓄水景观区的水源供给，规划在河道上游南岸建设一处生态蓄水水库，水源来自讨赖河北干渠，库容量约 350 万 m³。水库通过中隔堤分上下两库。上库库容 60 万 m³，下库库容 290 万 m³。水库通过暗渠向中游蓄水景观湖和周边绿地、水系补给景观用水。

（三）生态修复及景观营造

规划设计采用“融合、连廊、理水”的手法，通过完善绿地系统，构筑城市生态安全格局，柔化城市景观界面；依托城市道路，完善绿道体系，形成网络化的慢行系统；整合北大河及周边水体，形成联通的水网体系，构筑以河为轴、以洲、滩、岛、堤为线的城市休闲风光带，形成“水在城中、城在绿中”的景观格局。

1. 防护林地建设

规划将北大河两岸的防护绿地宽度设置在 100 ～ 200m，并根据其与城市界面的关系，设计四种模式，以满足不同功能需求。

模式一：防洪堤坝高于城市道路河段。滨水绿地采取台地的形式以削弱高差所带来的景观问题；滨水驳岸则以生态护岸为主，并结合亲水平台营造活动空间；

模式二：下游郊野地段的防护林。以恢复原生环境为主，通过栽植乡土树种，打造生态屏障；

模式三：居住区地段的防护林。打造滨水游园，设置亲水空间、散步道以及小型运动场地，为居民提供休闲健身场地；

模式四：靠近工业园区地段的滨水防护林。绿地景观的营造采用规则、粗犷的手法，以满足防护功能及车辆快速通过时的观赏效果为主，不设活动空间。

2. 构建多样化河岸生态缓冲带

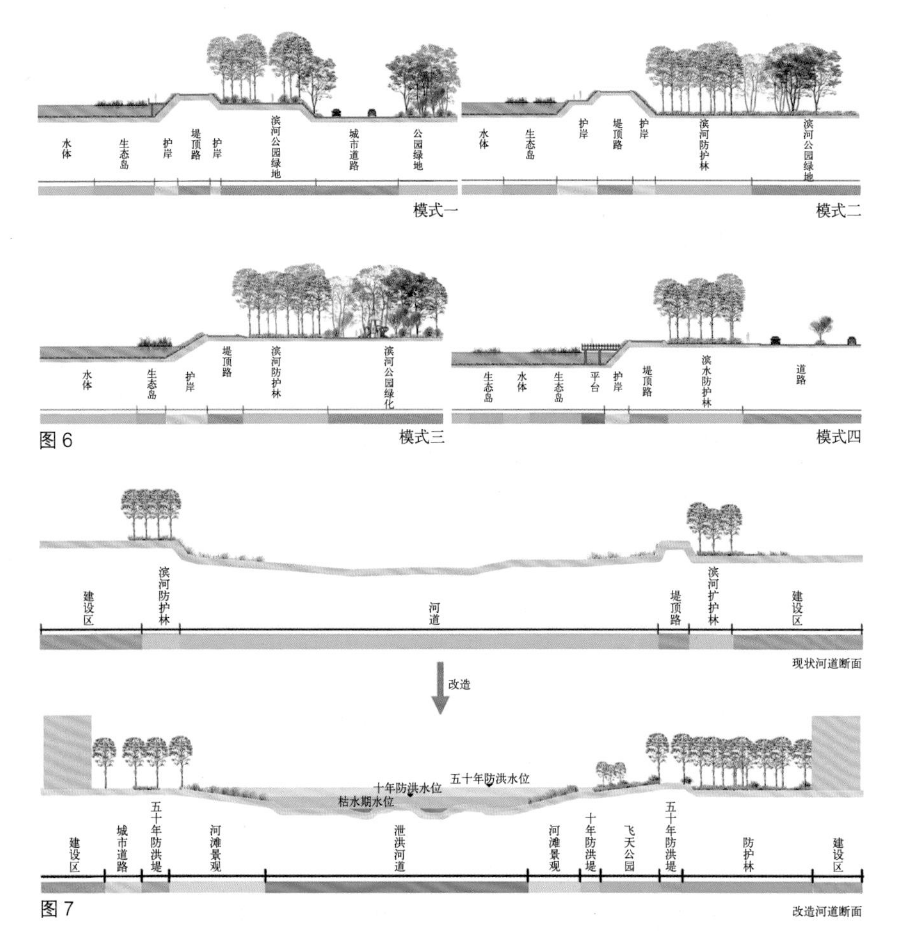

图 6

图 7

规划区域内 13.4km 的河道，可以分为：上游（4.7km，河床较宽）、中游（6.2km，靠近酒泉主城区，河面宽度相对较窄）、下游（2.5km，地下水位埋深较浅）三部分。规划设计中，则针对这三段不同特质的河道，营建多样化的生态缓冲带。

上游：该段由于讨赖河上游引水灌溉，地下水埋深较深等问题，河道干涸，大面积砂砾石裸露，植被长势差。规划拟在此河段内增设 10 年一遇生态堤防，利用砾石和沙砾等现有材料进行微地形设计，并选择岩生、沙生等耐水湿且有利于水土保持的乡土植物进行生态修复，丰富枯水季景观的同时，形成当地独具特色的石滩地植物园。

中游：因该段河道靠近主城区，河道改造采用“清洪分治”的两槽方案，即将该段河道划分为蓄水区和泄洪区两部分。蓄水景观区内利用橡胶坝截水，形成景观水面，丰富城市水景观。同时，将蓄水区两岸打造成为滨水景观带，以改善老城风貌，并为城市居民的休憩娱乐、休闲健身活动提供服务。

下游：北大河下游 2.5km 河段地下水位埋深较浅，水资源丰沛、植被良好，规划梳理现有水资源，使其沟通、连续，形成丰富的河滩湿地景观，恢复下游区域的生态可持续发展。

3. 石滩地生态植被

北大河河道上游以砂石为主，河床大面积裸露，不利于植物的正常生长。规划拟通过以下四种复合地形营造模式来改善石滩地生境条件，进而营建特色的植物景观效果。

（1）低洼绿地：依托低洼地势汇集雨水，形成地表径流，营造适合植物生长的小环境（可种植柽柳、紫穗槐、沙拐枣、柠条、沙地柏等适合沙地生长的草本、灌木）。

（2）卵石丘地：利用现状砾石营造丘地，在卵石丘底部铺设农用地膜，通过渗灌、微灌的形式为植物提供水分（可种植当地特有的草本、灌木，形成独具特色的沙地植物景观）。

（3）挖湖蓄水：通过蓄水，改善微环境，提供多样的滨水生境类型，恢复局部绿地系统的自然循环功能。

（4）堆山造林：通过人工堆山、更换种植土的方式，营造的生境，并结合乔、灌、草的合理搭配，形成丰富的植物层次，并起到涵养水源、保持水土的作用。

4. 营造近自然的生态湿地景观

梳理、整治北大河区域现状湿地、农田、鱼塘，借助已有资源恢复河道下游生态湿地景观，使之成为酒泉地区最自然、生态的城市后花园。

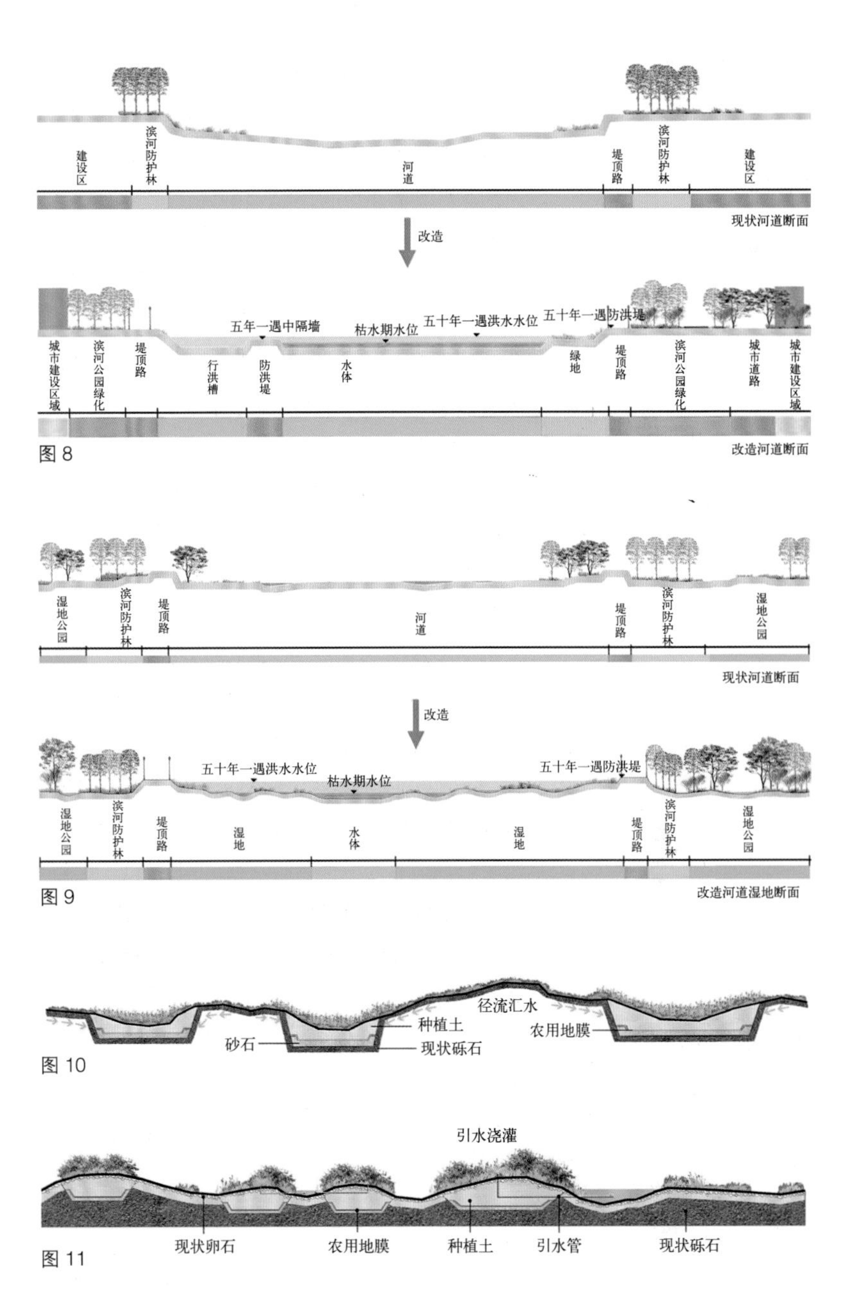

图 8

图 9

图 10

图 11

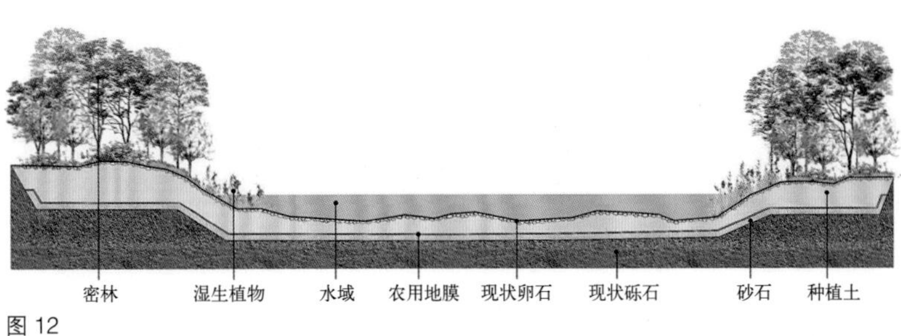

图 12

图 13

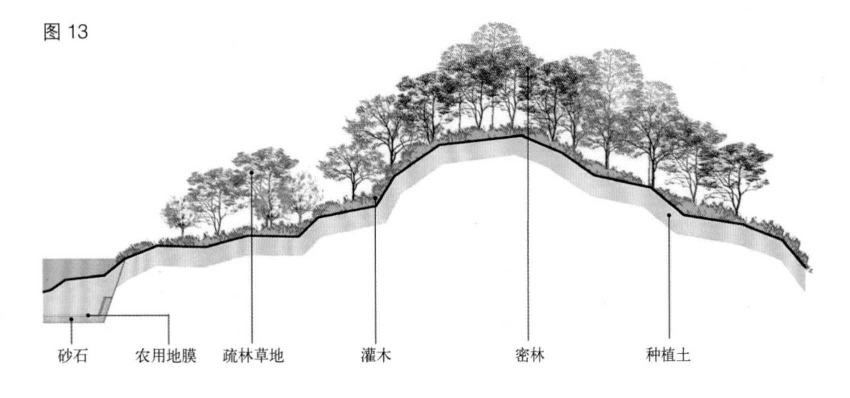

北大河下游2.5km河段虽有丰沛的水资源，但受到当地气候环境的影响，现状湿地生态系统已逐渐退化，现有北郊公园植被杂乱、有待改善。规划将梳理现有河道、鱼塘、水田，使得水体有效沟通连续，实现水循环，充分发挥自然湿地对景观水体水量和水质的缓冲调节作用。营造如水体、滩涂、沼泽、灌草丛、疏林草地、密林、稻田等多种生境，为野生鸟类、鱼类、哺乳类动物提供良好的栖息环境，增强生态系统稳定性。在保护现有植被良好生长的基础上，丰富植物群落，形成特色植物景观，保持生态系统平衡发展。通过曝气、跌水、水生植物湿地等方式净化水体，改善区域水环境质量。在湿地区域内增加游览设施、丰富游览活动，加强生态湿地区的科普性、参与性和互动性。

四、结语

目前，北大河区域（酒泉城市段）的整治和修复工作已经陆续展开。项目建成后，将明显改善酒泉市区的整体生态环境、完善城市功能、提高城市承载力、增强城市的核心竞争力，有力的促进酒泉城市的可持续发展。

针对此规划，总结归纳推动西北干旱地区城市社会、经济与生态环境效应协调发展的有力因素，提出以下见解：

1. 充分考虑"环境容量"和生态承载力，按照保护优先、兼顾治理的原则，合理安排生态建设和环境保护用地，减少对生态脆弱地区的不合理的开发，推进国土资源综合整治，协调土地利用与环境保护的关系，保障土地资源可持续利用。

2. 统筹分配、合理利用水资源，恢复河道自然生态体系。城市河道建设应从河流流域整体考虑，合理进行水资源配置和水权划分，加强节水和雨水、中水等非传统水资源的利用，避免对下游经济社会用水和河道生态用水产生影响。

3. 因地制宜，充分考虑地区特有的环境条件，在对场地进行充分研究、梳理和保护的基础上进行节约型园林设计。

在此，我们希望把在酒泉规划、建设过程中的所遇到的问题和解决方法呈现给大家的同时，能够引发更加热烈的讨论，并能够触类旁通、开阔视野，帮助我们的城市获得更多、更好的解决相关问题的方法。

参考文献

[1] 汤奇成，张捷斌．西北干旱地区水资源与生态环境保护[J]. 地理科学进展，2001（3）.

[2] 贾宝全，许英勤．干旱区生态用水的概念和分类——以新疆为例[J]. 干旱区地理，1998（2）.

[3] 傅小锋，卢伟．干旱区水资源可持续有效利用探讨——以新疆为例[J]. 干旱区地理，1998（2）.

[4] 王薇，李传奇．景观生态学在河流生态修复中的应用[J]. 中国水土保持，2003（6）.

[5] 刘滨谊，周江．论景观水系整治中的护岸规划设计[J]. 中国园林，2004（3）.

[6] 刘天雄．西北干旱地区城市河流建设理论与实践探讨[D]. 中南大学，2010.

[7] 刘英彩，张力．干旱河道的生态环境修复模式探索——以滹沱河生态环境综合治理研究为例[J]. 规划师，2005（7）.

设计单位：北京清华城市规划设计研究院
项目负责人：胡　洁
项目参加人：胡　洁　安友丰　吕璐珊　王晓阳
李春娇　邹梦宬　王　霜　刘春鹏
王胜利　周晓男　李五妍
项目撰稿人：王　霜

生态恢复与节约化景观在城市废弃地中的应用

上海市园林设计院有限公司／钱成裕　庄　伟

2007 年，昆山花桥国际商务城在全力推进城市化建设进程中，运用先进的生态建设理念启动了花桥生态园项目的建设。公园原址位于国际商务城北面，东侧为沿沪大道，临近 312 国道，南靠京沪铁路，西畔大瓦浦河，北临规划建设中的城际高速铁路，周边为高级商务中心及高档居住小区；基地呈矩形状，东西长约 1350m，南北长约 520m，占地面积约 68.71hm^2。

由于场地为筑路取土后留下的废弃地，其不利因素太多，对开发产生了种种限制条件，且两侧铁路的废气、噪声也直接影响着这块地块的利用价值。经综合分析，鉴于花桥国际商务城生态建设和可持续发展总体策略，决定因地制宜，在合理利用自然资源的前提下，以建设高品质的生态商务环境，创造一个风景独特的商务型生态公园为主体目标，将商务活动的发展与生态环境的保护与恢复融合在一起，形成一个集休闲、娱乐、商务功能为一体的生态绿地。这既可大大改变该区域杂乱无章的局面，营造出自然、生态的小环境，又可带动整个商务区的生态环境和绿化面貌的提升，使花桥国际商务城散发出别样的自然生态的魅力。

同时作为商务城绿地斑块之一，可将公园纳入更大区域的自然生态保护网络中，成为多物种的栖息地，以达到改善其整个区域的生态自然环境的作用。　还可利用植被达到吸尘减噪、净化空气、调节温度，缓解城市的热岛效应，为周边的老百姓改

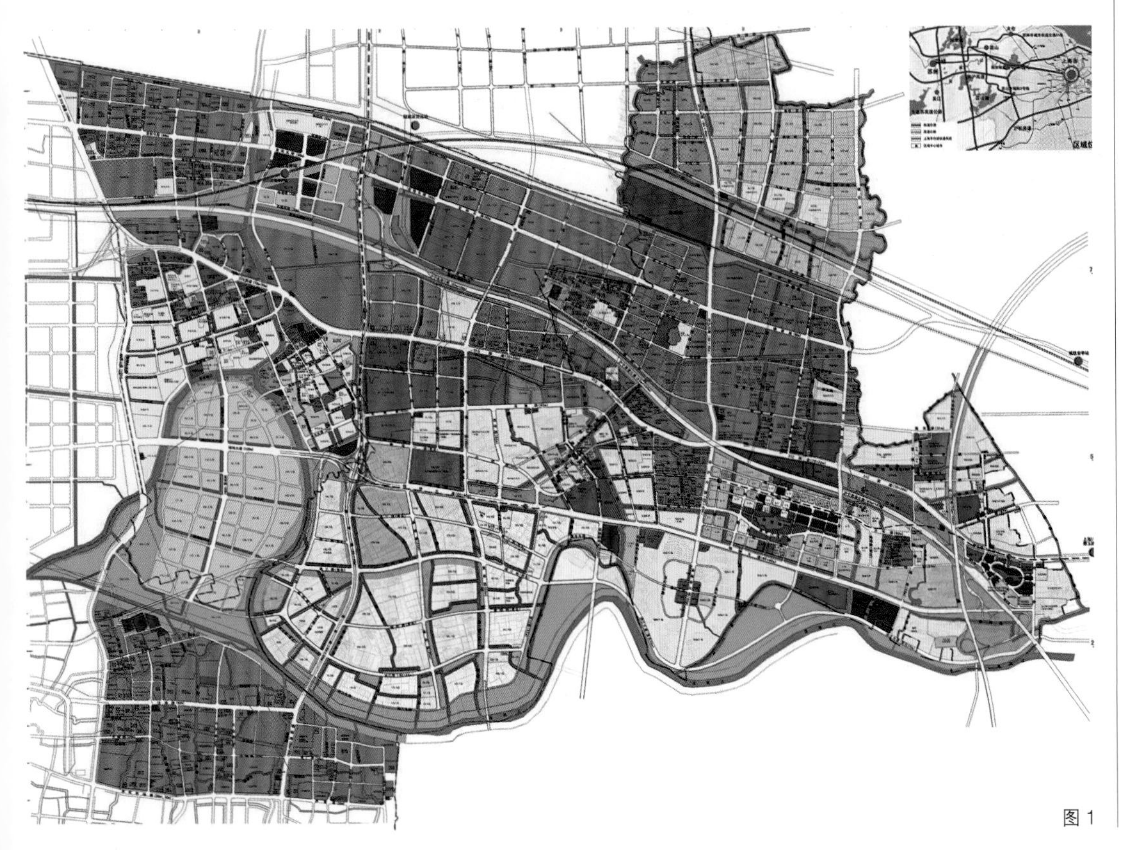

图 1

图 1　花桥总体规划图

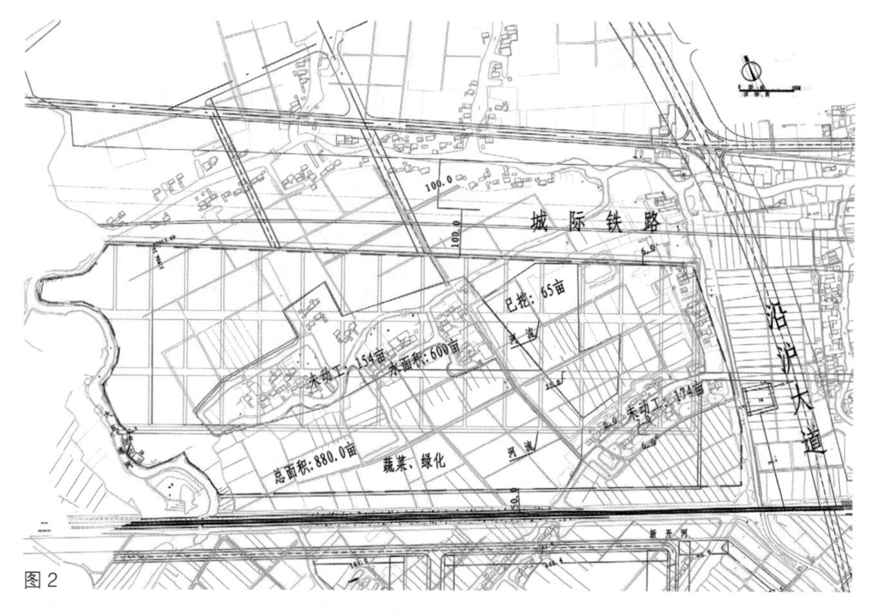

图 2

积极与消极因素对设计的影响　　表 1

积极因素 ——→ 设计优势		消极因素 ——→ 设计难题	
地势平坦，视野开阔	易形成开阔观赏面	取土坑数量多、深度大	坑壁陡峭，有滑坡隐患
水网、鱼塘、田埂纵横交错	组织湿地景观，体现江南水乡的特色	现状有部分老河道	河道狭窄 水位低、水质差
村落沿河道展开，错落有致	郊野生态气息浓厚	有废品回收站及小型填埋场	影响基地整体环境
外围、河畔乡土植物生长旺盛	极富利用价值	铁路位于地块两侧	噪声、振动影响颇大

图 2　现状平面图
图 3　总体平面图
图 4　丰富的水岸景观
图 5　水生花卉展示区
图 6　开阔的大水面与自然的水生植被

善居住环境质量，从根本上提升地块价值，间接繁荣地区经济，提升城市品位。

一、场地的限制与挑战

现状主要为筑路取土后留下的废弃地，南面有两块因筑路取土留下的深达十几米的水塘，有部分农田、老河道，地势较低、河道狭窄且不贯通，水质较差，但尚有少量乔、灌木和大树，具有较高的保留和利用价值。

由于场地长期闲置，缺乏有效管理，基地杂草丛生，遍地荒芜，部分区域甚至已成为盲流和拾荒者的天地，严重影响了该地区的生态环境和社会安全；同时场地内遗留的深坑也存在安全隐患，对区域周边居民的生活产生不良影响。

经对现场进行了多次实地踏勘和资料收集，分析总结出对环境治理和景观重塑有关的各类因素。

二、生态恢复的主题：生态、生活、生机

生态——模拟自然、重塑自然，改变场地不良的景观肌理，尽可能恢复地块生态环境，减少周边环境对其的影响；运用新技术、新材料，减少能源消耗，实现可再生能源的利用。

生活——拟建度假会所和景观别墅，为商务城提供自然生态的商务洽谈及休闲度假场所。

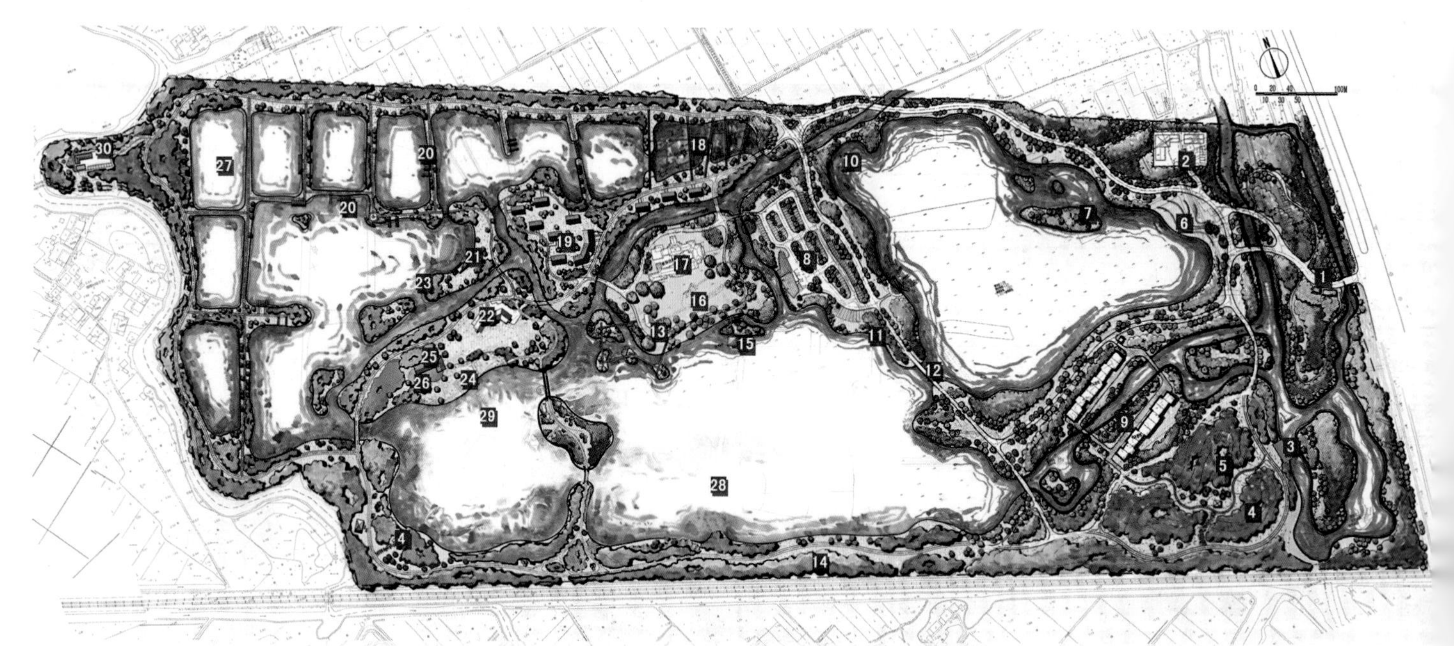

图 3

生机——合理利用丰富的水体资源和生态资源，策划新颖的户外休闲娱乐活动。

三、生态恢复的目标

1. 改造该地块的生态服务功能，使废弃地的环境保护价值、生物多样性价值、景观美学价值、旅游商业价值、科学教育价值得以充分实现。

2. 运用现代生态、科技、节能的手段，营造一个节约化、低碳化的生态公园。

3. 选择以乡土植物为主，创造一个适宜的景观植物群落。运用生态经济学原理进行价值核算减少后期养护的成本，实现“以园养园”的近期发展目标和可持续利用的长远发展目标，使之最终成为极具吸引力的城市郊野自然生态型公园。

四、节约型建设的原则

1. 因地制宜的原则：客观分析现状，充分运用原有水体、植被、农田和园路等元素，通过景观重组和生态恢复技术，分期、分步实施，形成新的景观生态亮点。

2. 郊野生态的原则：以有效控制为出发点，以宏观大局把握及微观因地制宜相结合为手法，寻求绿化效果最优化，体现现代化城市郊野风光。

3. 生态环保的原则：合理保留利用原有水系、岸线与大树，并赋予其新的服务功能。按照生态园林的观点，在基地外围、铁路沿线形成抗逆性的人工植物群落；以植物造景为主，形成多空间、多树种、多层次的生态景观。

4. “低碳节能”的原则：低碳化经营、建造生态建筑，生态化净化、循环水系，采用节能环保的交通工具等。

5. “以人为本”的原则：充分为商务、休闲考虑，在园中设置各类能满足游人休闲、娱乐、商务活动的服务内容与设施，便捷道路，场地私密安全性强。

五、生境的多样性设计

竖向地形设计以现状情况，景观规划，风水理论作为高程控制依据，尊重场地原有的平坦地势，局部挖湖堆山，以土方就地平衡为原则，尽量做到不多外进或外运土方，有效控制和改善景观垂直方向的变化。并结合周边不同景观元素，构建拟自然的生态布局和空间变化：

1. 水面生态布置：根据植物适宜生长的水深

图4

图5

图6

图 7　木栈道与红枫岛
图 8　沉积坑剖面示意图
图 9　路口丰富的植物景观
图 10　大量运用的野生花卉及地被

图 7

控制湖水深度，依次布置沉水植物带、浮水植物带和挺水植物带，保证水生植物有良好的生长空间。

2. 护坡生态布置：从坡脚到坡顶，依次布置岸边湿地带、暴雨过滤系统带和草皮带，较少雨水冲刷造成的水土流失，控制水体的含泥量。

3. 陆地生态布置：结合景观平面布置，在各个景区分别设置呈片状或带状分布的自然式生物群落。在高低起伏的地形衬托下，形成对人和动物具有高度亲和力的陆地景观。

4. 坡地生态布置：在公园南侧和北侧堆筑地形，形成高度 3 ~ 4m 的坡地山林生态景观，打造成为别具特色的果林采摘区和生态防护林区。

六、水网的梳理与水质的改善

合理调整取土坑及已形成的鱼塘，通过人工疏导和岸线整理将取土坑相互沟通，改变“死水一潭”的现状，并加以清淤处理，形成不同大小、深度、用途的水体，营造出收放有致的水系空间，大大改善原来取土坑田埂状的布局。使其趋于自然化、景观化和生态化，并通过与原有河道的沟通，确保水系与周边水网的联系。

营造生境丰富的水体景观，如孤岛、沼泽、溪流、湖泊、池塘及水与岸的自然过渡区。在基地外侧河道设置水闸，控制园内水位的同时，控制水体的流动方向，确保园区水系的自我循环。运用水生、湿生植物净化水质的功能，构建植物滤水区、净化区及沉淀区，改善水质，并集中展示各类湿生、水生花卉，形成水生花卉植物展示区，在生态净化的同时也可作为科普教育的基地。

借鉴自然湿地的净化原理，在湖岸边雨水交汇区设暴雨蓄水池和沉积坑，以限制雨水冲刷的沉积物直接排入水中，同时将园内的雨水通过管道收集就近排入沉积坑。在坑底铺设粗砂、卵石，让雨水暂时储存于此。雨水通过泥土的空隙自然渗透回地下，当积水达到一定标高后亦通过溢流直接导入河内。在沉积坑中种植各类水生、湿生植物，在坑外布置茂密的植被以过滤、净化处理雨水。

选用水葱、野茨菰、芦苇等水生维管束植物能大量吸收营养、转化水中有毒有害物的性质及对 Zn、Cr、Pb、Cd、Co、Ni、Cu 等重金属有较强吸收积累的能力，作为先锋植物进行水质改良，通过

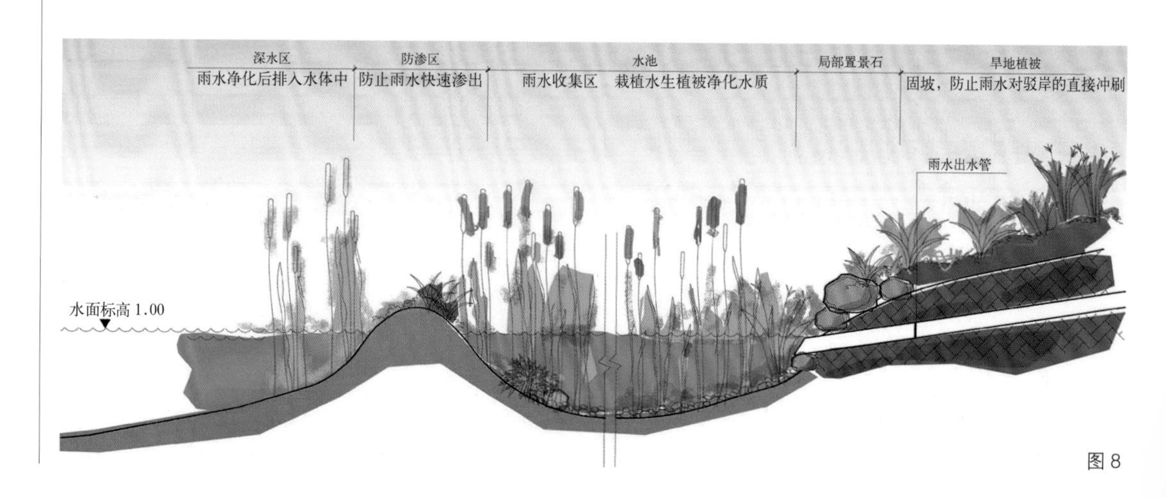

图 8

一定时期的净化，当水体达到景观水质要求后，改种其他观赏类水生植物。

营造湿地环境，逐渐培养可以来此繁殖的鸟类。在开阔水体中适量养鱼，净化水质，发挥水体的垂钓功能，为湿地的景致增加几份互动。结合生态系统的重建，构建菌类——藻类——浮游生物——鱼类的食物链。鱼类选择以花鲢、白鲢鱼为主，并配以鳙、草鲤、罗非鱼等，以控制藻类的过度繁殖，防止水体富营养化。

水生植物净化功能一览表　　表 2

植物品种	净化功效
水葱	能净化水中的酚类
野茨菰	对水体中氮的去除率达 75%，对磷的去除率达 65%
芦苇	具有净化水中悬浮物、氯化物、有机氮、硫酸盐的能力，能吸收汞和铅，对水体中磷的去除率为 65%
凤眼莲	耐污能力强，对氮、磷、钾及重金属离子均有吸收作用
浮萍	可大幅度降低废水中的铁和锌，对锰的去除效率达 100%
沉水植物	可通过吸收、转化、积累作用降低水中营养盐，从而抑制水体内浮游藻类生产量，同时能防止底泥的再悬浮，提高水体的透明度

七、植物生态群落的营造

将迁地保护和生态恢复设计作为主要手段进行绿化改造和植物多样性保护，以突出公园的自然野趣，避免一般城市公园的人工痕迹。模拟各具特色的自然植物群落，利用生态系统的循环性和再生功能，减少后期养护和管理的成本，并营造出人与动物、植物和谐共生的生态环境。

首先在基地外围形成抗逆性的人工植物群落，以减少周围环境对基地的影响。同时着力保护和利用基地原有乔木、灌木，适度调整岸边植物群落，赋予其新的景观功能。注重乔、灌、草、地被互相搭配，合理运用混交林，以不同规格和树龄的乔木植物造景为主，形成多空间、多树种、多层次的生态景观，保持植物生态群落的可持续发展。

在公园入口、重要景点、人流聚集区设置特色花境以供游人近距离观赏。花境设计参考自然风景中野生花卉在林缘地带的生长状态，经过艺术提炼和加工，使游人在体验生态大环境的同时感受精致、宜人的生态小空间。花境中各种花卉的配置比较粗放，同时追求植物花期、花色、叶色等季相变化的互补，尽可能达到四季有花的效果。

开发现有野花地被资源，通过去除恶性杂草种群，引导和控制野花植物的生长发育，营造独具特色的野花草甸区。挖掘、利用现有蜜源植物和鸟嗜植物，形成候鸟栖息、迁飞景观。

八、生态节能技术的探索

公园在前期建设和后期使用过程中尽量减少对生态环境的负面影响，尽可能保护、保留自然资源、合理利用能量资源和材料资源，力求打造一个绿色生态的、环保节能的、低碳化的环境友好型公园样板。

"低碳化"实质是清洁能源高效利用、追求绿色的 GDP，其核心是减排的技术创新和对公园开发理念的根本转变。以"低碳经济"的低消耗、低污染、低排放为基础的运作模式，充分利用"阳光"、"风能"、"生物质能"等清洁能源，是当前国际社会最热门的话题和衡量现代科技水平的热点，因而在项目建设和运营中我们采用一系列的节能环保新技术新材料，大致包括：

1. 合理利用生态浮岛能量转换，以水生植物为主体，用无土栽培技术建立高效的人工生态系统。

2. 合理的开发和充分应用太阳能、风能作为安全、洁净、可再生、无污染的绿色能源，园区内的停车场照明用电均采用太阳能照明技术，部分配套功能建筑，如换乘站等，采用风力发电和太阳能

图 9

图 10

图 11　绿色能源建筑
图 12　木结构的生态茶室

图 11

图 12

光伏发电技术相结合的供电方式，并采用环保型燃料等。

3. 建材蕴涵的能量主要指建材在选材、制作、运输过程中使用和消耗的各类直接、间接能量之和，如制造过程中消耗的水、电、煤、油、人工等基础资源。重视材料蕴含的能量，选择自然材料、尽可能选择本地材料等，将大大降低公园建设初期和使用过程中的总能耗，从而在区域生态系统层面减轻了对生态环境的压力。

九、结语

通过 2 年多的不懈努力，昆山花桥国际商务城生态公园已初具规模，得到了当地各界的好评。但废弃地的改造利用在我国尚处于起步和探索阶段，如何在尊重自然规律的前提下运用生态学、生物学和景观设计学领域的新理念、新技术和新成果，实现真正意义上的生态恢复与景观重塑，进而实现生态效益、社会效益与经济效益的统一，是一个需要我们认真思考、不断探究的重要课题。

设计单位：上海市园林设计院有限公司
项目负责人：庄　伟
项目参加人：钱成裕　黄慈一　许　曼　陆　健
周乐燕　李　雯　王晓黎　秦启宪
应旦阳　张永来　韩莱平　秦文宗
茹雯美　朱利安
项目演讲人：钱成裕

临潼骊山风景名胜区总体规划

中国城市规划设计研究院风景所／白　杨　李　阳　丁　戎

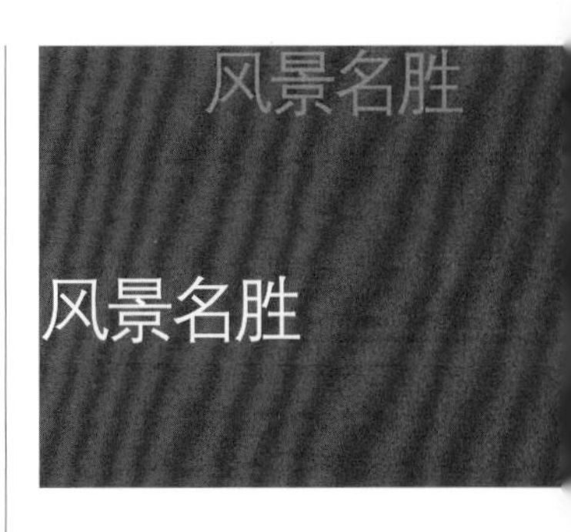

风景一词出现在晋代（公元265～420年），风景名胜源于古代的名山大川和邑郊游憩地及社会选景活动。历经千秋传承，形成中华文明典范。当代的风景名胜区体系已占有国土面积的1%（9.6万km^2），大都是最美的国家遗产。

一、规划背景

（一）背景

临潼骊山风景名胜区位于西安市临潼区，东距阎良约27km，西南距西安市中心约30km。风景区面积81.7km^2，核心景区面积4.65km^2，分为四片，包括：秦始皇陵、兵马俑博物馆、姜寨遗址、华清宫及骊山；区域交通状况较好，有咸阳国际机场连通世界各大城市。风景区内部道路平原地区较好，山区交通未成体系；风景区内共有各级文物保护单位34处，其中全国重点文物保护单位5处，省级文物保护单位1处，市县级文物保护单位28处。

临潼骊山风景名胜区拥有世界级旅游资源优势，秦始皇陵及兵马俑坑，在全球遗产旅游格局中占有重要一席，是东方文明的重要代表；依托著名古都西安，保留了丰富而纯正的秦、唐气息，是全国历史文化旅游中不可替代的一项重要内容；且对海内外游客的吸引力巨大，2011年游客总量538万人次，其中海外游客81万人次；随着"世界遗产"旅游热不断升温，临潼骊山风景名胜区将促进旅游业的繁荣，为社会经济的发展做出更大贡献。

（二）现存主要问题

1．顶级资源与旅游产业发展水平不协调

旅游产业为本地社会经济所创造的价值与得天独厚的旅游资源不相匹配，目前临潼区旅游业的整体水平还有很大发展空间。西安的荫蔽效应，导致临潼三产发展受到制约，其在接待设施、综合实力、地方名气等都落后于西安，游客多为"过客"，游在临潼，消费在西安，旅游对临潼的贡献有限。

2．城市发展与风景保护之间存在矛盾

临潼城区与风景名胜区相互交融，如何协调城区发展与资源保护成为临潼的重要问题。风景区内人口密度较大，在有限的资源空间内，各种使用矛盾冲突较大。目前"三镇环绕秦陵"的城镇空间结构，对风景资源保护造成了较大影响，不利于长期持续发展。

3．风景游赏体系尚未完善

类型丰富、景源多而分散的特征，导致目前各景区、景点空间联系不够紧密，尚未形成合力。核心资源现状发展水平与世界知名旅游目的地有着

图1　兵马俑
图2　华清宫

图1

图2

较大差距，有较大提升空间。人文历史资源深入挖掘不够，除秦陵、华清宫等少数几处，其他资源如姜寨遗址、鸿门宴等利用程度和水平较低。风景区内部道路平原地区较好，山区交通未成体系，现有公路设施穿越景区核心保护区，影响遗址整体环境。

4. 旅游服务设施接待水平较低

临潼城区旅游设施整体发展水平较低，空间布局不尽合理。在住宿方面缺乏星级宾馆等，游客以观光过客为主，不在临潼停留，不利于三次产业链形成。商业服务设施水平低，空间分布不均衡，山区缺乏服务设施，不能够全覆盖；秦俑馆前过度商业化，不利于旅游形象塑造。

5. 风景区资源管理体制有待改善

风景区内存在用地权属分散，多头管理，核心资源管理与属地分离等问题；同时本地政府和居民在旅游产业中受益较少，不利于资源保护和可持续发展，不利于风景区的统一管理和运营。

6. 临潼城区风貌与风景名胜区不协调

临潼城区风貌以现代风格为主，与风景区整体山水环境不尽协调。高层、超高层建筑对于城区整体景观风貌和景区整体空间环境影响较大，景观轴线廊道缺少管控，出现高层建筑，破坏景区景观风貌。

二、规划思路

（一）区域层面

凭借世界奇迹级资源，立足世界文明古都西安的城市发展，高标准定位，明确临潼城区核心职能在于对遗产的保护与合理利用，突出历史文化特色，营造特色国际旅游城区。

（二）城市层面

走与西安联动发展的道路，合理确定临潼城区规模，国际旅游城规模不宜过大；空间的拓展避免“环绕秦陵圈层式发展”，立足长远，更多关注旅游及相关产业的发展，着力形成“景城合一”的城市风貌；进一步优化产业结构，将旅游业提升为支柱产业，带动经济社会全面发展。

（三）风景区层面

1. 整合资源——保持并强化核心竞争力

世界文化遗产和自然资源是西安临潼未来发展最重要的基础，是临潼也是西安城市的核心竞争力，将资源有效保护并不断拓展其内涵，才能够保证未来若干年的长久持续发展。

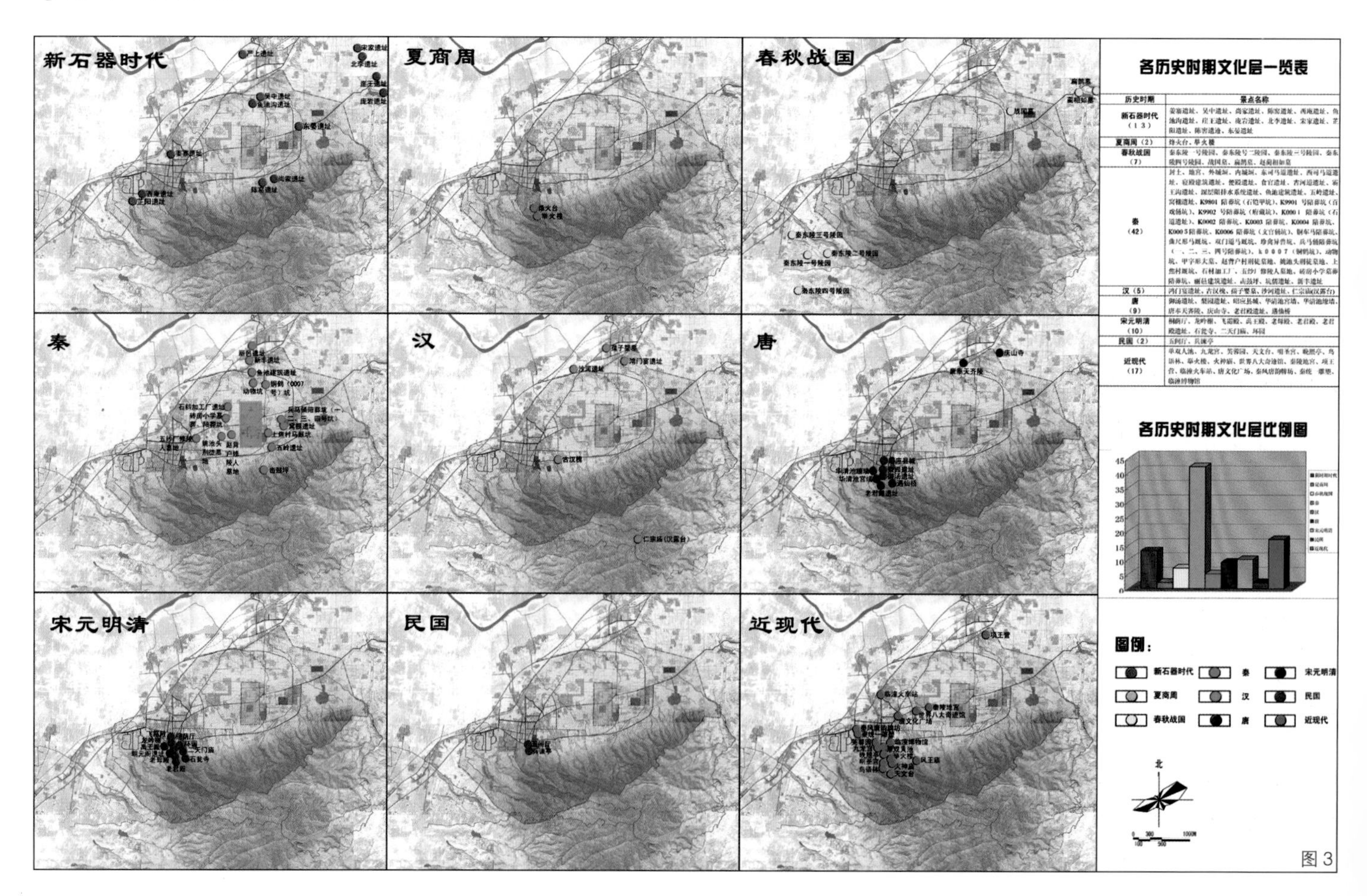

各历史时期文化层一览表

历史时期	景点名称
新石器时代（13）	姜寨遗址、吴中遗址、尚家遗址、陈窑遗址、西庵遗址、鱼池沟遗址、庄王遗址、庞岩遗址、北李遗址、宋家遗址、芷阳遗址、陈窑遗迹、东晏遗址
夏商周（2）	烽火台、举火楼
春秋战国（7）	秦东陵一号陵园、秦东陵号二陵园、秦东陵三号陵园、秦东陵四号陵园、战国墓、扁鹊墓、赵蔺相如墓
秦（42）	封土、地宫、外城垣、内城垣、东司马道遗址、西司马道遗址、寝殿建筑遗址、便殿遗址、食官遗址、杏园遗址、崔王沟遗址、深层阻排水系统遗址、鱼池建筑遗址、五岭遗址、窝棚遗址、K9801陪葬坑（石铠甲坑）、K9901号陪葬坑（百戏俑坑）、K9902号陪葬坑（府藏坑）、K0001陪葬坑（石道遗址）、K0002陪葬坑、K0003陪葬坑、K0004陪葬坑、K0005陪葬坑、K0006陪葬坑（文官俑坑）、铜车马陪葬坑、曲尺形马厩坑、双门道马厩坑、珍禽异兽坑、兵马俑陪葬坑（一、二、三、四号陪葬坑）、k0007（铜鹤坑）、动物坑、甲字形大墓、赵背户村刑徒墓地、姚池头刑徒墓地、上焦村殉坑、石料加工厂、五炉厂修陵人墓地、砖房小学墓葬陪葬坑、丽邑建筑遗址、山鼓坪、坑儒遗址、新丰遗址
汉（5）	鸿门宴遗址、古汉槐、韩子婴墓、沙河遗址、仁宗庙(汉露台)
唐（9）	御汤遗址、梨园遗址、昭应县城、华清池宫墙、华清池缭墙、唐奉天齐陵、庆山寺、老君殿遗址、遇仙桥
宋元明清（10）	桐荫厅、龙吟榭、飞霜殿、禹王殿、老母殿、老君殿、老君殿遗址、石瓮寺、二天门庙、环园
民国（2）	五间厅、兵谏亭
近现代（17）	单双人池、九龙宫、芙蓉园、天文台、明圣宫、晚照亭、鸟语林、举火楼、火神庙、世界八大奇迹馆、秦陵地宫、项王营、临潼火车站、唐文化广场、秦风唐韵释坊、秦统一雕塑、临潼博物馆

图3

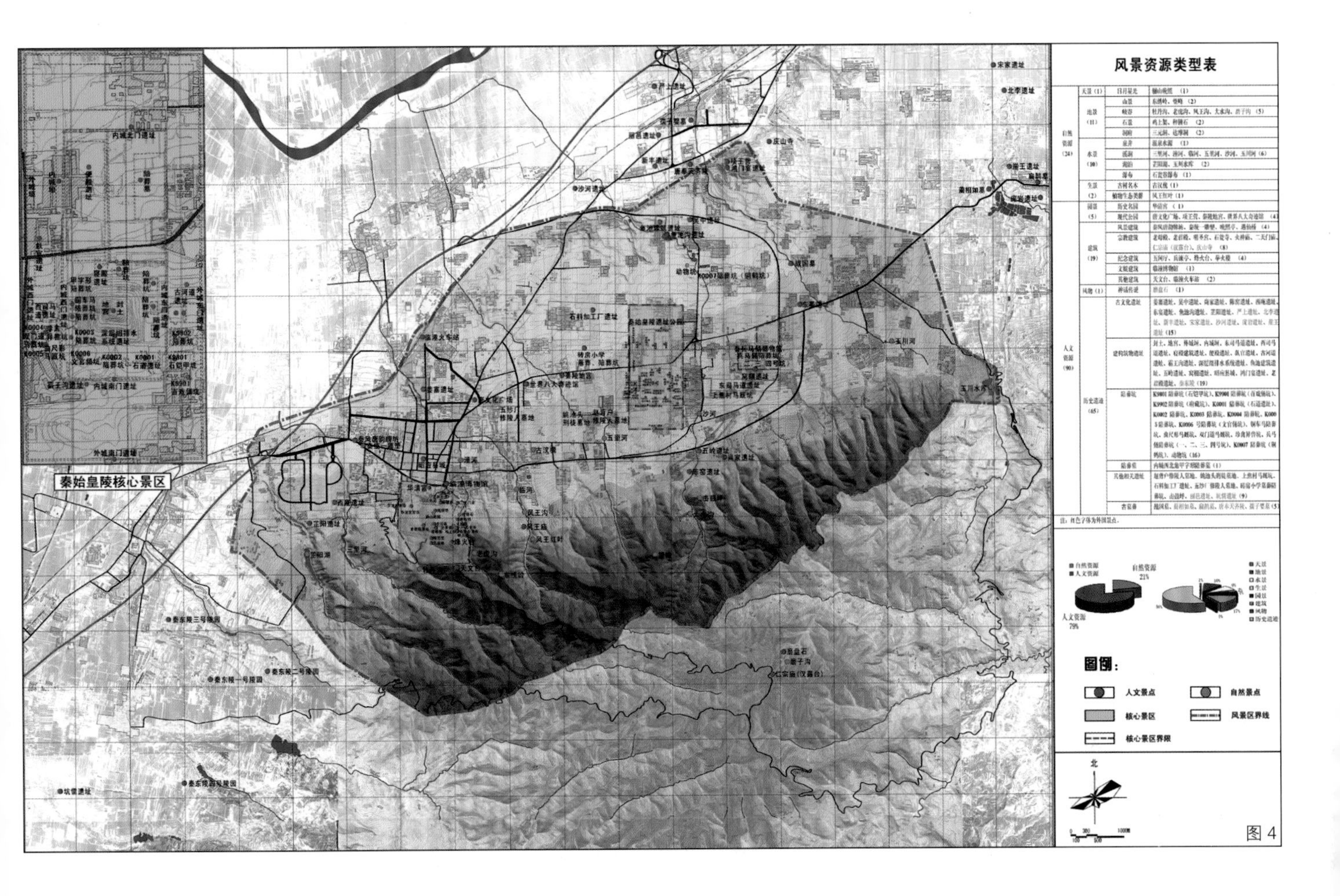

2. 优化结构——走观光游览、文化体验与度假休闲相结合的综合方式

转变经营理念与模式，由传统的观光游览型向休闲度假型转变，以文化体验为载体，走观光游览、文化体验与休闲度假相结合的综合发展方式，进一步完善风景区的功能结构。

3. 突出重点——大力发展休闲度假产业

深入挖掘御汤文化，大力发展休闲度假产业，创造更多的旅游收益，使旅游业由临潼经济的龙头产业提升为支柱产业，带动经济社会全面发展。

(四) 文化遗产层面

站在世界奇迹级文化遗产的高度，对人类文明的代表进行继承与发扬。按照世界文化遗产和文物保护单位的相关要求，严格执行文物保护专项规划，同时加强文化遗产所处历史环境的整体保护。

三、规划性质

临潼骊山风景名胜区以秦唐文化为核心，以珍贵的历史文化遗产和秀美的山岳景观交相辉映为特色，是具有国际文化交流、风景游赏、休闲旅游等功能的国家级风景名胜区。

四、规划布局

风景名胜区布局结构的实质是风景名胜区系统内各组成要素之间的相互联系、相互作用的方式。根据临潼骊山风景名胜区各类资源的空间分布特征，城镇体系格局，从资源利用和空间组织角度出发，确定风景名胜区的布局结构是：

一体两翼七区。

以骊山自然环境为依托和本体，以秦陵世界文化遗产景观翼和华清宫唐文化景观翼为核心，将历史文化、自然风景以及现代化国际旅游城市统筹成为一个整体，带动临潼骊山风景名胜区在新的历史阶段与西安的联动发展；并根据保护与开发利用方式及强度的不同划分为七大功能区，有效地统筹风景名胜区资源保护与社会经济的可持续发展。

(一) 一体

骊山作为本体在时间和空间上整合各个资源，强化骊山整体自然环境的依托作用。

图 3　各文化层现状图
图 4　景观资源分布图

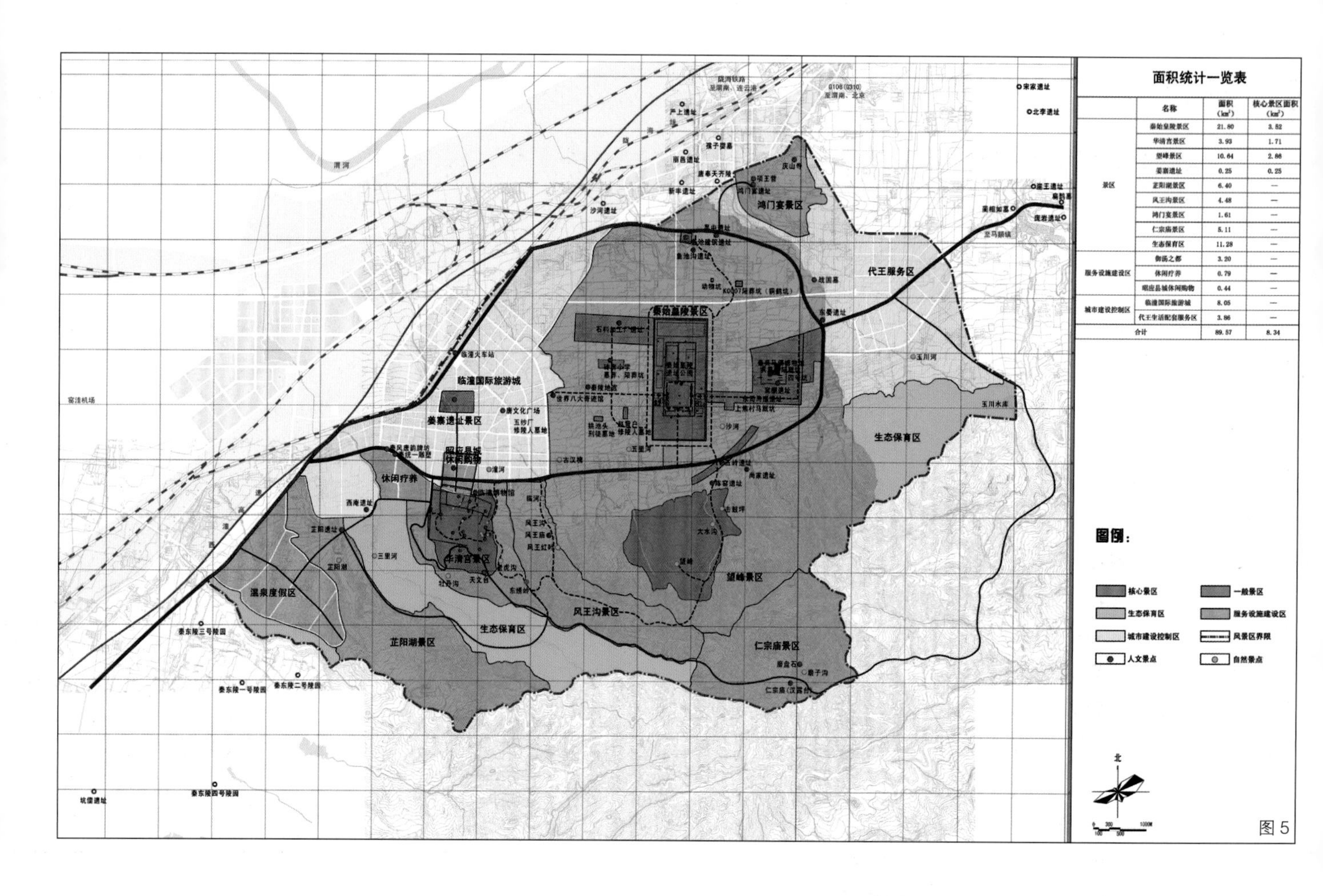

面积统计一览表

	名称	面积（km^2）	核心景区面积（km^2）
景区	秦始皇陵景区	21.80	3.52
	华清宫景区	3.93	1.71
	望峰景区	10.64	2.86
	姜寨遗址	0.25	0.25
	芷阳湖景区	6.40	—
	风王沟景区	4.48	—
	鸿门宴景区	1.61	—
	仁宗庙景区	5.11	—
	生态保育区	11.28	—
服务设施建设区	御汤之都	3.20	—
	休闲疗养	0.79	—
	昭应县城休闲购物	0.44	—
城市建设控制区	临潼国际旅游城	8.05	—
	代王生活配套服务区	3.86	—
合计		89.57	8.34

（二）两翼

1. 秦陵世界文化遗产景观翼：旨在强化秦陵作为骊山风景名胜区价值核心的作用，按照国际领先水准的要求保护世界文化遗产本体并扩展至遗产所依存的整体历史环境；扩充文化遗产展示内容，强化风景区核心竞争力。

2. 华清宫唐文化景观翼：以华清宫保护为本底，以唐文化为依托，整合临潼旅游城镇和温泉水资源，建设集休闲旅游、养生体验、温泉疗养为一体的具有国际影响力的旅游目的地，创造山水城市和现代旅游产业相结合的国际典范。

（三）七区

1. 文化旅游观光区：主要是指人文景观资源相对突出并集中分布，以开展文化游览、观赏和适宜的参与性活动为主要利用方式的区域。

2. 风景观光游览区：主要是指自然景观资源相对突出并集中分布，以开展自然景观游览、观赏和适宜的参与性活动为主要利用方式的区域。

3. 温泉休闲体验区：以温泉休闲体验为主要功能的区域，适于集中设置旅游服务配套设施，用于集中接待海内外旅游者。可高标准建设休闲、康体养生、温泉疗养等设施项目，建筑风貌应与风景名胜区整体相协调。

4. 服务设施建设区：指为风景游赏服务的旅游设施集中建设区域。服务设施建设区的建设应尽量减少对风景名胜资源的影响，与风景区整体景观风貌相协调，可进行商业、文化、博览、停车场等设施建设。

5. 城镇建设控制区：其建筑物的高度、色彩、风格等应符合城镇总体规划及风景名胜区规划的相关控制要求。

6. 生态保育区：景区内为保护森林植被和自然生态而划定的保护范围。生态保育区内除必要的科学考察、森林养护与管理外，不得建设各类旅游设施，区内不得开展风景旅游活动，严格保护森林植被与自然环境。

7. 农业生产生活区：由于历史和现状原因，风景区内除开展游览、休闲活动的地区外，仍然保留了大量的农田及居民点，可结合农田果林等开展采摘、民俗旅游项目。同时应针对风景名胜区的整体环境要求进行保护、景观恢复。

图 5　规划总图
图 6　分级保护规划图
图 7　功能分区图

五、探索、创新与特色

（一）景区和世界文化遗产的关系

1982 年，临潼骊山风景名胜区被列为国家重点风景名胜区；1987 年秦始皇陵及兵马俑坑被联合国教科文组织列入世界文化遗产名录。在本次规划结构中，秦始皇陵及兵马俑坑为“两翼”中的“秦陵世界文化遗产景观翼”，作为风景区核心竞争力和文化遗产展示重要内容。始皇陵景区总面积为 2397hm²，考虑到秦始皇陵景区的景观价值及世界影响力，以及目前世界文化遗产保护更加关注遗产历史环境的整体发展趋势，高标准对遗产进行保护，将《秦始皇陵文物保护规划》所划定的重点保护范围划定为核心景区，面积 464hm²。

规划结构以秦始皇帝陵博物院为基础，以秦始皇兵马俑博物馆和秦始皇帝陵·丽山园为依托，并随着文物考古工作的进展逐渐在考古原址上建立多个与环境相融合的遗址保护展厅，合理组织游线，逐步形成“一院多馆”的空间格局。

规划重点不仅是保护好现有遗址本体，同时应该对遗址的整体历史空间进行环境保护，保护秦陵的历史空间轴线序列及重要景观视廊，包括秦始皇陵封土堆与骊山渭河、封土堆与秦俑馆、封土堆与外围道路重要视点之间的视线通廊。

（二）风景区和文物保护规划之间的关系

秦始皇陵和华清宫遗址保护规划合理地划定了文物保护范围和外围建设控制地带，对秦始皇陵和华清宫遗址实施了科学有效的保护。本规划在系统研究的前提下，为便于管理和部门之间协调，将风景名胜区分级保护规划与文物保护范围进行空间对位。

风景名胜区分级保护规划中的特级保护区包含文物保护规划中的重点保护区，分级保护规划中的一级保护区包含文物保护规划中的一般保护区。

（三）风景区和城镇发展的关系

城景结合是临潼骊山风景名胜区的一大特色，因此规划需引导城景协调发展。城镇整体建设风格、建筑高度及风貌控制要与风景区相协调；将重要景观视廊、历史轴线、重要界面、场地文脉、自然山景等划定相应的建设控制区，建设历史与现代交相辉映的城景风貌，实现城镇、历史、自然的和谐共存。

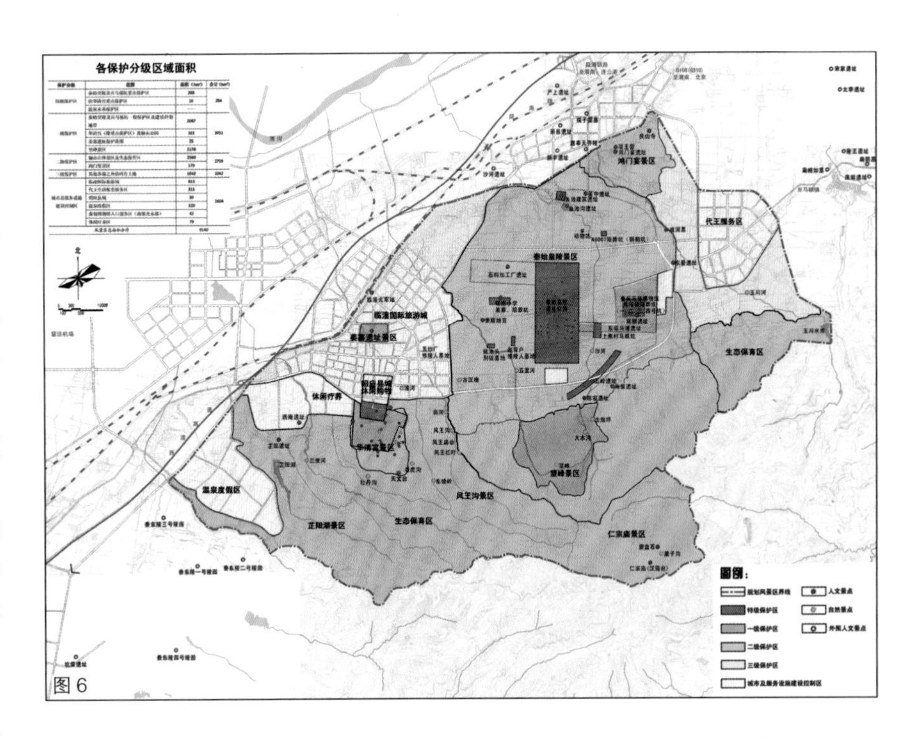

图 6

设计单位：中国城市规划设计研究院风景所

项目负责人：白 杨

项目参加人：丁 戎 刘 华 曾 浩 林 昊 李 阳 邓武功 陈 萍 刘 溪 陈 在 栾晓松 刘祎洋 谢卫丽

项目撰稿人：白 杨 李 阳 丁 戎

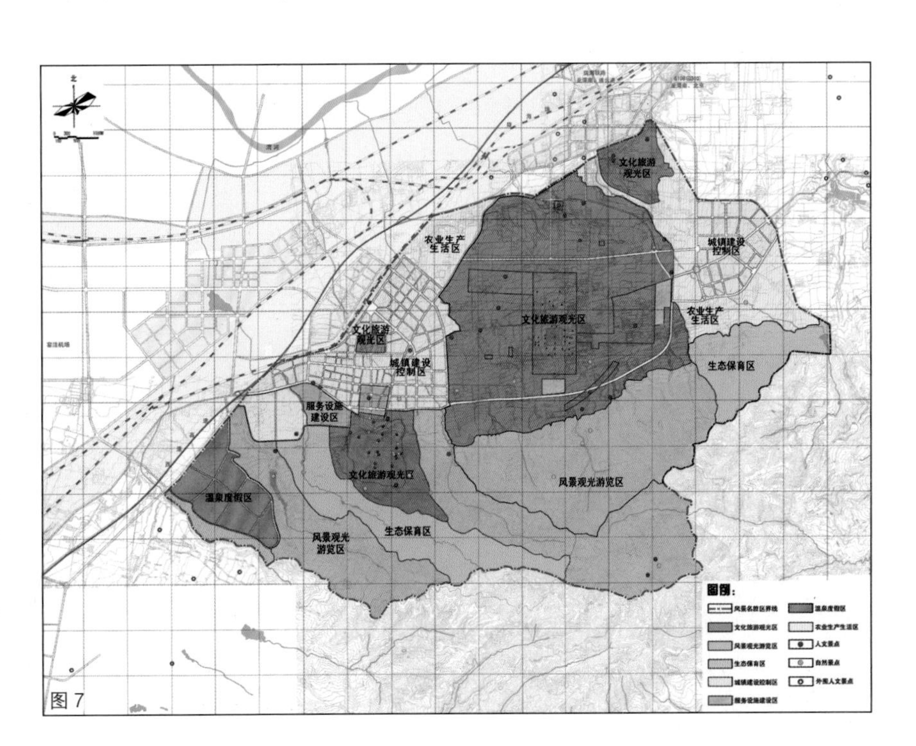

图 7

宜兴市环太湖风景路详细规划中地域性景观的科学构建

江苏省城市规划设计研究院风景园林与旅游规划所／么贵鹏　吴　弋

一、规划背景

（一）环太湖风景路——全国首个两省联合共同打造的区域风景路

环太湖包括江苏省的苏州、无锡、常州、宜兴、吴江五个市县和浙江省的湖州、长兴两个市县，自然景观优美，人文底蕴深厚，经济社会发达，人居环境优越。

2011 年，江苏省与浙江省联合编制了《环太湖风景路规划》，以慢行交通连通环湖 7 市县，其中临湖线全长 317.5km，连接了太湖周边西山、木渎、同里等 13 个风景区、2 个独立景点，包括 197 个自然景观和 849 个人文景观。纵深线共 14 条，全长 294.9km，联系各市县纵深地带的自然与人文景观。优化滨湖地区生态格局，保护和提升生态环境质量，整合城乡自然和人文景观，促进环太湖地区的发展方式转型和产业结构优化，推动环太湖地区打造世界级的旅游品牌。

2012 年 3 月，江苏、浙江两省正式启动了环

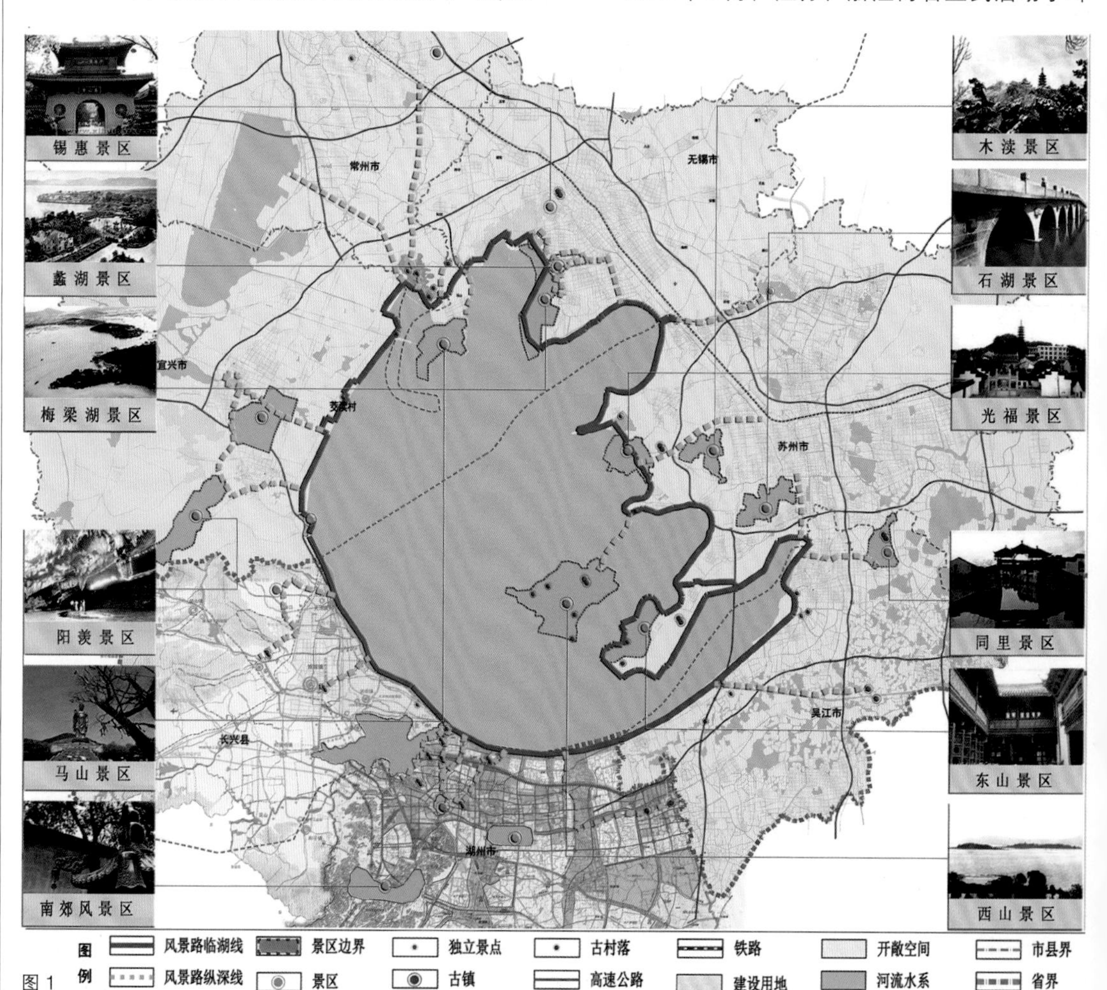

图 1

图 1　环太湖风景路布局图
图 2　技术路线简图
图 3　宜兴市域风景路规划图

太湖风景路建设。

（二）环太湖风景路功能

景观功能：塑造良好自然人文景观。

生态功能：提升区域生态环境质量。

经济功能：促进产业结构优化提升。

社会功能：服务居民生活功能需求。

（三）环太湖风景路的布局

环太湖风景路分为临湖线、纵深线和联络线，三类风景路互为补充，共同构成环太湖风景路网络的主干。临湖线为环太湖风景路的核心线路，二十一条纵深线是加强临湖线与外围主要景区、景点联系的重要线路，联络线是加强纵深线之间、临湖线与城镇、特色村庄、独立景点之间相互联系的线路。

二、技术路线

宜兴市环太湖风景路是环太湖风景路的重要组成部分，北接常州，南接浙江长兴，包括临湖线、纵深线、联络线与支线。其中临湖线全长 52.6km，纵贯市域，成为展现宜兴地方特色和环太湖风情的慢行生态绿廊。详细规划通过对宜兴市域自然、人文资源及特色村庄的分析基础上，对《环太湖风景路规划》中的选线布局进行了调整，形成一环四纵的整体格局，串联市域各类风景资源。针对这类新型项目，规划编制创新性的采用控制图则与重要节点修详规划相结合的方式，紧紧抓住风景路规划编制的景观独特性（地域性）、科学引导性与实际操作性，得到了相关论证专家的一致认可，于 2012 年 4 月份通过论证，目前正在实施中。

风景路临湖线以"秀山陶情、田海竹韵"为主题，充分挖掘宜兴市的乡土特色，形成环太湖独具宜兴地方特色的风景路。纵深线有四条，分别为阳羡——云湖线，以"品茶悟禅"为主题，善卷线，以"洞天世界"为主题，三氿——滆湖线，以"新城风貌"为主题，芜申运河线，以"运河风情"为主题。临湖线与各条纵深线之间以联络线加以联系，形成纵横交织的风景路网络体系。

三、创新特色

（一）景观地域性

1. 地域景观要素提炼与应用

临湖线重点挖掘宜兴的"陶"与"竹"特色。

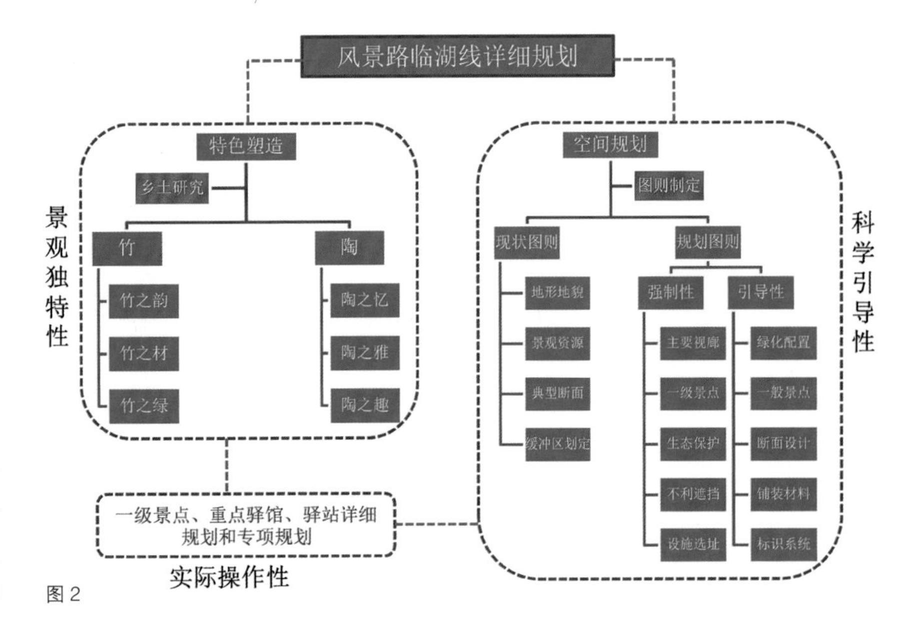

图 2

其中竹特色以"竹之韵、竹之材、竹之绿"为主题。竹之韵强调的是以宜兴传统的竹简、竹画和竹刻为要素，与风景路沿线的景观节点和小品设计相结合，体现竹与地方传统文化结合的韵味；竹之材则强调竹子作为一种建筑材料，可以在风景路沿线的路面与构筑物的建设中加以应用。主要包括竹篱、竹灯、竹凳、竹桶、竹亭、竹牌、竹桥与竹栈道等，使游客在游览过程中时刻体会到竹的气息；竹之绿则强调竹作为一种重要的绿化造景植被在风景路沿线的应用。以宜兴地方的毛竹、淡竹为主，采用点植与片植相结合的方式，为风景路沿线环境塑造竹之绿的气氛。陶特色以"陶

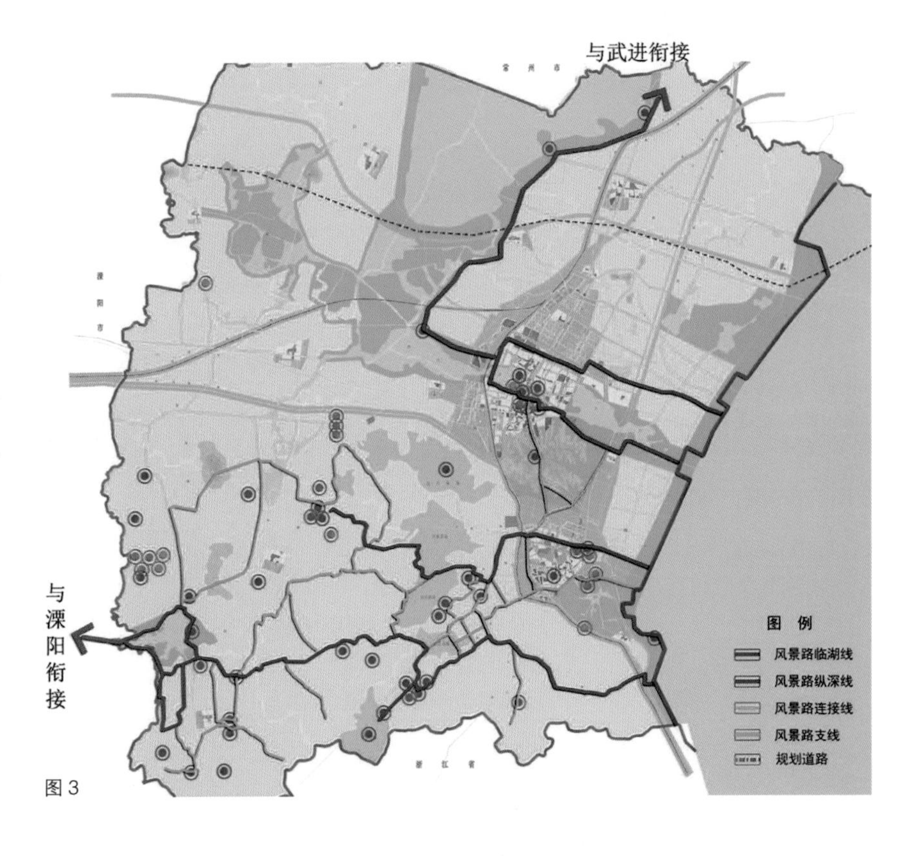

图 3

图 4　规划结构图
图 5　现状分析图则范例

图 4

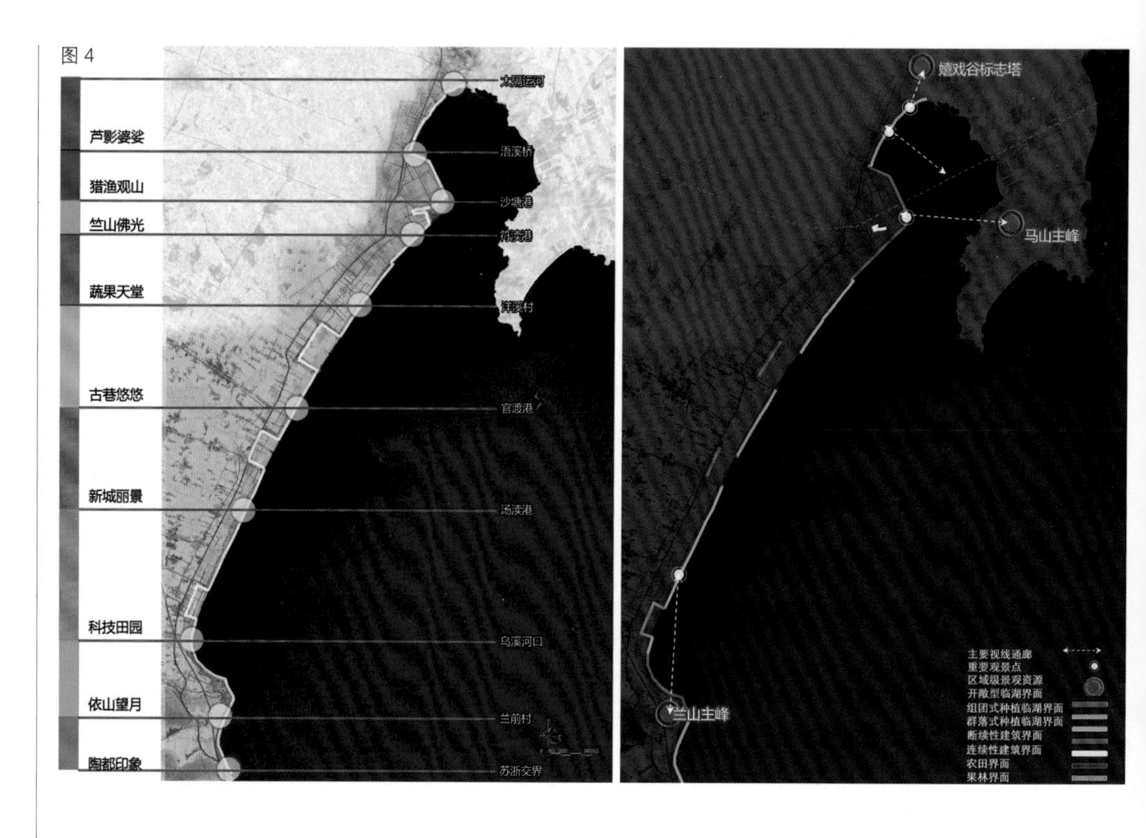

之忆、陶之雅、陶之趣”为主题。其中陶之忆主要以景观节点的形式，表达宜兴陶文化的悠久历史和现代发展；陶之雅，以地刻及小品的形式体现宜兴紫砂蕴含的深厚的人文底蕴；陶之趣则主要在驿站设置艺术家工作室，给游客亲身体验陶艺制作的过程与乐趣。

2. 风貌地域性

风景路临湖线根据沿线的自然地理条件及人文风貌特征，共分为 9 个风貌段。自南往北依次为陶都印象区段，体现浙江段进入宜兴的门户形象；依山望月区段，体现兰山丰富的自然与人文特点；科技田园区段，体现外向型农业示范区的科技农业景观风貌；新城丽景区段，着眼未来，体现风景路沿线未来新城的风貌；古巷悠悠区段，体现以茭渎古街为代表的古村景观；蔬果天堂区段，体现宜兴地方特色民俗与农耕文化；竺山佛光区段，体现沿线竺山与福善寺相关历史传说与文化；猎渔观山区段，结合沿线大面积鱼塘体现地方渔文化，并形成与对岸马山的景观互动；芦影婆娑区段，结合现状大面积湿地滩涂，体现太湖湿地景观。

空间界面与控制原则表　　表 1

空间界面	控制原则
开敞型临湖界面	形成良好的绿化背景依托
组团式种植临湖界面	注重主景植物的观赏性，形成开合有致的空间
群落式种植临湖界面	注重植物群落的成片景观，形成开合有致的空间
断续性建筑界面	注重绿化与立面整治的结合
连续性建筑界面	注重立面整治和局部的遮挡掩映
农田界面	引导景观农业
果林界面	丰富乔木品种

（二）科学引导性

1. 空间界面划分及引导控制

结合沿线的主要区域级的景观资源及主要观景点，形成 4 条主要的视线通廊，分别为观赏兰山、马山与嬉戏谷的标志塔；规划中的宜马大桥未来也将成为风景路沿线重要的区域级景观资源，因此在规划中也在合适的观景点预留视线通廊。空间规划根据风景路沿线的自然景观特征主要分为 7 种空间界面，临湖有 3 种空间界面，分别为开敞型临湖界面，主要是沿线临湖侧基本没有滩涂或滩涂宽度小于 5m 的区段；组团式种植临湖界面，主要是沿线临湖侧滩涂宽度在 5 米至 20 米之间的区段，组团式种植临湖界面，主要是沿线临湖侧滩涂宽度大于 20 米的区段；不临湖的风景路沿线主要有 4 种界面，分别为断续性建筑界面，连续性建筑界面，农田界面，果林界面。针对这 7 种界面类型，分别采取针对性的景观规划策略和控制原则。

2. 沿线现状及规划图则制定

根据沿线景观资源，沿风景路的视线可及范围和《环太湖风景路规划》中对各类风景路缓冲区宽度的相关规定，科学划定缓冲区共 10.5km²。并分别就 9 个风貌段分别制定 1 张现状分析图则与 2 张详细规划图则。其中现状图则主要包括了沿线的地形地貌、用地现状、景观资源、典型断面和缓冲区控制等要素，对各段风景路周边现状进行综合的分析与评价。

详细规划图则每段分为两张，第一张主要针对该段风景路的规划定位、缓冲区控制原则、规划要点、景点体系构建和典型断面设计。第二张则主要包括交通衔接、风景路开口、绿化配置导则、公共设施选址、沿线铺装材料和重要节点设计等内容。主要的控制要素均分为强制性和引导性原则，强制性原则主要针对沿线重要视廊的控制、生态基底的保护、不利要素的遮挡、交通组织、重要公共设施的选址和一级景点的设置等要素。引导性原则主要包括绿化品种、铺装材料的选取、二级景点的设置和典型断面设计等内容。分类控制有利于保证风景路规划的科学性与实施过程中的弹性控制。

（三）实际操作性

规划为了切实能够操作实施，对沿线各风貌段的一级景点和主要的公共设施进行了修详层面的规划设计。沿线共设一级景点七个，两个驿馆和十一个驿站，采用具有乡土特征的江南民居建筑风格，提供自行车租赁、餐饮、住宿等服务功能，为来风景路旅游休闲的游客提供各种配套服务功能。

1. 一级景点

（1）陶之忆主题节点

位置：位于陶都印象主题区段，占地约 0.6hm²。

特色：体现宜兴陶文化的悠久历史与特色。

规划要点：规划拟改变堤顶路线形，打破岸线过于平直的劣势，结合现状水塘进行景观改造，结合水体与太湖设置两个小型广场，以竹林环绕，分别以上古与现代的陶艺造型为主题构筑物，表达宜兴陶艺的悠久历史。上古陶艺的雕塑形体巨大，宛如破土而出的意境，另设楼梯可进入雕塑，在内壁设置陶艺历史的介绍。环绕 4 道景墙分别以白、紫、红、黄色为基调，表达的是宜兴地方特色的四种紫砂矿土。现代陶艺雕塑造型奇特，以点状散置在小广场上，与巨大的古陶艺造型形成对比，两者之间设置紫砂文化轴，把紫砂相关的工艺与文化以地刻的形式表达出来。

（2）水上竹艺坊主题节点

位置：位于依山望月主题区段，占地约 0.8hm²。

特色：以各种形式集中体现宜兴竹文化特色。

规划要点：规划结合兰山外围临湖侧架设竹栈道，以“竹筒、竹筒、竹灯、竹凳、竹亭”为要素沿风景路加以点缀，结合现状景石的重新布局与调整，形成集中体现竹文化的特色节点。

（3）花海漫步主题节点

位置：位于科技田园主题区段，占地约 1.8hm²。

特色：以竖向的丰富变化体现游人与科技田园的对话。

规划要点：规划结合现状外向型农业示范园丰富的大地景观，架设竹制空中廊桥，给游客以多角度体验景观的空间效果。廊桥局部覆盖，穿插在果

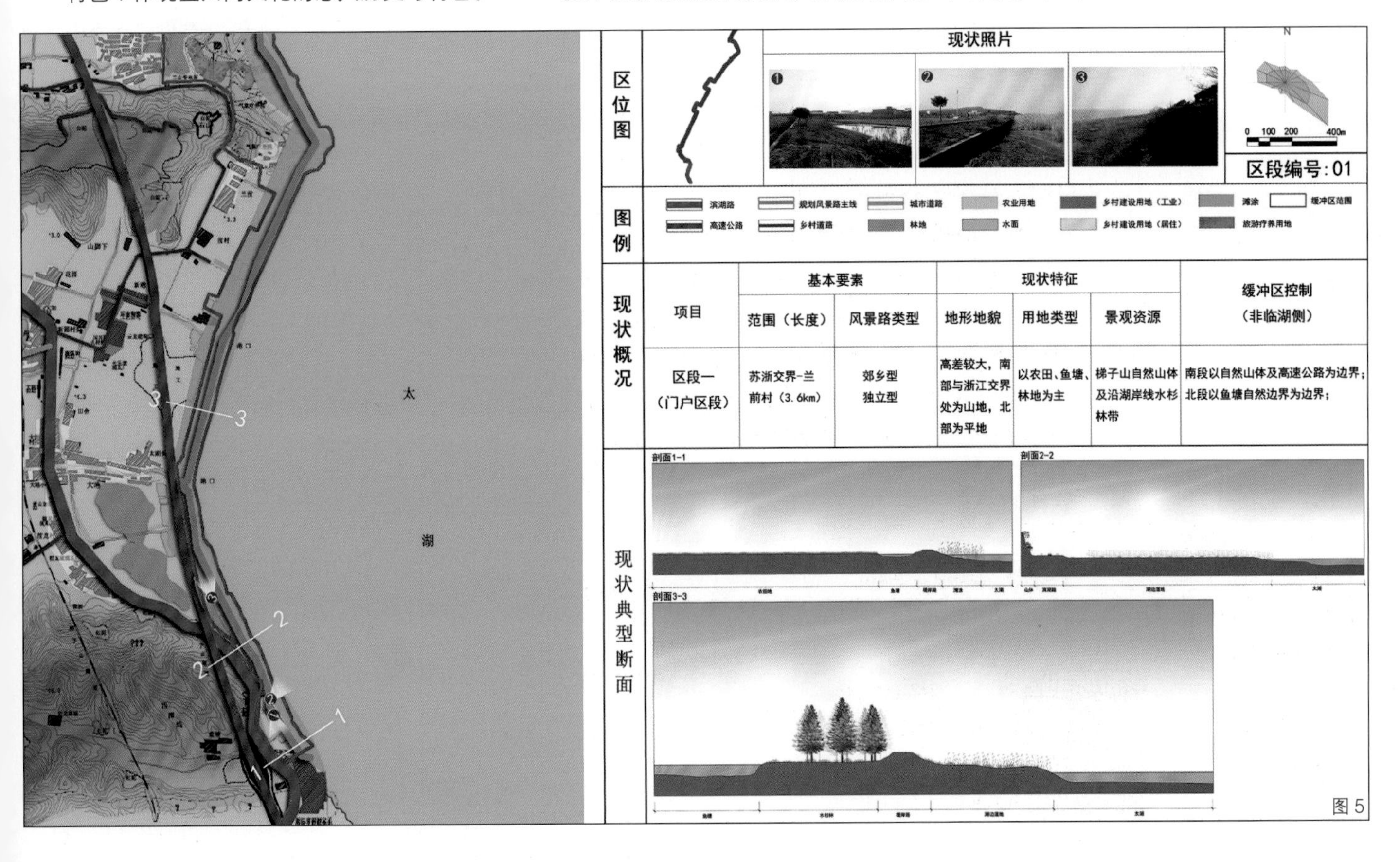

图 5

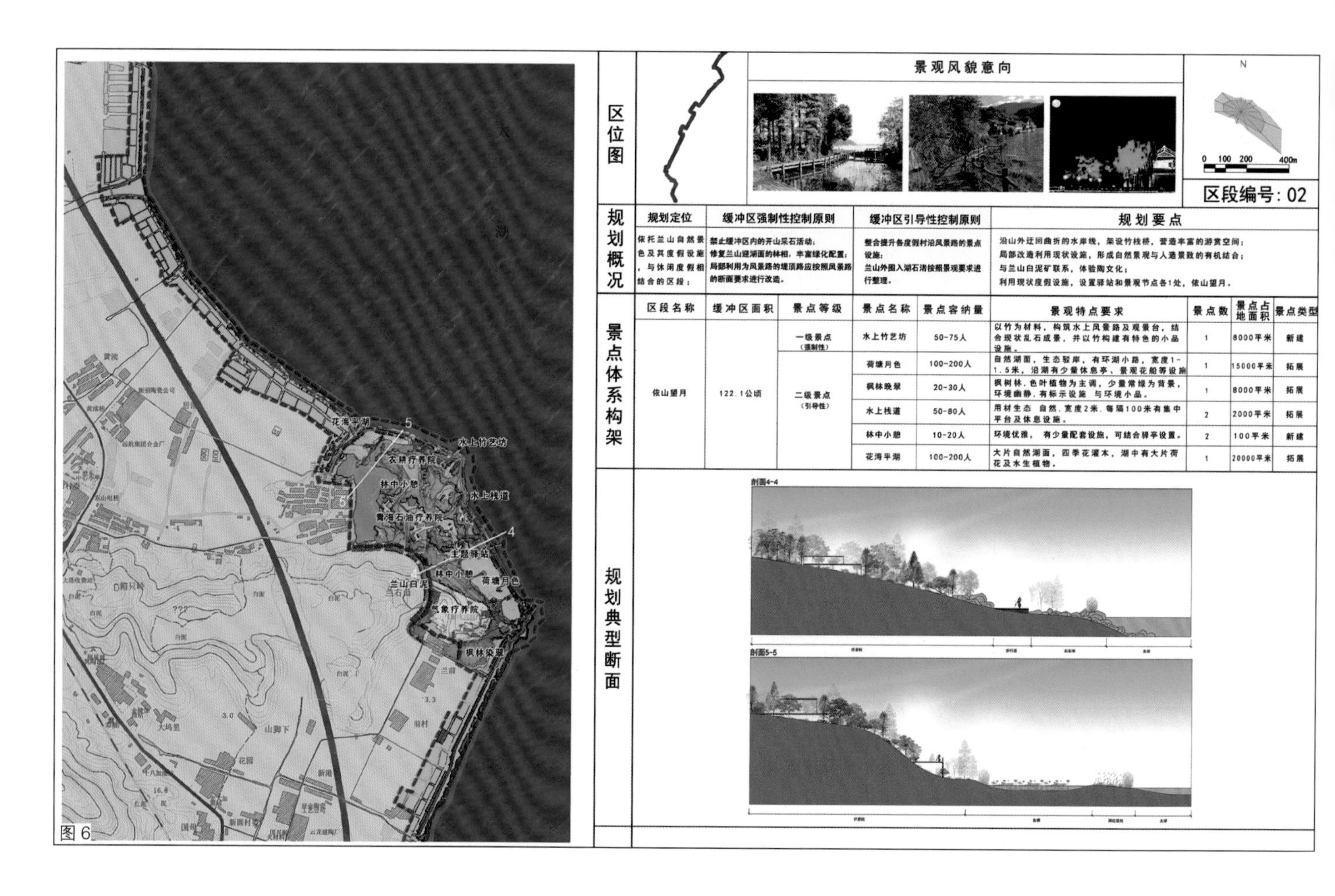

花海平湖
水上竹艺坊
农耕疗养院
林中小憩
水上栈道
青海石油疗养院
主题驿站
兰山白泥
荷塘月色
气象疗养院
枫林染翠
图6
区位图
景观风貌意向
N
0 100 200 400m
区段编号：02
规划概况
规划定位
依托兰山自然景色及其度假设施，与休闲度假相结合的区段；
缓冲区强制性控制原则
禁止缓冲区内的开山采石活动；
修复兰山迎湖面的林相，丰富绿化配置；
局部利用为风景路的堤顶路应按照风景路的断面要求进行改造。
缓冲区引导性控制原则
整合提升各度假村沿风景路的景点设施；
兰山外围入湖石渚按照景观要求进行整理。
规划要点
沿山外迂回曲折的水岸线，架设竹栈桥，营造丰富的游赏空间；
局部改造利用现状设施，形成自然景观与人造景致的有机结合；
与兰山白泥矿联系，体验陶文化；
利用现状度假设施，设置驿站和景观节点各1处，依山望月。
景点体系构架
区段名称 | 缓冲区面积 | 景点等级 | 景点名称 | 景点容纳量 | 景观特点要求 | 景点数 | 景点占地面积 | 景点类型
依山望月 | 122.1公顷 | 一级景点（强制性） | 水上竹艺坊 | 50-75人 | 以竹为材料，构筑水上风景路及观景台，结合现状乱石成景，并以竹构建有特色的小品设施。 | 1 | 8000平米 | 新建
二级景点（引导性） | 荷塘月色 | 100-200人 | 自然湖面，生态驳岸，有环湖小路，宽度1-1.5米，沿湖有少量休息亭、景观花船等设施 | 1 | 15000平米 | 拓展
枫林晚翠 | 20-30人 | 枫树林，色叶植物为主调，少量常绿为背景，环境幽静，有标示设施 与环境小品。 | 1 | 8000平米 | 拓展
水上栈道 | 50-80人 | 用材生态 自然，宽度2米，每隔100米有集中平台及休息设施。 | 2 | 2000平米 | 拓展
林中小憩 | 10-20人 | 环境优雅， 有少量配套设施，可结合驿亭设置。 | 2 | 100平米 | 新建
花海平湖 | 100-200人 | 大片自然湖面，四季花灌木，湖中有大片荷花及水生植物。 | 1 | 20000平米 | 拓展
规划典型断面
剖面4-4
剖面5-5

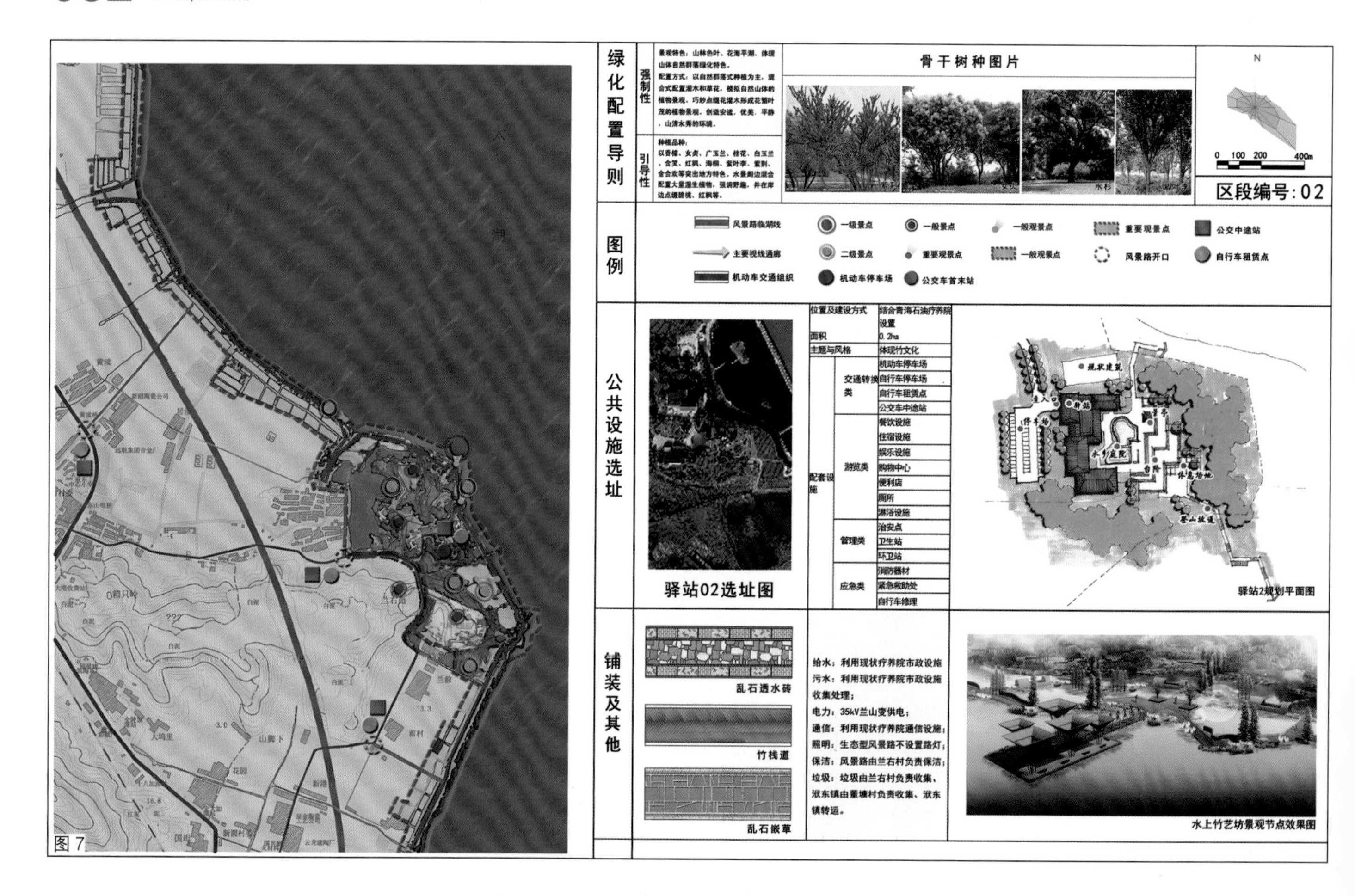

图7
绿化配置导则
强制性
景观特色：山林色叶、花海平湖，体现山体自然群落绿化特色。
配置方式：以自然群落式种植为主，混合式配置灌木和草花，模拟自然山体的植物景观，巧妙点缀花灌木形成花繁叶茂的植物景观，创造安适、优美、平静、山清水秀的环境。
引导性
种植品种：
以香樟、女贞、广玉兰、桂花、白玉兰、含笑、红枫、海桐、紫叶李、紫荆、金合欢等突出地方特色。水景周边混合配置大量湿生植物，强调野趣，并在岸边点缀碧桃、红枫等。
骨干树种图片
女贞
水杉
N
0 100 200 400m
区段编号：02
图例
风景路临湖线
主要视线通廊
机动车交通组织
一级景点
二级景点
机动车停车场
一般景点
重要观景点
公交车首末站
一般观景点
重要观景点
一般观景点
风景路开口
公交中途站
自行车租赁点
公共设施选址
驿站02选址图
位置及建设方式 | 结合青海石油疗养院设置
面积 | 0.2ha
主题与风格 | 体现竹文化
配套设施 | 交通转换类 | 机动车停车场 | 自行车停车场 | 自行车租赁点 | 公交车中途站
游览类 | 餐饮设施 | 住宿设施 | 娱乐设施 | 购物中心 | 便利店 | 厕所 | 淋浴设施
管理类 | 治安点 | 卫生站 | 环卫站
应急类 | 消防器材 | 紧急救助处 | 自行车修理
现状建筑
主入口
驿站
停车场
水乡庭院
台阶
休息场地
登山坡道
驿站2规划平面图
铺装及其他
乱石透水砖
竹栈道
乱石嵌草
给水：利用现状疗养院市政设施
污水：利用现状疗养院市政设施收集处理；
电力：35kV兰山变供电；
通信：利用现状疗养院通信设施；
照明：生态型风景路不设置路灯；
保洁：风景路由兰右村负责保洁；
垃圾：垃圾由兰右村负责收集、洑东镇由董塘村负责收集、洑东镇转运。
水上竹艺坊景观节点效果图

林与农田中，在桥下结合驿亭设置休憩空间。

（4）稻草人创意园

位置：位于蔬果天堂区段，占地约 1.5hm^2。

特色：利用农业相关设施，体现农耕文化。

规划要点：以农家生活体验与稻草人组合雕塑相结合的游乐园，园内设稻草人制作体验坊，民间手工艺品展示，休闲茶舍，草船借箭纪念园，稻草人靶场等景观设施，以疏林草地为主，布置较多的健身设施和休憩空间，体现轻松自然的游乐环境和自然野趣的农耕文化。

2. 主要公共设施详细规划

（1）丁蜀驿馆

位置：位于科技田园区段的无锡太湖外向型农业示范园内，占地约 1hm^2。

特色：以地方民居风格和“男欢女嬉”非物质文化遗产为主题特色。

规划要点：结合农业示范园内的公共设施，在其对面选址规划，驿馆提供机动车停车场、自行车租赁点、餐饮住宿、公交首末站等配套设施；建筑风格古朴自然，极富乡土特色；结合现状水塘进行景观改造，与主题建筑空间穿插，有机结合，形成具有地方特色的园中之园。驿馆以极富地方特色的省级非物质文化遗产“男欢女嬉”为主题，拟联系传承人，在驿馆进行节目的展示与介绍，为驿馆增添文化特色与参与趣味。

（2）周铁驿馆

位置：位于竺山佛光区段，选址于厂房南侧的空地，占地约 1.3hm^2。

特色：以地方民居风格和竹文化为主题特色。

规划要点：把驿馆的规划设计与福善寺的整体打造相结合，以驿馆和竺山景观带的修复设计来遮蔽现状厂房等不良景观，沿太湖形成风貌统一的景观界面。停车场与主题建筑跨河而置，河上设置特色竹桥，作为竹文化的主题展示，驿馆建筑前迎湖面设置竹文化广场，以体现地方特色的竹制品作为主题构筑物。驿馆建筑内以竹文化为主题，兼有竹制品的销售与展示等功能。

（3）茭渎驿站

位置：位于古巷悠悠的茭渎古街入口处，占地约 0.3hm^2。

特色：以地方民居风格和“手工刻纸”非物质文化遗产为主题特色。

规划要点：结合茭渎古村，在集贸市场旁边选址规划，驿站提供机动车停车场、自行车租赁点、餐饮住宿、公交中途站等配套设施、建筑风格小巧精致，与竹林等景观自然穿插，体现小桥流水的雅

图 6　详细规划图则 1 范例
图 7　详细规划图则 2 范例
图 8　陶之忆景观平面图
图 9　依山望月风貌段效果图（水上竹艺坊）
图 10　稻草人创意图
图 11　周铁驿馆平面图

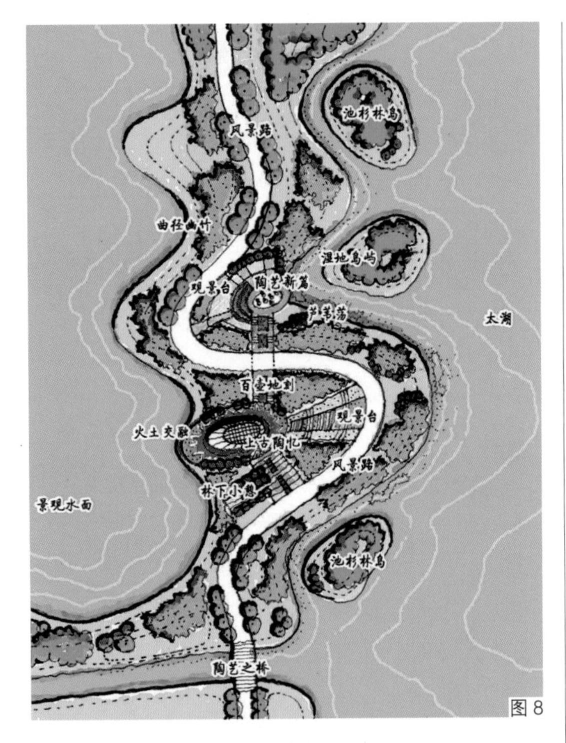

图 8

图 9

图 10

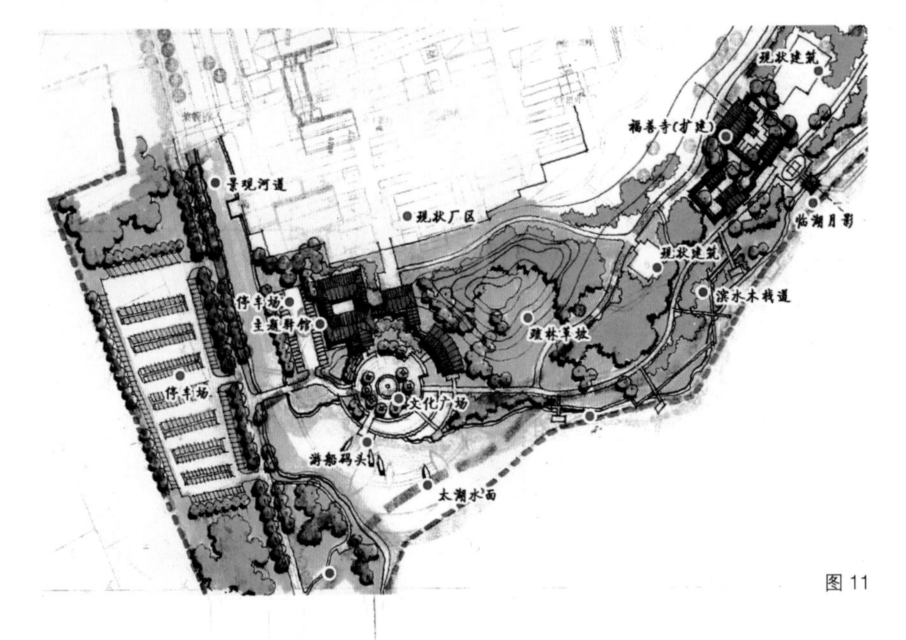

图 11

图 12

图 13

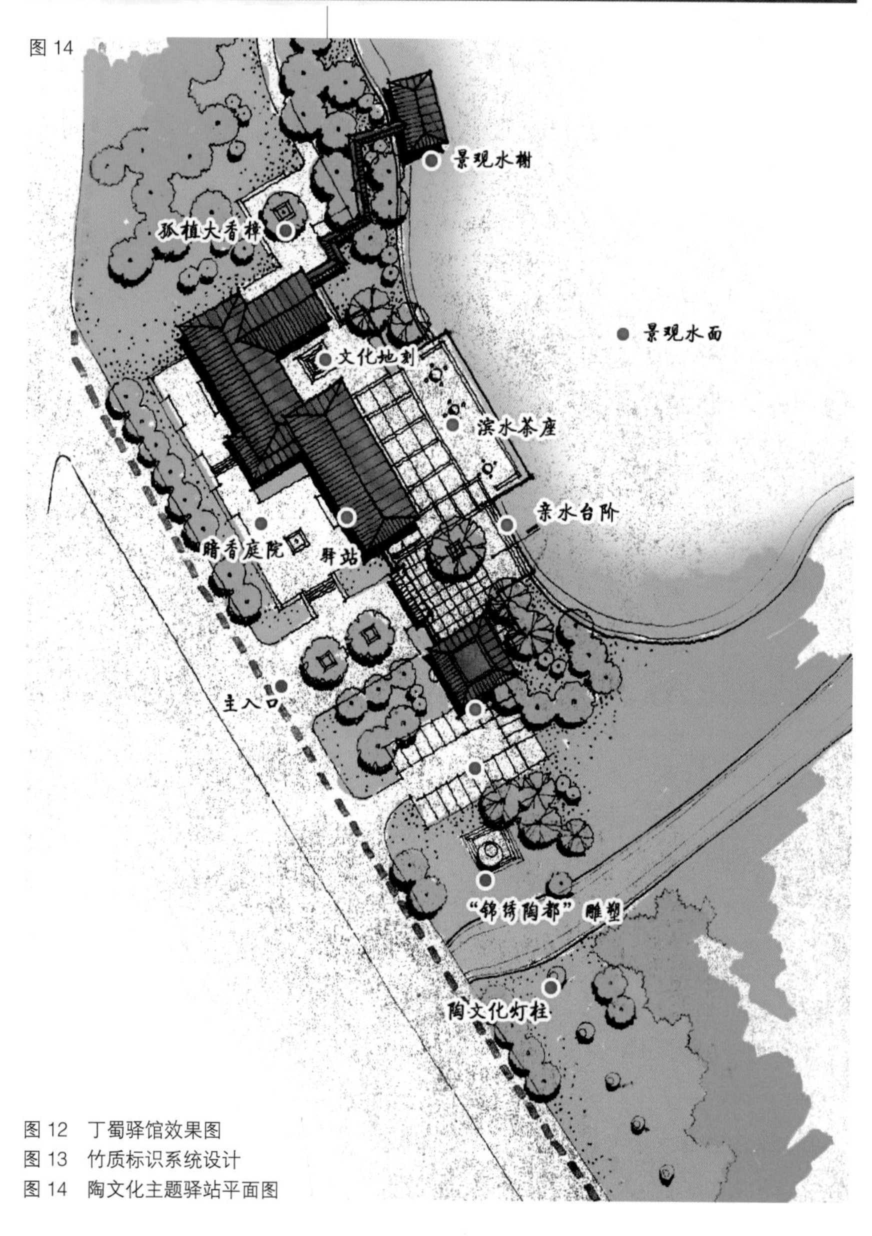

图 14

图 12　丁蜀驿馆效果图
图 13　竹质标识系统设计
图 14　陶文化主题驿站平面图

致风貌；驿站以宜兴的省级非物质文化遗产“手工刻纸”为主题，拟联系传承人，在驿站进行刻纸表演、刻纸参与及工艺品出售等活动，为地方民俗文化的繁荣与传承提供平台。

（4）陶文化主题驿站

位置：位于陶都印象区段，占地约 0.3hm^2。

特色：以地方民居风格和陶文化为主题特色。

规划要点：结合渎边公路和湖边空旷地设置驿站，作为宜兴的门户驿站，主要体现陶文化，结合现状水塘的整理改造，设置观景平台，成为对岸“陶之忆”主题景点的观景点，驿站内设置“锦绣陶都”雕塑、陶文化灯柱、紫砂之墙等景点，形成陶文化浓郁的景观氛围。驿站与年轻的陶艺术家合作，为他们提供艺术家工作室，为游客提供参与性的陶艺制作等活动。

四、结语

总之，规划在对现状资源充分分析的前提下，对宜兴风景路的详细规划作了以下几点探索：

1. 科学划定缓冲区，以尽量不征地或少征地为原则，结合沿线村庄的农业生产，促进乡村的旅游发展；

2. 串联环太湖景观资源，发挥宜兴市环太湖资源的集聚优势；

3. 乡土化景观的塑造，为景观特色和人文底蕴的体现奠定了基础；

4. 现状与规划图则的制定，对缓冲区实行强制性与引导性控制的有机结合，在保障了风景路的生态性和景观性的同时，也给实施留出了弹性空间；

5. 精致的关键景观节点与公共设施修详规划成为沿线的景观点睛之笔；

6. 强调区域合作，与常州和浙江长兴有机衔接，使环太湖风景路有机成环。

规划还对宜兴市风景路的交通衔接、支撑系统、市政设施、沿线桥梁、生物廊道和标识体系等专项进行了详细规划，充分体现了风景路的景观、生态、经济和社会功能，也为江苏省城乡统筹发展战略的具体落实添上了清新的一笔！

设计单位：江苏省城市规划设计研究院风景园林与旅游规划所
项目负责人：么贵鹏
项目参加人：吴　弋（审核）　舒　怀　何黎军　卢春霞　邱海伦　顾　军　仇广玉
项目演讲人：么贵鹏

克—白一体化战略规划策略

——克拉玛依市克—白中部城区园林绿地景观系统规划

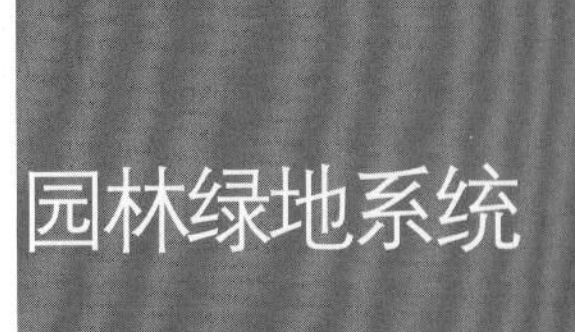

中国·城市建设研究院／何　旭

园林一词出现在汉代（公元1世纪），来自古代的游娱和畋猎苑囿，园聚如林；绿地源自古代的四旁植树和村宅园圃，有着防风避晒，表道园地和生产实用功能；园林绿地系统是由若干园林、绿地和相关要素按一定的关系组成一个整体。当代的园林绿地系统一般占城市总用地的20%～38%。

一、规划背景

(一)建设克白城镇组群成为"世界石油城市"

克拉玛依市作为一个典型的资源型城市，是世界级油气富集区，可面向我国及周边国家、甚至全世界油气产地提供服务。为顺利推进城市转型，实现可持续发展，克拉玛依市提出了建设克白城镇组群成为"世界石油城市"，具体升华了其发展定位和目标。编制《克－白中部城区园林绿地景观系统规划》，保障克白城镇组群成为世界石油城市建立完善的生态绿地景观系统，为未来克白城镇组群的建设形成良好的生态大背景和基础。

（二）建设第一个沙漠中的生态园林城市

克拉玛依市是具有众多旅游资源及良好生态环境的石油工业城市，可持续发展的最佳途径是在目前经济繁荣时期向综合型城市转型。克拉玛依市以足够的经济基础和旅游资源为条件，以旅游开发为启动点，以建设具有特色的城市风景为目标，采取生态恢复与建设的低碳模式，建设第一个沙漠中的生态园林城市，一个以石油工业为主导的多元化产业共同发展的新兴工业城市。

（三）规划编制目的

结合现状，建立适宜克拉玛依特点的园林绿地景观体系。

依托资源，建立符合自身发展的生态型、节约型模式。

更新思路，建设具有自身特质的"国家生态园林城市"。

树立榜样，起到荒漠地区"世界"意义上的特色旅游示范作用。

二、现状及问题

（一）规划范围

本次规划范围为克白中心城区。规划总面积约590km²，其中建设用地约160km²，绿色空间约430km²。

（二）现状分析

1.区位优越。北疆次级发展轴的交汇点，公路、铁路、航空较便捷。

2.土地资源丰富。生态环境恶劣，自然群落受人类干扰严重。

3.少植被，户外四季不宜人，多风，干旱少雨，蒸发量大，日照强烈，不利于生命活动。

4.土壤水文。多砾石，少土壤，土壤盐碱度高，不适宜植物生长。

5.城市发展历程：一边发展，一路追赶。从因油来人—因人建市—因市栽绿——因绿安居—到

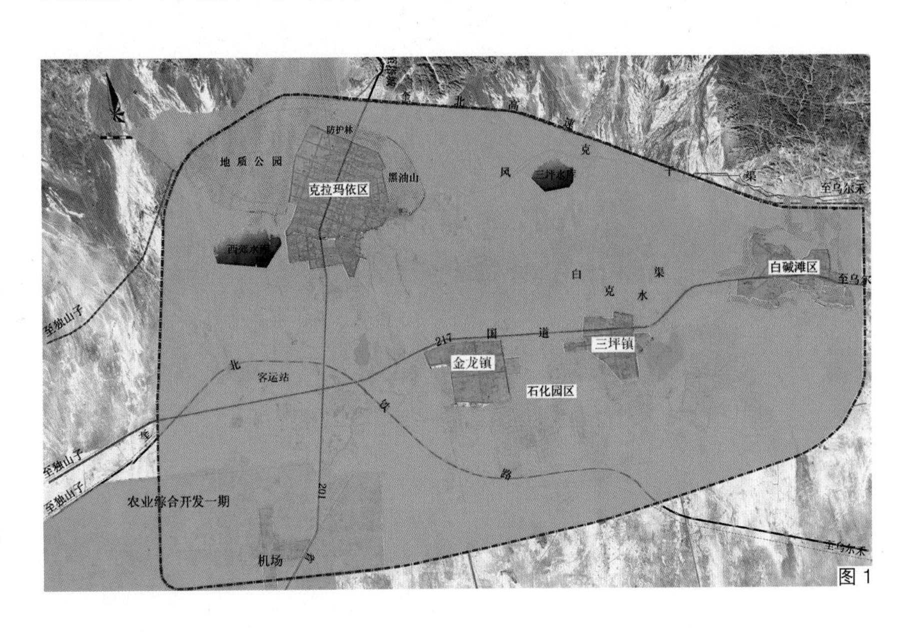

图1　规划范围

安居乐业；没有悠久历史、名胜古迹和良好的风水环境，没有一块土地没有被扰动过；先生产，后生活，再到享受生活，同时反哺环境，进行生态补偿；先解决城市功能问题，再提出宜居改善要求；先埋头追赶他人，再抬头比较自己；从不断追求数量，到提出“精细化”的园林绿地建设目标。

6. 人口：现状约20万人，规划末期克－白城镇群达到50万人。是集汉、维吾尔、哈萨克、回、蒙古、满、锡伯、俄罗斯等36个民族为一体的多民族聚居区。

7. 经济：2009年GDP480亿元，人均GDP8.78万元。“第三届全国相对富裕地区”排名第二。

8. 城市建设：国家环保模范城市、中国人居环境范例奖、国家园林城市。

（三）现存问题

1. 按照全国一般城市来建设荒漠中的园林城市，克拉玛依一直在追赶其他先进城市，而不是依据自身的戈壁特有资源，引领全疆、全国类似地区的园林绿化发展，因而缺少自身景观特色。

2. 现状缺少对本地戈壁荒漠生态环境物种的应用，城市绿地建设维护费用高。

3. 现状绿地景观的建设解决了绿地的数量问题，但生态和景观质量不高，特色不突出，可识别性不强。

4. 整体缺少专业苗圃，未能够规模化、产业化经营。

5. 资源综合利用不足，例如穿城河与西郊水库，未做到输水、蓄水、用水功能相结合；北部面积2.04km^2的防护绿地仅仅能起到单一、有限的防护功能，很难为城市居民使用。

三、规划策略

（一）规划原则与思路

目标效益引导：“世界石油城市”首先是环境高品质和生态安全的城市。

资源产业引导：使资源效益综合化：水、项目策划、绿地、太阳能风能。

问题风险引导：从规划角度提前做出应急避险准备。

（二）目标定位

1. 对外：戈壁风景旅游之城。

2. 对内：荒漠生态宜居之城。

3. 资源利用：乡土资源节约利用的典范。

4. 协调发展：协调石油、水资源与生态环境的有机关系，确保生态景观环境建设与经济社会发展协调。

（三）规划策略

1. 保护：保护城市景观资源，以郊野公园、湿地公园、风景林带、防护林带、森林公园、沙漠公园、风景区、地质公园、观光农业园、城市公园等多种形式对城市重要的景观资源加以固定，以减少城市建设对他们的侵袭和破坏。保护现有绿化成果，对城市内部的各类绿地以保护为主。

2. 修复：修复受损生态系统，尤其对荒漠生态系统、水系统、生物栖息地系统、植被系统进行合理修复，以恢复其生态和景观功能。

3. 增绿：一是通过新增绿地提高整个城市绿量，二是通过设置新的不同类型绿地，优化绿地景观布局，使城市绿地景观的分布更趋合理，居民和游客使用更加便利。

4. 镶嵌：由于未来的克白一体化城市为中心＋组团式布局模式，在宏观尺度上，对组团外围的生态用地进行绿地化控制，形成城市组团和生态绿地“你中有我、我中有你”的镶嵌格局；在中观和微观尺度上，城市组团内部的公园、游园、广场、集中式附属绿地、水体等绿色空间与街道、厂区、居住区、公共建筑等建筑用地相互穿插，相互交织，形成第二级别的镶嵌格局。

5. 连通：一是通过滨水带状绿化、国道防护林建设、城市内部路网绿化系统串联各个城市组团和大型生态绿地；二是城市内部强化滨水绿带、街道绿化等绿廊系统，使各类绿地之间的关系更加紧密，协同功能更加强大。

6. 网络：整合区域内林网、水网、路网、绿网，使其相互交织，共同编织出克拉玛依绿地景观网络。

（四）规划布局结构

依托“生态格局决定城市格局，园林景观引领城市发展”的理念，规划克白城镇组群绿地景观系统结构为：四纵、四横、两环。

1. 四纵廊道

基于区域高程、流域、径流洪水分析，得到保障城市安全的垮坝模拟：城市生态绿廊（四纵廊道）。

四条绿廊自西向东分别包含有：

（1） 地质景观保护、生态恢复、滨水乐园开发和城市西部拓展、森林公园、园林产业基地建设、九公里湿地。

（2） 野生动物园、黑油山、东湖湿地公园、九公里湿地。

（3） 三坪水库水源地、侏罗纪温室、荒漠生态恢复和利用。

（4） 荒漠生态恢复、城市拓展、滨水别墅花园地产。

2. 四横廊道

（1） 风克干渠廊道：两岸种植以乡土荒漠物种为主的绿化带，改造成为生态廊道。

（2） 景观水系廊道：两条景观水系本质上是两条带状公园绿地，对城市的核心功能区的向东拓展起着引领作用。

（3） 城市内部绿化带廊道：具有城市组团的内部景观特征和改善局域生态环境的作用。

（4） 南部工业区绿化带廊道：安全防护、隔离、体现产业区景观的绿化带。

3. 两环

（1）主城区外围风景环：环绕克白城镇组群各个城区外围一周，是以荒漠景观为基础，历史文化为特色，休闲旅游为功能的城市风景环。

（2）白碱滩区森林公园环：依托原有环城人造林，规划森林公园带，形成郊野休闲环。北部为城市公园性质，外围环绕大片居住及商业用地，结合内部嵌入的点状公园及横穿中央的城区景观大道，使绿地渗透进入城市，共同为居民提供优质足量的绿色开放空间；南部贯穿工业区，以防护性质为主，兼具休闲游憩功能。

(五) 绿地景观分层规划

规划采用圈层式布局结构，从外到内，绿地形式由自然向人工逐渐转化，服务人群密度由少至多逐渐增大。

- 自然荒漠生态景观圈层
- 恢复荒漠生态景观圈层
- 城市风景绿地景观圈层
- 城市内部绿地景观圈层

(六) 针对克拉玛依市的绿地分类

在详细的现状分析基础之上，主体上从外到内，提出了为克拉玛依市量体裁衣的绿地分类：

1. 生态恢复绿地：它是以恢复区域本地生态系统为目标的地区，是城市经济社会发展的生态载体。

2. 自然与文化资源保护绿地：包括有地质、石油遗存地区、纪念地公园、标志性矿井地遗存等，它们是城市的历史和文脉，是城市的精神载体，需严格保护景观资源，不得随意改变。

3. 城市旅游休闲绿地：规划成为我国首个完全围合城市一周的风景区环带，包含有：森林公园、湿地公园、文体公园、荒漠植物园、野生动物园、高尔夫球场等。它们主要服务游人，兼顾居民，是构架旅游城市，实现产业转型的重要载体。

4. 城镇建设用地绿地：公园绿地（含陵园）、居住区绿地（含别墅私家园林）、附属绿地（道路广场、公共建筑），它们主要服务居民，兼顾外来游人。

5. 防护绿地：对安全、生态、环境起到防护作用的绿地。防止水土流失，增加植被盖度。尽量应用乡土植物，最低的维护费用，游人不宜进入。

6. 园林产业绿地：花圃、苗圃等生产区域，也包括温室生产、盆景、根雕根艺、观赏石的生产制作区域。

设计单位：中国·城市建设研究院
项目参加人：李金路　王玉洁　郑　爽　王亚南
白　羽　陈　忱　张　瀚
项目演讲人：何　旭

图2　绿地景观系统规划平面图

天山北坡地区城镇绿色基础设施系统构建研究

——以昌吉市为例

中国城市规划研究院风景所／刘宁京　刘小妹　吴　岩

基于生态环境保护和土地可持续利用的双重目标，国外一些学者将生态化绿色环境网络设施分离出来，归类为绿色基础设施（GI：Green Infrastructure），以区别于其他常规基础设施（灰色基础设施）。

GI（Green Infrastructure）在欧美国家通常被理解为国家或区域的自然生命保障系统（Nation or Region's Natural Life Support System），即一个由水道、湿地、森林、野生动物栖息地和其他自然区域，绿道、公园和其他保护区域，农场、牧场和森林，荒野和其他维持原生物种、自然生态过程和保护空气和水资源以及提高美国社区和人民生活质量的荒野和开敞空间所组成的相互连接的网络[1]。

由此可见，GI系统在空间上体现为一个由自然和人工化的各类绿色空间要素构成的绿色网络系统，其目的在于保障生态安全、维持自然生态过程、保护空气与水资源以及提高社区和人民生活质量。GI系统具有两个典型特征，即为多数人和可持续发展服务的公共利益属性和针对特定区域空间划定和管制的空间政策属性。

1　1999年8月，在美国保护基金会（Conservation Fund）和农业部森林管理局（USDA Forest Service）的组织下，联合政府机构以及有关专家组成了“GI工作小组”，由小组讨论提出定义。

图1　天山北坡地区在新疆的位置与范围

近年来，新疆天山北坡地区水资源过度开采以及城镇化快速发展，导致城市生态环境保护面临严峻挑战。该地区绿洲城市由于其独特的气候环境和景观生态格局，与其他地区城市相比具有鲜明的特殊性。本文以昌吉市为例进行GI系统构建研究，对该地区绿洲城镇的可持续发展具有极端重要的意义。

一、天山北坡地区概述

（一）天山北坡地区基本情况

天山是横亘与中国新疆境内北部的大型山脉，天山北坡地区以乌鲁木齐、石河子和克拉玛依市为轴心，沿天山与古尔班通古特沙漠间绿洲区呈东西向带状布局了包括昌吉市、阜康市、呼图壁县等十余个大中型城镇。

天山北坡地区属中温带大陆性干旱气候，夏季炎热，气候干燥，蒸发量大，降水少，以昌吉为例，绿洲区年均降水量仅183.1mm，生产生活用水主要来源于天山冰川融水形成的地下水和地表水。

天山北坡地区的大中型城市均沿绿洲中部区域交通干线布局，所辖行政区域通常为南北向条带状，南部至天山山脉脊线，北部至古尔班通古特沙漠腹地，东西两侧以南北向大型河流为界限，地跨完整的“山地—绿洲—荒漠”系统，因此天山北坡城市之间在景观生态格局上具有极大的相似性，相对其他地区城市又具有鲜明的特点。

（二）天山北坡绿洲地区景观生态格局特征及其变迁

1. 天山北坡绿洲地区景观生态格局特征

天山北坡绿洲地区的景观生态格局必须立足于

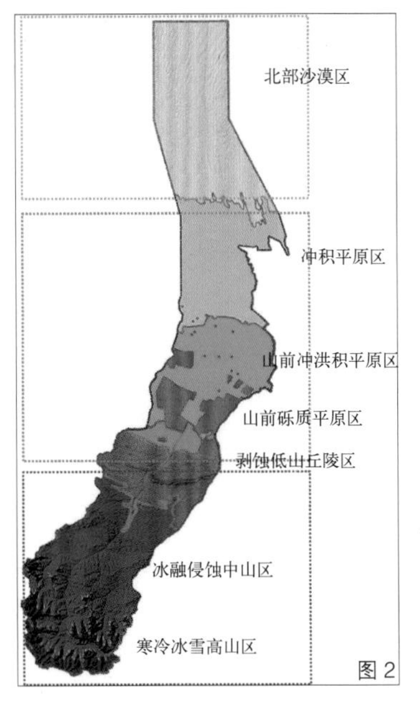

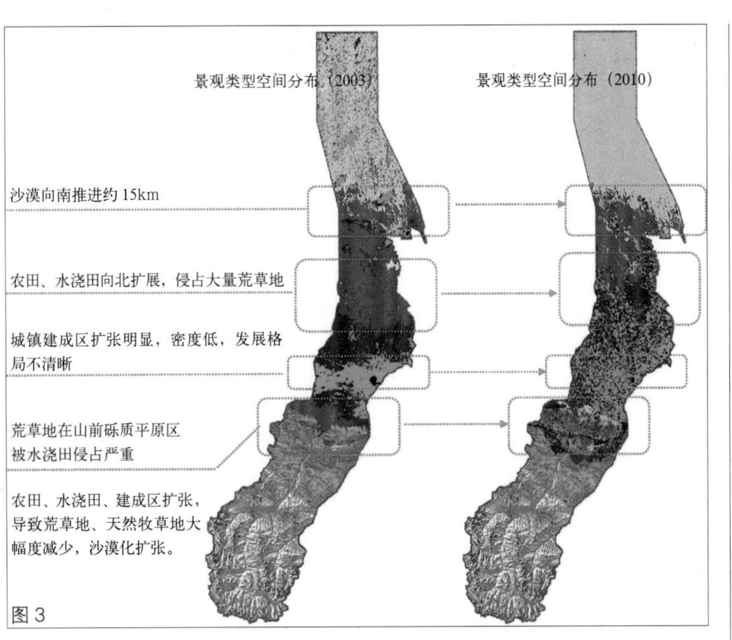

图 2　昌吉市域景观类型分区

图 3　基于 2003、2010 年 TM 遥感影像数据 ERDAS 地类解译的市域景观格局变化

完整的“山地—绿洲—荒漠”系统才能有全面的认识。天山山脉发育的内陆河流，主导塑造了山地、绿洲、荒漠相间并存的地貌景观格局；山地是绿洲形成与发展的基础，向绿洲输送地表水、地下水、成土母质、矿质营养，甚至生物物种资源；绿洲是山地、荒漠生态系统能量汇集和交换的枢纽核心，能量的交换提高了绿洲本身乃至荒漠系统和山地系统的生产潜力;绿洲荒漠过渡带是绿洲屏障。山地、绿洲、荒漠镶嵌共生，相互作用，形成相对稳定的景观格局。

以昌吉为例，按照地质地貌、水文条件为划分依据，其南北跨度 270km，面积 8200 多 km^2 的市域国土面积，可分为 3 大类、7 中类景观空间（表 1）。

2. 天山北坡绿洲地区景观类型空间变迁特征

近年来，天山北坡绿洲地区景观类型空间发生了明显变化。以昌吉为例，通过 2003 年与 2010 年昌吉市域土地利用类型的对比研究可以看出，生态恶化是市域生态变迁的主调。具体表现为农田、水浇田扩张，约占 23%；荒草地、天然牧草地等原生地貌被农田和沙漠侵蚀严重，大幅度减少，仅占约 25%；绿洲荒漠过渡带植被体系的衰退，沙漠化南进态势明显，昌吉北侧沙漠南进约 15km；城镇和村庄建设用地显著增加，格局混乱，约占 2%；各级城镇向绿洲区南北两端发展，进入了中高度生态敏感区域，对地表水和地下水安全形成潜在威胁，如山前砾质平原区基本为农业垦荒占据，严重干扰了河流径流的形成—散失过程和地下水的下渗形成过程。

3. 天山北坡绿洲地区景观类型空间变迁原因

造成景观类型空间变迁的根本原因是水资源过度开采和城镇化快速发展。水资源是影响绿洲城市景观生态格局变迁的核心要素。天山北坡绿洲城市由于产业结构由畜牧业向灌溉农业转变、人口增长带来农业耕作面积的持续扩张导致地下水过度开采，以昌吉为例，农业用水占水资源消耗的 97.4%，2010 年地下水超采达 30.2%，地下水漏斗现象严重。由于经济发展迅速，该地区大中型城市进入快速城市化阶段，城镇以沿主要交通线“单轴发展”为主的点状分散布局，逐步走向“多点多轴”网络化布局，导致绿洲区景观生态的破碎度急剧加大。

二、绿色基础设施（GI）系统构建方法及技术路线

（一）关键性问题

首先是绿色基础设施（GI）系统目标设定。通过深入研究景观类型空间变迁趋势，判断其主导因素，通常为地域性生态因素或城市发展因素，进而设定针对性的 GI 系统目标。

昌吉市景观空间类型　　表 1

大类	中类	海拔（m）	比例（%）
北部沙漠区	—	274 ~ 450	24.5
中部绿洲区	冲积平原区	400 ~ 450	37.8
	山前冲洪积平原区	450 ~ 700	
	山前砾质平原区	700 ~ 900	
南部天山区	剥蚀低山丘陵区	900 ~ 1500	37.7
	冰融侵蚀中山区	1500 ~ 3400	
	寒冻冰雪高山区	>3400	

资料来源：作者自绘

图 4　昌吉地下水采水设施分布图
图 5　昌吉中心城区地下水漏斗分布图
图 6　昌吉市现状图与规划图对比
图 7　地表水安全格局——以昌吉为例
图 8　地下水功能区划和地下水安全格局——以昌吉为例
图 9　沙漠化防治安全格局——以昌吉为例

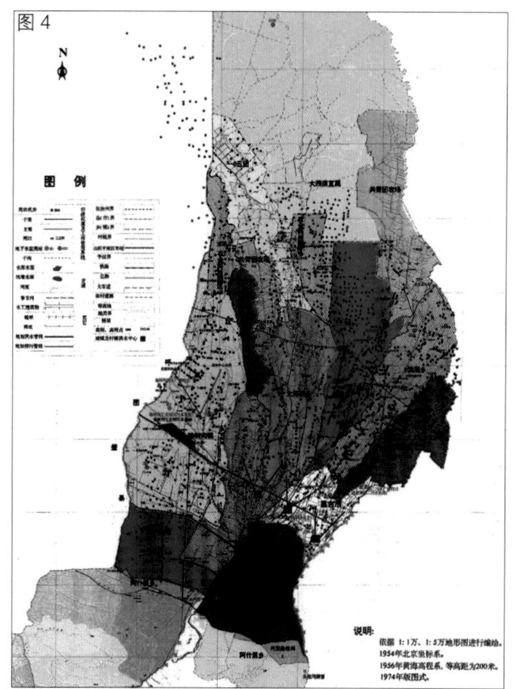

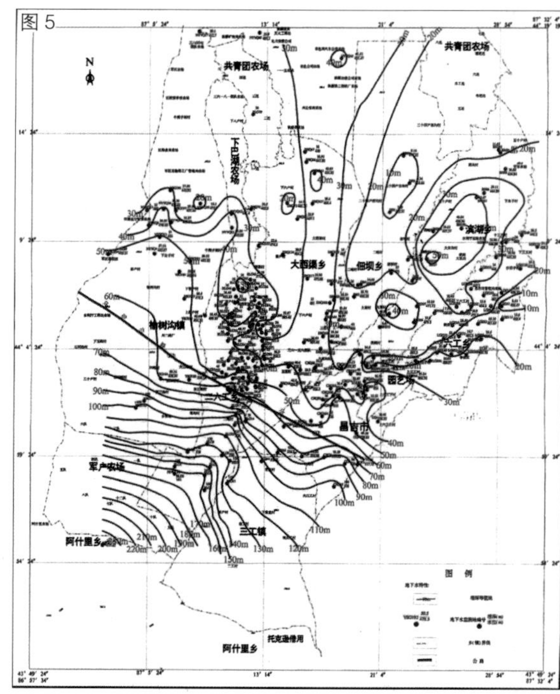

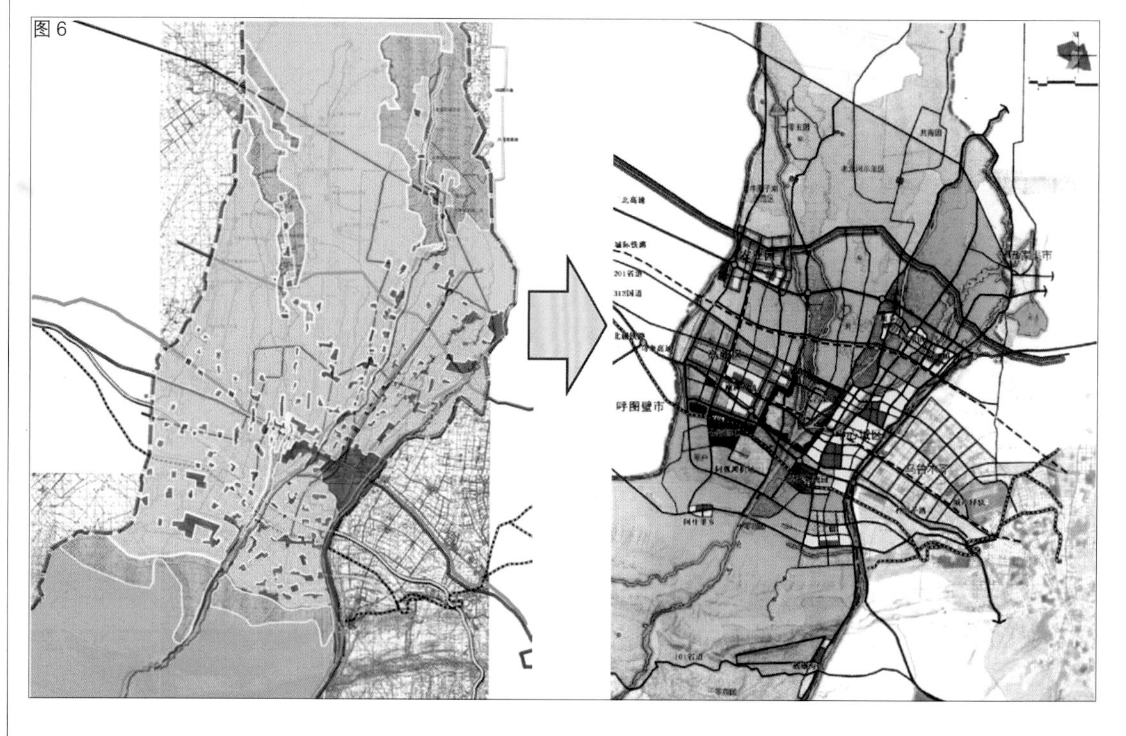

其次是空间层次划定。尺度是景观生态学和 GI 系统的重要概念，景观格局的特征和变化在不同尺度上具有差异性的评价方式，GI 系统需要在不同的尺度上建立。

然后是关键性生态空间区域识别。关键性生态空间区域是在 GI 系统中发挥重要作用的重要廊道、板块、缓冲区、战略点、网络中心等，是 GI 系统重要的结构性因素。

最后是空间结构模式设计。GI 系统空间结构模式的设计是在关键性生态空间区域识别的基础上，构建高效率的网络化空间结构。

（二）技术路线

绿色基础设施（GI）系统构建技术路线应包含四个步骤："总体目标设定——目标分层分解——GI 系统空间格局研究——GI 政策设计"：

第一步：明确区域生态环境保护和人居环境建设面临的问题与挑战，设定 GI 系统宏观目标；

第二步：将宏观目标分解至不同尺度的空间层次，并提出分层次的 GI 系统目标；

第三步：通过运用景观生态学等相关理论，识别各层次生态安全格局的关键性生态空间区域，确定 GI 系统空间结构模式。

第四步：基于GI系统空间结构模式，提出具有控制性或引导性的GI政策，和针对性的技术措施。

三、昌吉市域城镇绿色基础设施（GI）系统构建实践

（一）天山北坡绿洲地区城镇绿色基础设施（GI）构建的意义、目标与空间层次划分

1. 构建的意义

由前文景观生态格局及其变迁因素的分析得知，昌吉市域生态环境保护方面面临两大挑战：水资源短缺，市域生态承载力有限；城市化进程迅猛，绿洲区生态环境面临巨大压力。在城镇人居环境建设方面，由于气候条件和城市用地快速扩张也面临挑战：一方面新城区开放空间系统建设跟不上城市拓展速度，老城区开放空间面临更新改造压力；另一方面现行粗放的城镇绿化用水制度无以为继。

因此GI系统的构建对于保护绿洲地区生态环境，促进绿洲城镇可持续发展，改善人居环境有着极端重要的意义。

2. 绿色基础设施（GI）的总体目标

昌吉市域城镇GI系统构建的总体目标应为：保障绿洲城市生态安全，推动生态环境保护与城镇化协调发展，促进人居环境改善与城市空间拓展协调同步。

3. 空间层次划分和分层目标确定

绿色基础设施（GI）在市域不同空间层次上面临的主要挑战与目标是不一致的，昌吉乃至整个天山北坡地区城镇宜划分为市域、绿洲区、中心城区三个层次展开研究。

市域层次目标是构建市域生态安全格局，保障水生态安全、遏制沙漠化。

绿洲区层次目标是提升绿洲生态系统的安全水平，推动生态环境保护与城镇化协调发展。

中心城区层次目标是提升城市宜居水平，推广节水绿化理念。

（二）昌吉市GI系统构建研究

1. 市域层次

市域GI系统空间格局影响要素重点研究水过程和沙漠化防治安全格局。水过程安全格局重点识别地下水下补给渗补区域和重要河流廊道；沙漠化防治安全格局重点识别“绿洲—荒漠”过渡带；另外识别重要的生态战略点，如河流与大型区域交通廊道的交汇处。在此基础上，对生态格局保护的关键性区域进行精明化的战略性管控策略，采取在“缓冲带＋生态廊道＋战略点”的空间结构模式，落实在昌吉市域范围为“两带＋多廊道＋两心”的GI系统空间结构。

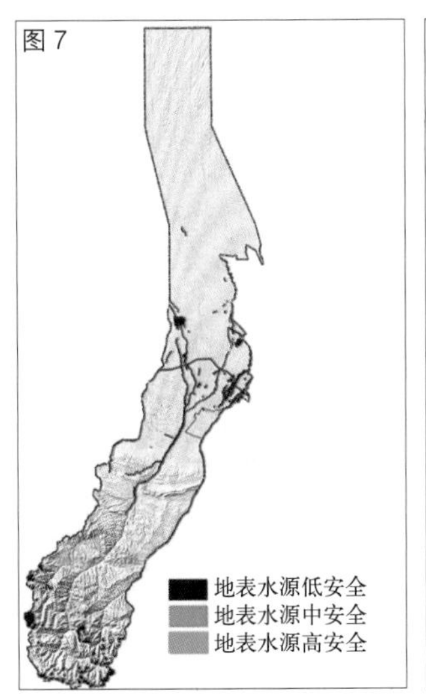

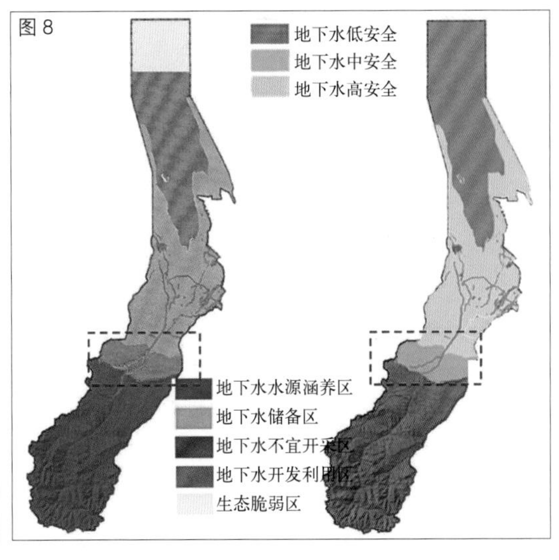

“两带”是指划定绿洲区北侧沙漠生态缓冲带和南侧水源生态缓冲带。“沙漠生态缓冲带”位于绿洲区北部、与古尔班通古特沙漠衔接的过渡地带，海拔高度约在250～400m之间、宽约10～22km。GI政策的核心内容包括逐步实行退耕还草、完全禁止农业垦荒、严格禁止城镇建设等。“水源生态缓冲带”位于天山北麓海拔700～900m的山前砾质平原区，带宽约为10～20km，由于坡度相对平缓、含水层颗粒粗，地下水下渗条件好，是河流出山口后的散失区，冲洪积平原区地下水的“补给—径流”区域。这个区域目前原生状态下的荒草地已经被农田侵占大部分。土壤的熟化过程导致地

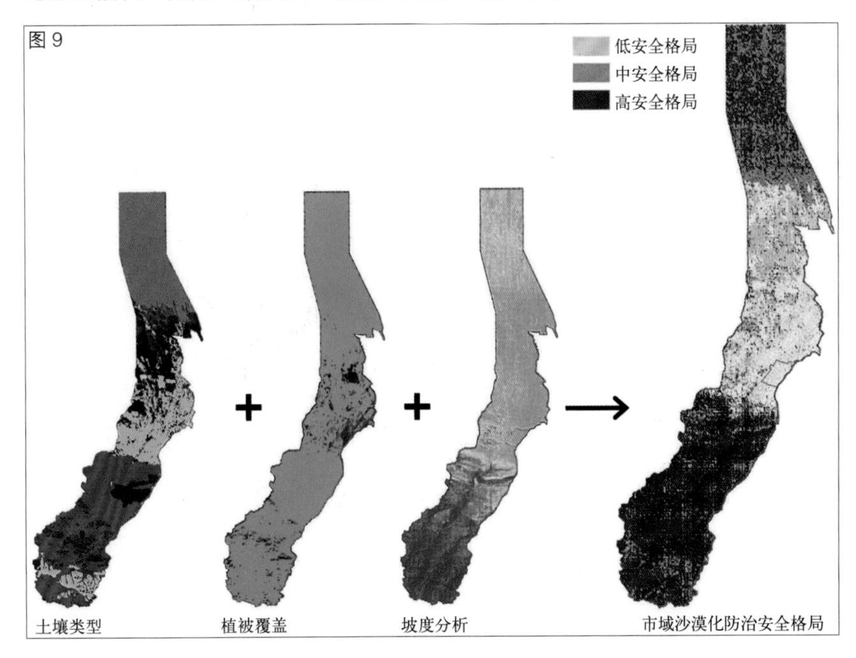

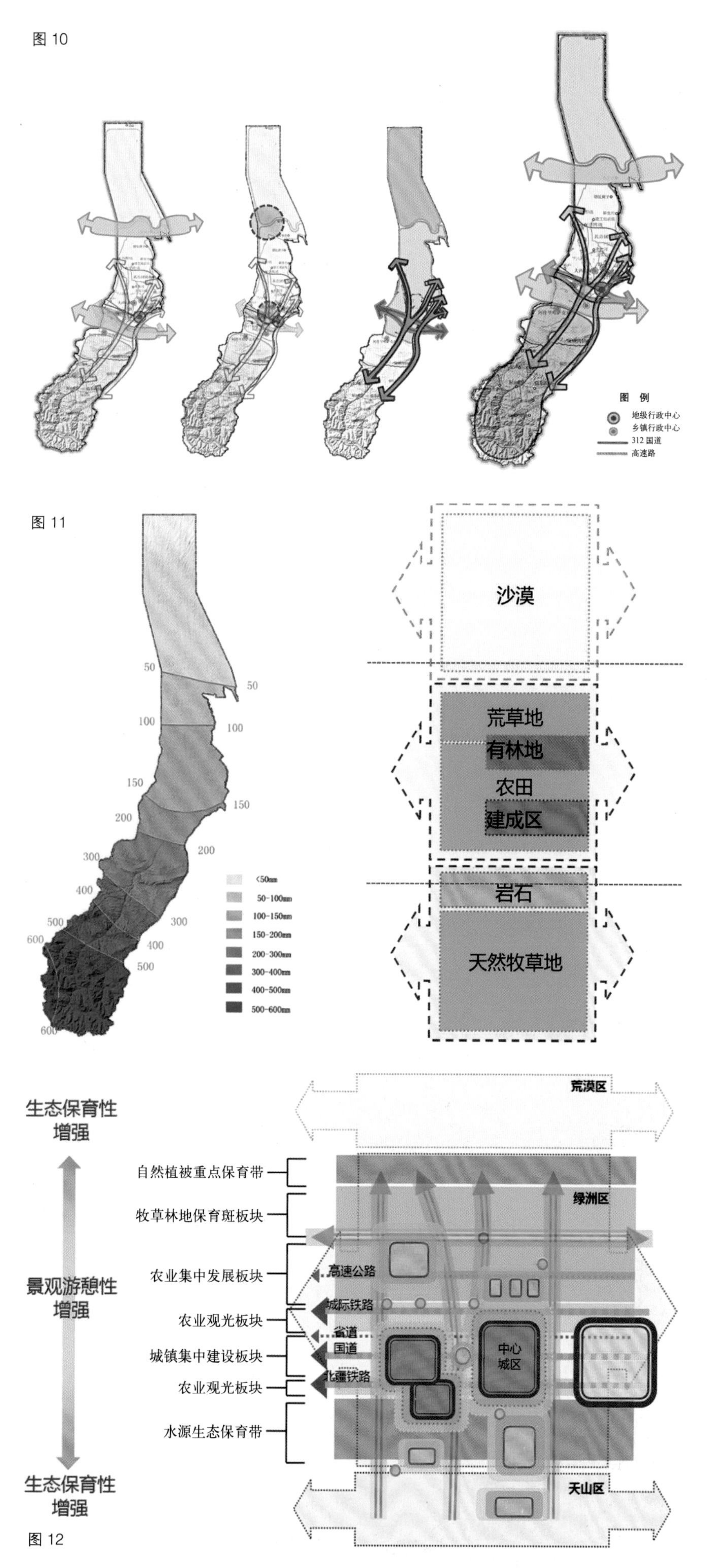

图 10

图 11

图 12

表水下渗能力下降，增大了下游区域季节性洪水的风险，同时该区域农业耕作和矿产开采对地下水质量影响很大。GI 政策的核心内容以保护地下水安全为核心目标，包括严格控制城镇建设，退耕还草，适度发展生态型旅游休闲产业。

“两心”是指“绿洲区地表水生态核心”和“沙漠边缘汇水核心”。前者是区域内大型河流三屯河与城镇发展轴交错地带，是维护地表水安全和保障“山地—绿洲”间物质、能量、生物流动廊道的战略核心。GI 政策的核心内容包括控制城市建设、禁止在该区及其周边范围布局严重污染企业、发展兼具游憩和生态多元功能的区域性的大型绿心等。“沙漠边缘汇水核心”处地势最低，是雨洪和地下水的汇集区，是遏制沙漠化的天然屏障，是遏制沙漠南进的战略核心。GI 政策的核心内容包括严格保育现存旱生植被群落、严格禁止一切工农业生产与城镇建设活动等。

“多廊道”是指依托大型河流和交通线划定的大型生态廊道，对维持区域间水平景观过程，包括物种迁徙的具有重要意义，以河流廊道为例，分为生态保育廊道、生态缓冲廊道两个空间层次。生态保育廊道范围为主要河流主河道 20 年一遇洪水位线以内及向外侧 60m 范围，支流河道 20 年一遇洪水位线以内及向外侧 30m 范围。生态缓冲廊道则在保育廊道的基础上再向外扩展 40m。GI 政策的核心内容是分层次的生态建设引导和建设管制政策，具体包括差异化的游憩开发和建设引导控制、退耕还林还草要求，以及防护林建设要求、水利工程的生态化改造等内容。

2. 绿洲区层次

该区域具有明显的基于海拔高度和降水量的梯度变化，而形成的景观类型空间水平分层现象，由北向南依次体现为山地—农田—水浇田—荒草地—荒漠，不同景观类型空间的生态承载能力和适宜产业具有差异性。同时，绿洲区城镇规模和数量的快速增长导致城市连片发展和无序扩张，城镇间和城镇外围绿色空间作为生态格局的关键区域亟需保护。

GI 政策对生态格局保护的关键性区域进行精明化的战略性管控策略，采取在“缓冲带 + 生态廊道 + 战略点”的空间结构模式。绿洲区作为人类活动的集中区域，需要进行覆盖全域而且重点突出的空间管控策略，采取“板块 + 廊道 + 外围绿带”的空间结构模式。“板块”是根据生态承载力的差异将整个绿洲区划分出不同的景观类型控制区域，确定主导产业类型和生态保护要求，“廊道”则是沿河流水系划定具有一定宽度的水系生态廊道。“外围绿带”则是针对GI系统与城镇化过程空间耦合，围绕大型城镇建设划定宽度的绿化隔离区域，对绿洲区城镇空间实施有序引导、集约隔离，推动绿洲区形成用地紧凑集约、产业特色鲜明、生态隔离明确的绿洲区城镇体系。

GI政策宜重点针对绿洲区分区控制和保护以及城镇外围绿色空间建设提出具体要求。昌吉市绿洲区可划分为牧草林地保育带、农业集中发展板块、农业观光板块等多条“板块”区域（表2）。GI政策的核心内容是在绿洲中部地区集中推进城镇化，全面提升农业产业结构，发展观光农业和设施农业。南部和北部生态敏感区域，控制城镇建设规模，逐步退耕还林，退耕还牧。

“绿带”GI政策的重点是确定不同规模城镇的绿带的宽度、绿色产业的发展引导和建设控制要求，$50km^2$以上规模的城镇平均宽度不小于2500m，最窄处不小于1500m，履带内总建设用地比例控制在10%～15%。

3. 中心城区层次

天山北坡城市的规划用地通常处于地势平缓的绿洲地区，缺乏山体、河流借以建绿的自然绿色空间，城市空间增长迅速。以昌吉为例，总体规划预测中心城区规模到2030年，将从现状$45km^2$增长到$94km^2$。因此，宜采用多层级网络化的人工建绿方式，昌吉近十年来的绿化实践证明这一方法可有效降低城市热岛效应。

因此，GI政策采取“环城绿带＋组团隔离＋网络＋斑块”的空间结构模式，有助于实现绿色开放空间的精明增长，以较小的绿地建设规模取得较高的生态收益和游憩服务功能。一方面，依托河道、高压走廊防护带、观公园带、苗圃产业带和大型交通基础设施构建宽度1500～3000m的外围“环城绿带”，以及宽度150～300m“组团隔离”；另一方面构建以风景林荫路“网络”和各类绿地“斑块”为主体的城市绿色开放空间系统，承载游憩、生态、

昌吉市绿洲区“板块”模式空间划定及管控引导目标　　表2

	海拔(m)	降水量(mm)	平均宽度(km)	面积(km^2)	管控引导目标
牧草林地保育带	450	70～120	37.5	730	逐步恢复原生草原生境，防止土壤沙化和盐碱化重点区域
农业集中发展板块	450～540	120～160	37	1000	昌吉市实现农业现代化、提升农业产业结构、发展高效、节水、生态农业的重点区域
农业观光板块	540～700	160～200	18	210	绿洲生态建设区城镇化集中发展区域，观光农业和设施农业集中发展区域

资料来源：作者自绘

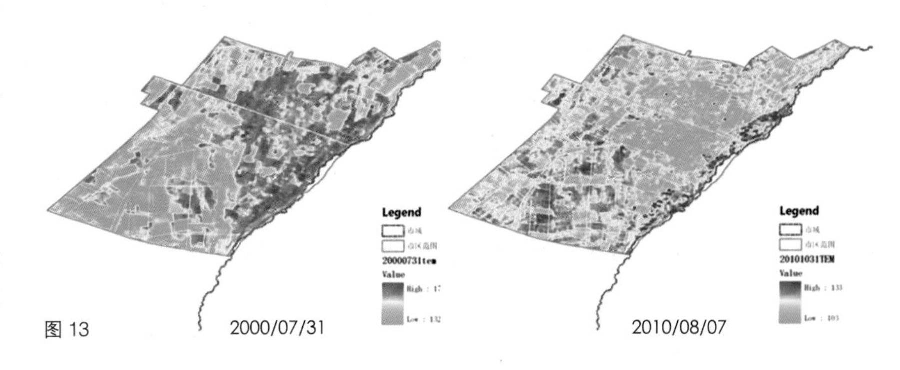

图13

图10　“两带＋多廊道＋两心”GI系统空间结构
图11　绿洲区景观类型空间水平分层现象示意图
图12　绿洲区“圈层＋板块＋廊道”GI空间结构模式
图13　昌吉市中心城区热岛效应变化
图14　中心城区“环城绿带＋组团隔离”模式图
图15　基于多元目标的北部老城区绿地布局

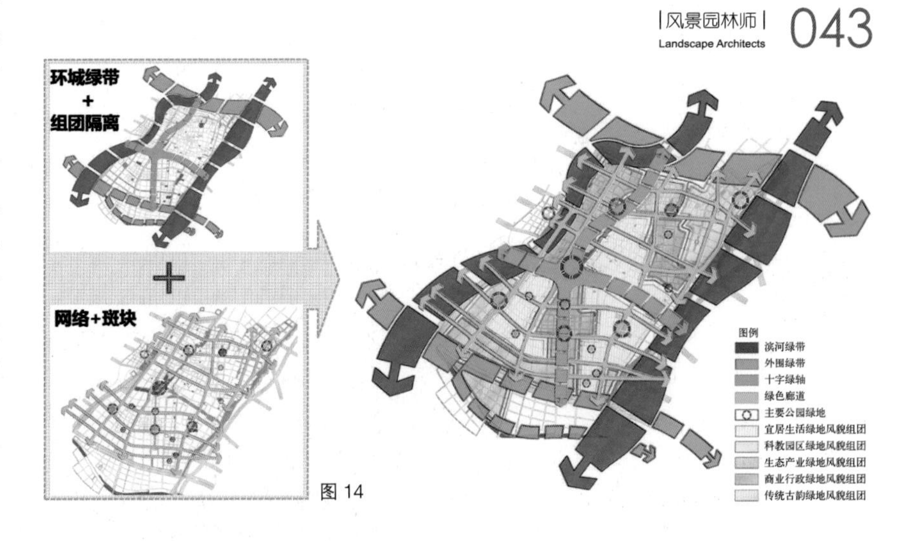

图14

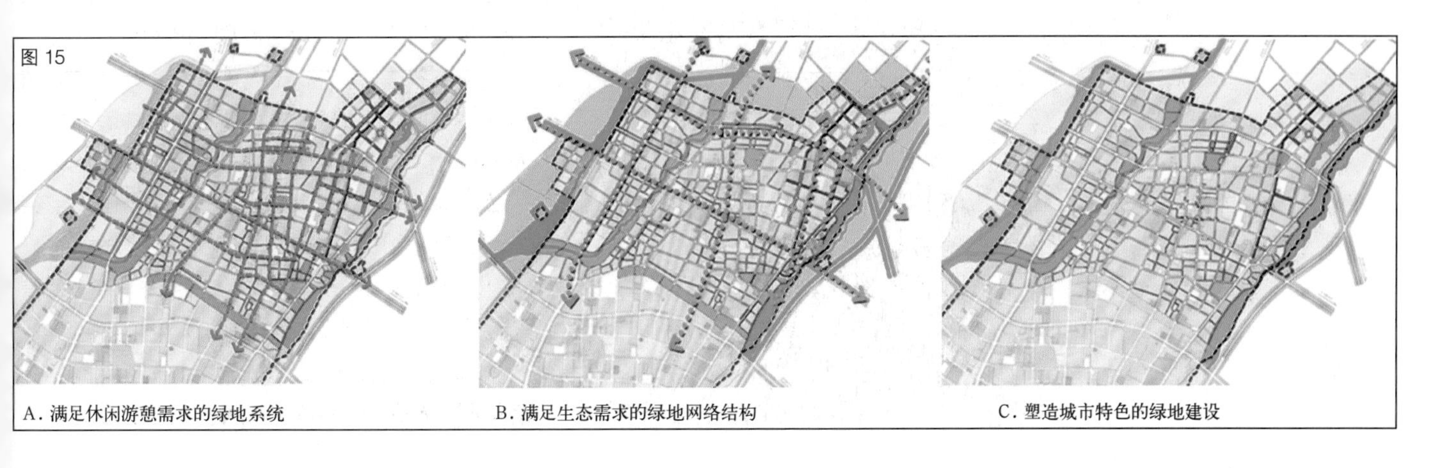
图15
A. 满足休闲游憩需求的绿地系统
B. 满足生态需求的绿地网络结构
C. 塑造城市特色的绿地建设

图 16 基于建设项目生命周期的全方位节水技术体系

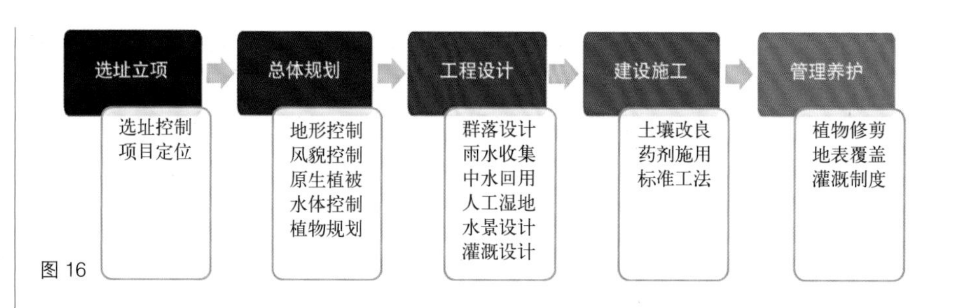

图 16

景观、防护多元功能，以实现城区内部日常休闲游憩等需求，改善夏季高温炎热的户外步行环境。

中心城区 GI 政策的另一个重要方面是推广节水绿化。目前昌吉绿化部门拥有大量自备井用于城市绿化，对绿化节水要求不高。但是随着绿洲城市水资源的紧张导致用水政策的调整，节水绿化必然作为 GI 政策的重要理念推广实施，而实施的关键在于控制系统化、标准定额化、节水新技术、经济调控政策等四个方面的推广实施。

所谓系统化是从选址立项、总体规划、工程设计、建设施工、管理养护五个方面构建基于建设项目生命周期的全方位节水技术体系；所谓标准定额化，则是应对建设投资主体的多元化带来的施工团队的技术差异，以及快速城市化条件下的巨大建设量，包括绿地建设、施工、养护的统一工法、苗木标准化、材料标准化和用水定额化；节水新技术包括耐旱观赏群落的选育、雨洪利用、中水回用、人工湿地的等方面的内容，其推广应用是节水绿化政策的重要环节；经济调控政策是建立在标准定额化基础上，包括水价调控政策、鼓励节水设施投入的政策补贴等手段。

四、天山北坡绿洲城镇绿色基础设施（GI）系统构建思路

天山北坡绿洲城镇由于其景观生态格局及其变迁趋势基本一致、城镇空间布局和行政区划方式近似、面临的城镇化挑战和生态环境的冲突相同，因此 GI 系统的构建具有极大的相似性。上述昌吉的研究具有普遍的推广意义，据此可总结出天山北坡绿洲城镇绿色基础设施系统构建思路如下：

五、结语

中国正在经历人类历史上规模最大，最为激动人心的城镇化进程。数以千万计的城镇在中国辽阔复杂的地理空间中展开城市化进程，绿色基础设施（GI）系统的构建将有效推动城市化进程与生态环境保护的协调发展，保障可持续发展。基于不同城镇相对迥异的自然生态环境背景，GI 系统的构建研究需要注意三个核心问题：空间尺度和层次、地域性特征、多学科的交融。

1. GI 系统的构建需要立足城乡统筹、区域统筹的视角，从多个空间尺度入手研究，尤其注重大尺度空间层次的研究，因为景观生态格局及其变迁通常在数百乃至数千平方公里的空间尺度上才具有决定意义。

2. GI 系统的构建必须尊重地域性的特征，其研究必须以地域性的景观生态过程及其变迁的研究为基础上，在不同地区和不同城市化发展阶段，GI 系统的目标是差异性，没有普世通用的 GI 政策。

3. GI 系统的构建必须与生态学、地理学、水文学、土壤学、地理信息系统学等边缘学科的深度交融，以完善和拓展自身技术理论体系，并提升成果的科学性。

天山北坡绿洲城镇绿色基础设施系统构建思路 **表 3**

空间层次	问题与挑战	GI 系统目标	空间格局研究	空间结构模式	GI 政策重点
市域层次	生态环境恶化，水安全受到威胁，沙漠化问题严重	构建市域生态安全格局，保障水生态安全、遏制沙漠化	分析包括沙漠化防治和水过程安全格局；确定需要重点保护的战略性生态区域	缓冲带＋廊道＋战略点	战略性生态区域的划定和保护政策
绿洲区层次	快速城镇化过程对生态环境可持续发展构成威胁	优化 GI 系统空间结构，推动生态环境保护与城镇化协调发展	分析绿洲区生态景观特征和城镇化发展特征，确定 GI 系统和城镇化的空间耦合战略	板块＋廊道＋环城绿带	绿洲区分区控制和城镇外围绿色空间建设政策
中心城区层次	气候环境恶劣，城市人居环境改善面临挑战	提升沙漠绿洲城市宜居水平；推广节水绿化理念	确立 GI 系统宏观结构和新老城差异化的 GI 系统空间战略	环城绿带＋组团隔离＋网络＋斑块	城市绿地开放空间政策和节水绿化政策

资料来源：作者自绘

回归的河流

——湘江株洲段生态治理及防洪工程

上海市政工程设计研究总院（集团）有限公司园林景观设计研究院／钟　律　张翼飞

株洲市湘江风光带位于湖南省株洲市市中心区湘江西岸，是株洲市未来城市的中央景观展示区域。工程位于堤外空间滨水区域，北至石峰大桥北匝道，南抵凿石浦景区，全长约 11.3km，平均宽度约 120m，总用地面积约 100.438hm^2。

湘江，是株洲的一个脉络，城市与湘江是一个互生的关系，相互作用又相互交融，风光带的建设也是沿着这个脉络进行的。

以山、水、桥、城和植物群落为元素，营造一处湘江里生长出来的大地自然生态景观；利用自然与人文有机交融，创造一个诗意的公共活动空间。

为了一个城市的梦想，我们从湘江西岸出发；为了一个不变的追求，我们在岁月深处留下里程碑。

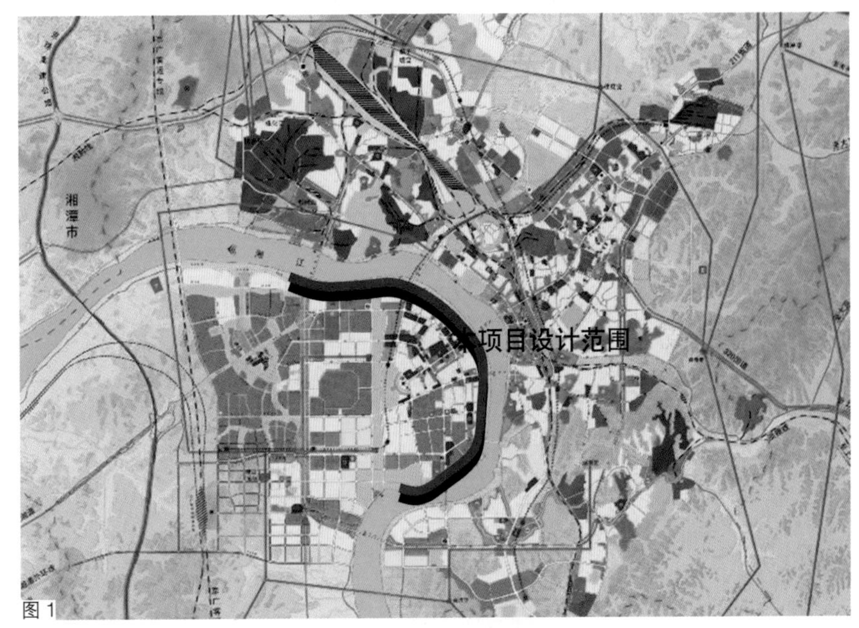

图 1

图 2

图 3

图 1　区位图
图 2　单调的滩涂（现状照片）
图 3　生硬的防汛墙（现状照片）

一、回归的启程——从湘江风光带整治出发

曾经的湘江西岸杂草丛生，环境与城市完全隔离，设计通过 10km 长的滨江自行车道将丰富多样的平台、广场及文化体育活动设施串联起来，形成一个连续、自然、丰富的城市滨江景观带，真正为株洲市民提供了一处休闲生活的好去处。现在的株洲人，每天在风光带清晨跑步、黄昏漫步、午夜沉思成了生活中必不可少的一部分。

二、回归的思考——优秀的核心设计理念

株洲，一片多彩的热土，闪耀着中华民族的始祖炎帝神农氏的灿烂文明。株洲，"火车拖来的城市"，伴随着共和国成长的工业城市。生活在湘江河畔的株洲人民，对水有着难以割舍的感情。让湘江母亲河回归自然、回归家园、回归生活，这是每

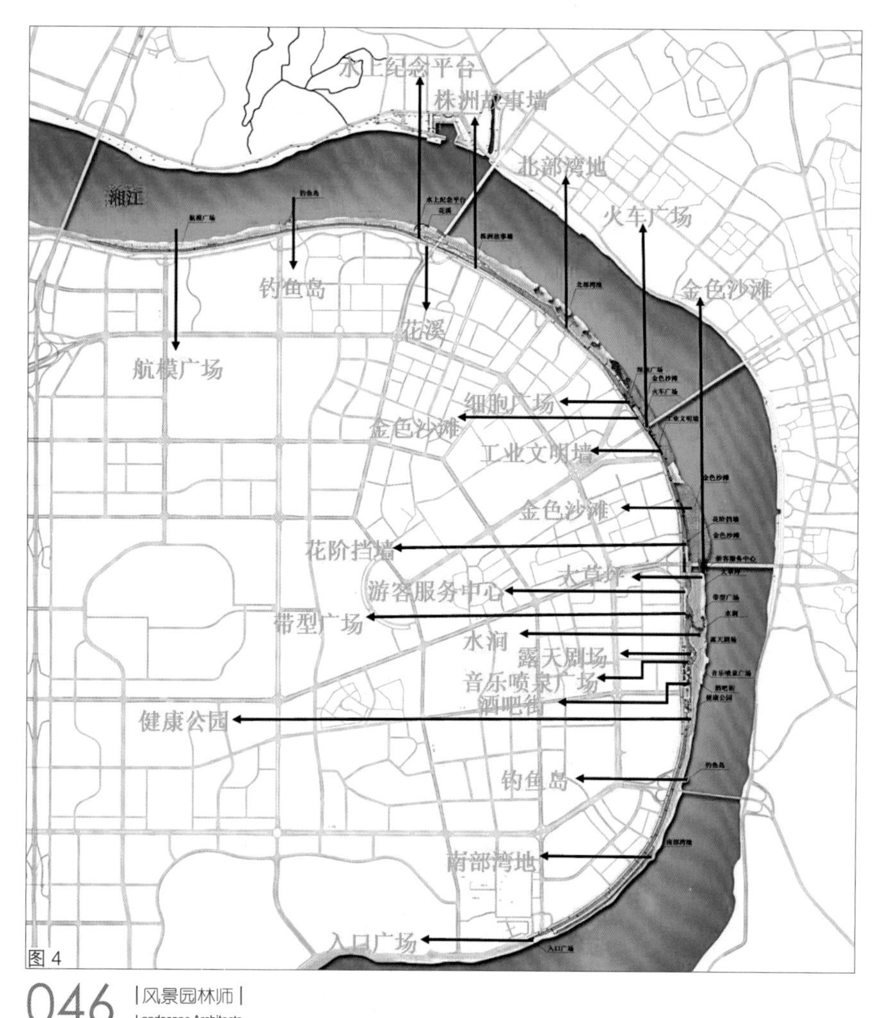

图 4

一个株洲人长久以来的梦。

（一）自然的回归——保留多元的生态风光

生态自然，环境友好，修复再现多元的原生态风光，保留原有植物群落，补充本土植被，再织原有环境体系，根据其自身特色自我演替，形成低养护、生态型的"绿色江滩"。同时利用多样滩地形式，因地制宜地营造特色湿地景观，再现昔日沙滩美景，形成随江水及大自然的生长的特色"滩涂景观"。

（二）文化的回归——延续多层的水岸文化

文化是城市的灵魂，株洲深厚的文化底蕴反映出株洲独特的城市魅力，设计通过不同的景观元素，利用并改造原有水利防洪挡墙及护坡，延续了多层岸线的理念，通过花堤草滩、自行车道、广场平台和雕塑画卷等界面形式柔化了原来生硬的防洪岸线，丰富了城市的滨水空间。生动展现了株洲的神农文化、工业文明、动力之都等文化精髓。故事墙主题反映了株洲历史上著名的任务和事件，以卷轴的雕塑形式让人们回顾了株洲这座城市的起源、记忆和故事。根据时代演进放置了 3 个火车头实物及模型，展现了作为一个"火车拖来的城市"，株洲的工业化进程，背景为 180m 长的浮雕画墙，分别演示世界、中国、株洲的铁路发展史，与工业文明墙、株洲故事墙连成一片。

（三）人性的回归——开拓多样的活动空间

以人为本，源自生活，开拓创造多样的市民活动空间，湘江风光带的一个中心理念就是营造多样功能场所，将市民的休闲活动引入城市滨水空间。因此我们设计了航模、极限运动、篮球、门球等体育活动场地，还将休闲广场、湾池栈道、艺术墙、沙滩、码头、酒吧街、剧场、水洞等功能空间植入到风光带中，为株洲市民提供丰富多彩的公共活动场所。

三、回归的征程——自然生态如画入画的建成风貌

（一）滩地游步道、生态公厕、八角亭、香樟平台

根据湘江水的涨落规律，在极限运动场迎水面设置自然蓄水形成湿地的特色景观区，内部设计亲水平台及游览栈道，使游人能最大化亲水亲绿，感受芦苇荡、湿地自然野趣。演艺广场位于极限运动场南侧，为市民提供小型舞台表演空间。继续往南还设置了门球场、游戏沙坑、八角亭，丰富有人活动和休息。在株洲故事墙南侧，保留了现状的两个大香樟，在周边设置了烧结砖和防腐木铺装的铺装平台。

（二）极限运动场

极限运动场位于红港大桥上游，是用于滑板、滑轮、小轮车等极限运动的活动场地。运动场采用弧形的平面形态与周边景观相协调，主体由极限运动道具、水晶地坪铺装、看台、膜结构雨棚、管理用房构成。运动场周边采用红色烧结砖铺装园路，同时设置金属栏杆进行分隔、围护。

（三）株洲故事墙及广场

株洲故事墙位于北侧，红港大桥上游，主题反映了株洲历史上著名的人物和事件，以卷轴浮雕形式让人们回顾了株洲这座城市的记忆和故事。艺术墙迎水面广场采用平面弧形设计，与周边绿化柔和过度，地面通过青砖和花岗岩隔断的组合与雕塑墙相互映衬，在广场中间点缀树木、座椅，丰富空间。

（四）动力株洲广场

以火车发展史为素材，结合株洲城市特色设计了动力株洲主题广场，呼应株洲城市精神——火车头精神。

（五）湾池湿地

北部湾池全长约 800 多米，一共由四个水池组成，上覆黄土种植水生植物。在水池边缘及跌水区域摆放景石点水岸线。湾池中有六个栈道平台穿插于湾池之间，为游人提供亲水活动空间。栈道采用深、浅灰色花岗岩石板铺装，两边设置石栏杆进行围护和装饰。

（六）水涧

水涧经过跌水和瀑布随原有地形自然循环。水涧周边采用景石与绿化、园路相结合的过渡方式，手法自然、变化丰富，有移步换景的景观效果。上部水涧还设置了冷雾喷泉设备，让人感受到人间仙境的虚幻效果。

（七）带型活动广场

在天元大桥上游滨江路人行道外侧，结合现有茂密林带设置了 480m 长的带型广场，采用深灰色透水砖和塑木组合铺装，中间镶嵌自由型树穴，迎水面设置防腐木栏杆。整个空间为周边居住区提供了良好的休闲、活动、交流场所。

（八）沙滩

结合数模计算、水文、气象、地质资料等，分析本工程滩地的冲淤变化、湘江河道的演变趋势等，将市民聚集游泳休闲的湘江一桥至四桥之间现状的淤泥质滩地恢复改建为沙滩，总面积约 15hm^2。设计采取修筑隔堤等工程措施阻止湘江水流对滩地的冲刷，通过对隔堤顶标高的控制，使湘江中的水流尽可能少地漫流至沙滩上，达到阻止河道水流中夹带的淤泥沉积到沙滩上的目的，从而恢复形成自然沙滩，并设置沙滩排球、足球、沙滩音乐会、沐浴房等活动设施，供市民游泳、消暑、休闲、集会，成为湘江一道亮丽的风景线。

（九）花阶挡墙

在天元大桥桥下依据现有地形设置综合广场空间，通过铺装变化与树穴造型相结合，作为自行车道与沙滩之间的过渡空间。北侧自行车道背水面为花阶挡墙，通过横向和竖向的木梁作为框架，中间

图5

图6

图7

图8

图9

图4　总平面图
图5　香樟平台（建成照片）
图6　花溪（建成照片）
图7　极限运动场（建成照片）
图8　株洲故事墙（建成照片）
图9　动力株洲广场（建成照片）

图 10

图 11

图 12

图 13

种植四季草花。

（十）酒吧街

酒吧街由 4 栋纯木结构和 2 栋钢筋混凝土结构构成，全新欧式风格的木建筑掩映在湘江岸边绿树林中央，以极富动感的建筑艺术打造全新的人文景观。通过室外平台、水系、街巷相互联系的 6 栋建筑各临江展开，延伸至岸边亲水坡地和游步道，使酒吧街的空间外延得到扩展。

（十一）蝴蝶谷、古亭

依据现有地形，营造一处绿树成荫、开满鲜花的天然谷地，游人穿行于缤纷花丛中，感受浓浓的自然气息。在视野最开阔处，设置一座仿古亭，搭配景石及黑松、紫竹等精品绿化植物，在此休憩观江，别有一番情趣。

四、科学严谨的专业支撑和技术创新

湘江风光带工程虽然是以景观为主体的综合型项目，所涉及的专业却不仅仅限于景观，它是水工、道路、建筑、结构、水处理、电气等诸多专业共同努力，动态管理，高度协作，跨学科的专业团队，优良的协作体系，科学合理的设计成果。用合理的思路方法，诠释了项目的科学性、严谨性、创新性，可持续性。

（一）科学论证的植栽布局

湘江的水位标高从枯水期的 28m 到百年一遇洪水期 45.2m 涨落不等，在设计过程中严格遵循以下原则：乔木种植范围基本位于标高 35m 以上；32 ～ 35m 低标高处乔木品种以耐水淹的旱柳为主，水生植物以根系萌生迅速、生根能力强的植物为主；滩地范围均对原状植物群落进行保留，并采用当地水生植物，实现滩地生态修复。

（二）严谨布局水下设施

设计中的景观营造以水利安全为首要前提，滩地湾池区域的石栈道结构和湾池的石护坝在设计时已考虑了一定的防冲能力；并在湾池池底结构增加了水泥砂粒稳定层和混凝土垫层，增强了栈道平台基础的稳定性。

（三）质朴构筑的建筑设计

休闲建筑及厕所、管理用房等建筑均采用木质立面设计，结构轻巧时尚，与自然融为一体。全线

图 14

图 15

图 16

建筑设计使用年限 50 年，建筑结构安全等级为二级。部分建筑已考虑洪水影响，底层为架空层，采用桩基础。

（四）安全优先的艺术照明

全线景观照明打造一幅由近景、远景、点彩构成的立体山水画。主要照明分为自行车道庭院灯、壁灯照明，航模、沙滩、湾池中杆灯照明，体育设施照明，植物投射照明、艺术墙照明，建筑环境照明和艺术灯照明。

景观照明设施均位于 40m 标高以上并对配电箱内的接头做好防水设计。

五、回归的里程碑——项目建成效应

湘江风光带的建设有效改善了株洲市的城市环境，提升了滨水空间品质，带动了土地资源的增值，取得了景观效益、经济效益和社会效益三赢的良好局面，在全国产生了强烈的反响。

（一）市民心声

湘江风光带，是一个可以在清晨跑步、黄昏漫步、午夜沉思的家。

湘江风光带，是生活的一部分，也是人与城市发生情感，留下记忆的轨迹的地方。

湘江风光带，是我们株洲的后花园。

（二）社会关注

在项目竣工后的半年时间内，先后有各省市党政代表团 530 批次现场参观学习，接待社会各界参观团体 382 批次。湖南省省委书记周强同志、省长徐守盛同志多次亲临现场视察，并在风光带召开湖南省城市建设现场办公会。习近平副主席于 2011 年初到现场视察调研，给予了高度评价。

六、里程碑后再出发

湘江风光带是湖南省打造“东方莱茵河”的关键区域，我院设计施工总承包过程中，运用世界先进理念，成功打造了生态、自然、亲水、休闲的景观格局，结合国内特色，充分体现了“两型社会”的发展理念。有效改善了株洲市的城市环境，提升了滨水空间品质，带动了土地资源的增值，取得了景观效益、经济效益和社会效益三赢的良好局面，在全国产生了很大的反响。本项 EPC 总承包工程的成功实施，成为株洲市 2010 年三大战役中的重要民生工程、株洲市建设现代工业文明生态宜居城市的代表性工程。

湘江风光带，是城市的精神所在，家园根基，明亮的灯塔。

“湘江回归”，起点出发，继续铺设一条通往内心的回归之路，去赴那个生命的约定。

设计单位：上海市政工程设计研究总院（集团）有限公司园林景观设计研究院

项目负责人：钟　律　张翼飞

项目参加人：钟　律　凌　跃　顾　红　张翼飞　邵奕敏　卢　琼　马莎子　张海容　章俊骏

项目演讲人：郑毓莹

图 17

图 18

路中央的公园

——青浦淀山湖大道东段景观设计

上海市园林设计院有限公司／高　翔

一、引言

“淀山湖大道”位于青浦新城西片，是《青浦新城总体规划》中联系青浦城区与朱家角镇的一条重要的东西向城市景观大道，也是标志地域特色的景观中轴线之一。高规格的定位，使淀山湖大道的规划不同于一般的城市干道，为了凸显其景观性，道路的中央分车绿带最宽处达到145m，规划有休憩活动空间供市民使用，同时具有传统绿化隔离带与公共绿地的特性。

开敞式中央分车绿带的道路形式在城市中相对较少采用，其对城市干道快速通行的要求会产生较大影响。例如上海徐家汇的肇嘉浜路原先也是采用开敞式的中央分车绿带，并相应设计活动区域供市民使用，但随着车流量的增长，考虑行人行车安全，如今已不再对外开放，并在分车带中加装防护栏防止行人穿越。因此在项目设计过程中在关注尊重上位规划、体现设计意图的同时，重点考虑与城市交通的关系，探索可持续开敞式中央分车绿带的设计方法。

图 1

二、项目概况

淀山湖大道分为“南线”和“北线”，全长约7km，为城市主干道，具有重要的交通功能，是由青浦老城区到淀山湖旅游区和新老城区之间交通联系的主要通道。道路两侧用地规划以商业金融、文化娱乐、行政办公等公共服务设施和居住用地为主，未来是城市的繁华商业区。

总体规划由Sasaki公司设计，分为花园区、

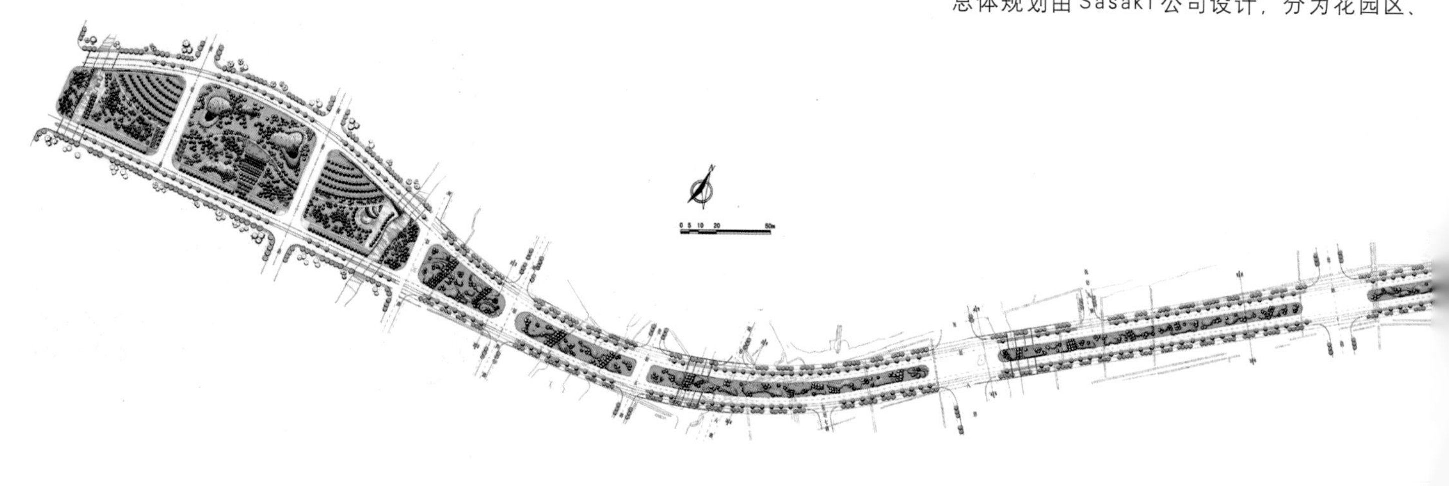

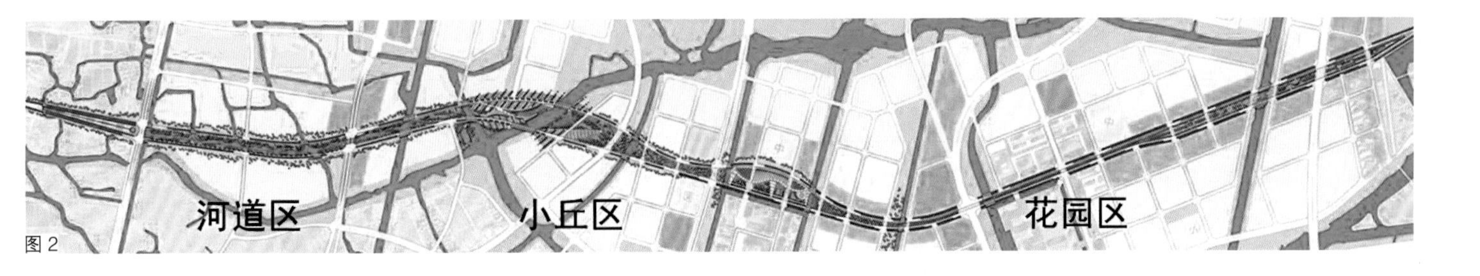

图2

小丘区、河道区三个区块。项目东段属于总体规划中的花园区，设计范围西起朱家角镇规划一号路，同规划淀山湖大道西段相衔接，东到港俞路止，全长约 4km，中间分车绿带宽度从 16m 至 145m 不等，南北两侧道路红线宽度为 23m，两侧分车绿带宽各 3m。本段与其相交的道路有二十条，其中有两条主干道和十八条次干道及支路，设计时必须考虑行人穿越道路进入中间分车绿带的安全问题。

现状水系条件主要是西大盈港河，其余为一些小型河流和水塘，具有江南水乡水网发达的特征。在满足水利设计要求的前提下，合理利用这些河道，使道路景观更加丰富自然。对坡岸的多形式处理要在统一中寻求变化。

三、景观规划与设计

（一）指导思想

1. 淀山湖大道是一条园林景观道路，不仅是道路隔离带，也是城市的开放空间，是在城市重点路段，强调沿线绿化景观，体现城市风貌、绿化特色的道路。

2. 淀山湖大道区域是由淀山湖朱家角到城市中心区的自然与城市之间的过渡。应通过合理的功能配置，从整体空间结构和规则的绿化设计入手，创造现代新城区的环境氛围，使景观建设与促进城市发展相结合。

3. 整个景观工程以地形、树木、田野河水等自然元素以不同形式和风格贯穿道路，保护、整合和优化原有水体，采用新颖的绿化设计种植。

（二）设计目标

1. 结合区域内的文化，景观和水资源，与区域环境完美结合。

2. 利用生态规划理念，创造人和自然的和谐统一。

3. 在创造居留环境，遵循可持续设计原则的同时，增加景观的多样性，提高城市的历史和现代的影响。

4. 考虑车流和人流的不同要求。

5. 创造一个展现季节特色的种植理念，鼓励使用当地物种和环保材料。

（三）设计理念

基于淀山湖大道道路绿地的复合型功能，我们

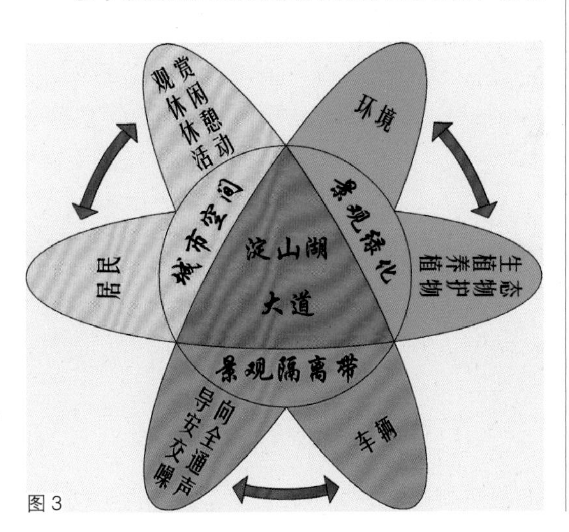

图3

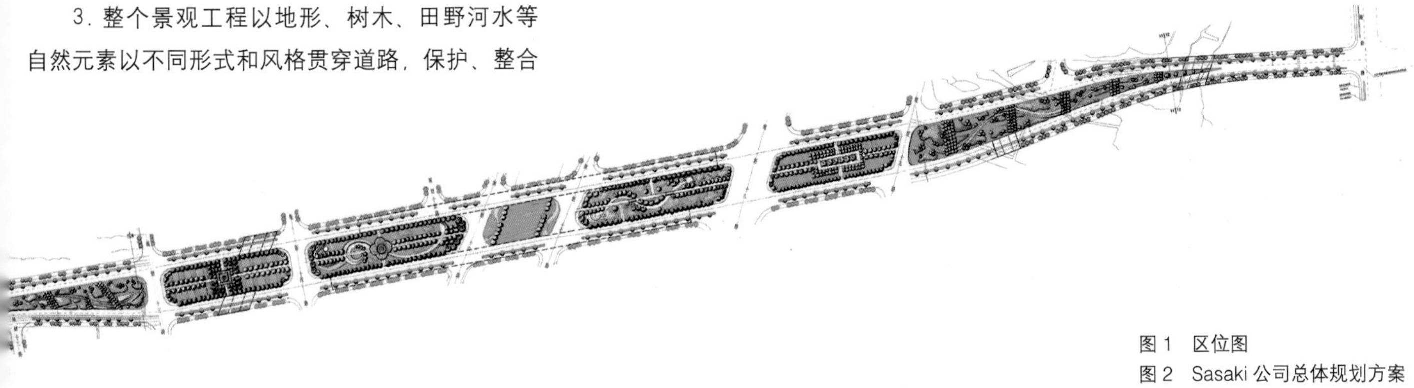

图4

图1　区位图
图2　Sasaki 公司总体规划方案
图3　设计理念
图4　总平面图

图5　功能分区图
图6　远眺西大盈港桥
图7　层次丰富的中央隔离带
图8　亲水平台
图9　植物分区

提出：以符合交通安全为前提，遵循以人为本、适地置景的原则，努力营造绿意盎然、注重生态的道路绿化景观。

（四）总体定位

淀山湖大道的设计理念来源于基地及其独特的区域环境，青浦是一个现代化的商业住宅区，又是上海市发展最快的城区之一，各种各样的高楼点缀在城市之中，为现存的城市格局增添了一番现代化的新面貌。青浦镇西面的历史古城朱家角以其中国传统建筑，古色古香的桥梁，布满商店和餐馆的步行街闻名于世。朱家角的西面的淀山湖都是天然水体，已经被设计为未来的绿色保护区和度假胜地。

淀山湖大道的绿化隔离带不仅仅是一般的道路隔离带，它还将作为主要的开放空间来确保将来向西延伸区居民和游客的高质量生活环境。除了休闲功能，绿化还能提供更加清洁的空气和水，推动整体的健康发展，从而创造优质生活和环境。淀山湖大道的设计理念是形成自然（淀山湖和西面的环境保护区）和城市（青浦市区）之间的联系。这条自然和城市之间的连接还可以被看作自然环境（西面）到更加有形的人文环境（东面）的过渡。四种大自然中常见的元素重复贯穿景观全部，它们的形态由自然逐渐转化为人工雕琢。地形、树木、原野和水以不同的形态和风格贯穿道路，这些元素的起承转接方式如下：

1. 山地这种垂直表现的自然地貌，经过人类的雕琢之后成为小丘。

2. 自然界中的林地和森林在人重新安排后成为小树林和果园，再被转化成城市中的树林。

3. 原野和草地被人类改造成出产粮食的农田和城市环境中的草坪。

4. 贯穿区域的许多河道被人类转变为镜湖与溪流。

（五）功能分区

根据道路的规划情况，满足车辆，游人的共同需求，在“以人为本”的前提下，将淀山湖大道分为如下几个区块：

1. 游憩活动区——是东段最宽的区域，是主要的活动场地。设计以生态绿化为主，休闲活动为辅，为市民提供一个环境优美的休憩场所。在进行种植设计时与总体设计风格相呼应，遵循总体种植设计原则，运用生态学原理和多样性原则，以乔、灌、草结合，与道路水网系统结合，建立起完整的生态系统，以求最佳的生态效益。

2. 过渡区——起到活动区向植物景观带的缓冲。植物种植从自然到规整，总体仍以注重行人的观赏角度来设计，并向道路景观绿化转变。

3. 植物景观带——宽度 16 ～ 50m 中央分车绿带，中间有较多河流横穿而过。设计在遵循道路安

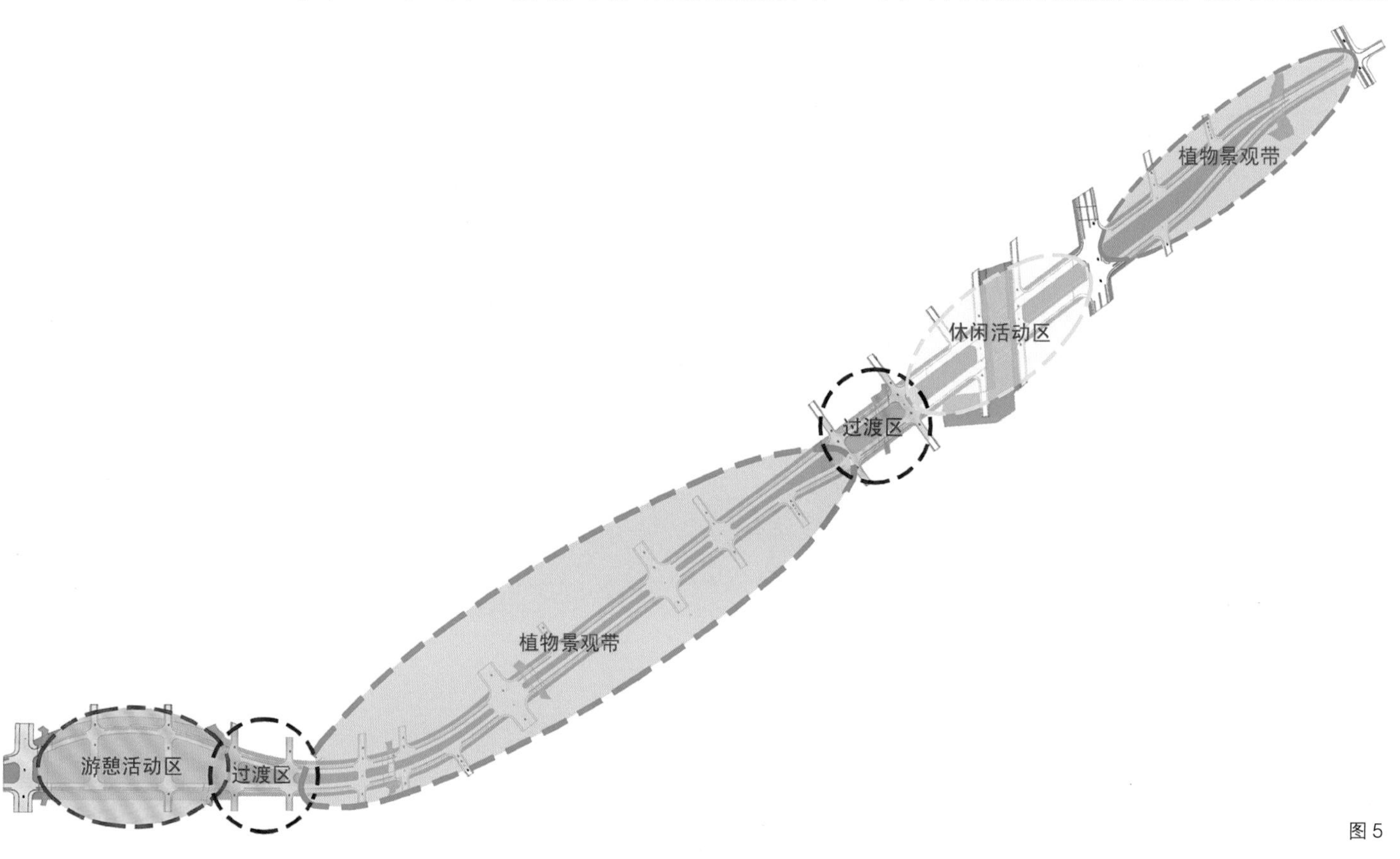

图5

全、生态原则的同时，重点考虑为行驶的车辆、行走的行人展现富有变化、层次分明，空间疏密有致的立体景观效果。以简洁自然的植物配置，满足道路景观绿化的需求。上层以乔木为骨架，绿量充足，中层花灌木成片种植，下层地被丰富，色彩鲜艳。

4. 休闲活动区——利用青浦地区的丰富水系，营造亲水的休闲活动区。结合现状原有地形，布置开敞空间，使游人感受到悠闲的自然气息。结合花境的运用，形成明快的活动空间，供人流集散、停留、活动。卵石溪涧在线形上同花境相呼应，自然与规则的风格得到最和谐的呼应。

（六）植物景观设计

淀山湖大道东段的植物景观分区自西起划分为春花晓月、碧波云影、层林叠翠、田园遗痕、霜叶霞云、幽林秋香、绿色变奏七个区段。每个区段都以一种或者几种骨干树种为基调树种，体现景区的韵律特征。在整条道路上由春景自然过渡到秋景，使每个季节都能有景可赏。

东段属于 Sasaki 总体规划的花园区，地形平缓连续，植物种植简洁大气，明显区别于西段河道区与小丘区的高地形，密造林。道路中央隔离带，种植形式采取树阵的种植方式，不同树种间留有一定的开敞空间。下木种植选用通透的方式进行设计，以地被植物为主，减少中层植物的数量，打破了传统的上、中、下的植物种植方式。

图 6

图 7

图 8

图 9

图 10　规则树阵
图 11　简洁大气的中央隔离带
图 12　符合安全视距的路口种植
图 13　绿地入口广场
图 14　与原乡村道路对应的景观步道
图 15　保留香樟
图 16　保留小桥现状
图 17　改造后的桥体景观
图 18　回收混凝土块地坪
图 19　保留混凝土地坪上的花境种植

图 10

图 11

图 12

图 13

道路两侧用地，根据总体规划为商业用地。迎合商业的整体风格，不宜种植过密乔木，避免因植物过密，影响商业街景观风貌。

四、方案的实施与相关措施

本项目从设计到竣工前后历时 5 年，在具体施工中遇到各种情况，设计相应做了多轮修改。这些调整不得不牺牲方案的部分理念，但却使方案能更好地与现状条件及城市交通相协调，保证项目的顺利实施。

（一）限价设计与生态化种植

本项目的造价由最初的 300 元 /m²，后经不断的调整，最终降低为 200 元 /m²，属于同类项目中较低的价格，并且远远低于淀山湖大道西段的造价。对设计产生了一定的影响，因此在尽可能保持整体景观效果的情况下，做了相应调整。

1. 重点调整规划“二区二带”中的“二区”即休闲活动区与游憩活动区，结合水系规划减小了滨水平台与广场铺地的面积。

2. 减小植物规格。一期乔木规格胸径主要为 Ø16 ～ 20cm，二期将调整为 Ø15cm 以下；行道树由原来 6m 行距调整为 8m，规格不变。

3. 取消加拿列海枣、布迪椰子，减少部分新优品种的用量，如：黄金菊、金娃娃萱草、宿根美女樱、花叶大吴风草、花叶欧亚活血丹。

4. 铺装全部采用透水材料，基本取消花岗岩石材。

5. 取消景观照明与大部分绿地给水工程设施，尽量采用地形排水；局部排水不畅区域可敷设排水管道。

6. 为降低今后养护成本，减少整形花灌木和大面积色块。

景观设计特别是绿化种植应尊重植物的生长规律与习性，从生态方面考虑，植物移植后需要一定时间的适应期和恢复期。植物的生长需要一定的空间，若前期栽植过密，将影响植物日后的生长发育。先期采用适宜的种植密度，从现状来看稍显稀疏，但通过 1 ～ 3 年的生长，将完全达到良好的景观效果。其中选用的如银杏等慢生树种更需要 4 ～ 5 年的生长期。

（二）交通安全前提下的景观设计

1. 行车会车安全视距：根据安全行人及行车安全视线的有关规定，行车速度 >40km/h 时，道

图 14

图 15

图 16

图 17

图 18

图 19

路交叉口 30m 范围内不得种植乔木。淀山湖大道是一条城市快速干道，二期范围内共涉及道路交叉口 11 个，路口两侧绿地按道路设计单位提供的安全视距要求进行种植设计。路口景观以保证交通安全为主，景观效果为辅。

2. 出入口设计：为了保证游人穿越道路到达中央绿化带的安全，设计将总体规划设计的出入口全部调整至道路交叉口。减少绿地入口数量，降低行人穿越道路的频率。入口采用广场式设计，绿化以灌木为主，保证行人的视线通透。

3. 方便周边市民出行的景观调整：基地原有一条南北向的乡村便道因淀山湖大道建设而阻断，考虑周边居民的使用便捷，对原景观进行调整，在绿地内增加景观步道，与原乡村便道的位置相对应，同时相关部门也在路口设置信号灯与标志标线。绿地入口处设置车挡，防止车辆进入绿地。

（三）生态环保措施

青浦发展的指标之一是支持可持续发展开发和生态技术，在淀山湖大道的设计和施工中可采用一系列的措施，其中包括但不限于生物保湿体系，为所有硬质表层制定可渗铺面标准，推广使用循环水，把公共交通融入道路布局，采用可替代能源的技术和材料，在设计中使用当地植物和其他当地材料。

1. 现状的保留与改造

最大程度地保留基地内可以利用的现状资源。基地内有一棵树龄较长的香樟树，现状标高较低且无法移植。为了能保留这棵香樟树，专门为其设计

图 20　废旧汽车的景观利用
图 21　废旧家具的景观利用
图 22　水乡特色的桥栏杆 1
图 23　水乡特色的桥栏杆 2

图 20

图 21

图 22

图 23

挡土墙，并布置排水设施。现在这棵香樟树已经成为淀山湖大道的标志性景观之一。

现状保留河道上有一座村道便桥，原先的设计方案需要拆除，但在实际施工中，经多方考虑，决定还是保留。经过景观的重新设计，通过简单的改造，使桥体与整体景观完美融合，节约了造价也方便了周边居民。

2. 低碳环保的回收材料

淀山湖大道东段穿越西大盈港河，西大盈港桥为双桥设计，两桥之间的绿地后期与地貌景观设计咨询（上海）有限公司共同参与完成。西大盈港桥是青浦新城区的新地标之一，因此桥下的绿地设计应该新颖独特，且具有示范性意义。在这块区域采用了大量的回收材料，如煤渣、建筑垃圾、旧家具、报废汽车等。通过景观设计的重新组合利用，原本的“垃圾”又展现出新的风貌，同时节约了造价，体现了生态环保的理念。

3. 家具小品及太阳能利用

淀山湖大道上有许多桥梁，桥梁栏杆是必须重点处理的关键细节，现代桥梁的栏杆应给人一种现代的感觉，同时应包含青浦的文化特色，所有的桥梁栏杆统一中又蕴含变化。

城市家具要与景观相互协调而不是竞争，绿地内的垃圾回收筒采用耐用的可回收材料制成，可以减少长期维护的花费。绿地内的停车棚采用太阳能顶棚，利用太阳能减低污染，为区内的部分设施提供能源。

五、结语

城市道路一般较少采用开敞式的中央分车绿带，这种形式不可避免地会与交通安全产生一定的矛盾，并受到规划用地等因素的限制。淀山湖大道的景观设计给设计师提供了一次难得的实践机会，当然也更是一种挑战。在设计过程中设计师力求准确把握规划理念，与道路设计密切结合，安全为先、以人为本、因地制宜，使其成为青浦新城最具特色的景观大道之一。希望本项目的一些经验与教训能给大家带来一些启发，也期待将来通过技术的发展，道路的中央分车绿带能够得到更广泛的利用。

设计单位：上海市园林设计院有限公司
项目负责人：程清文　高　翔
项目参加人：周娟珍　李　娴　王　吟　周乐燕
　　　　　　李雯等
项目撰稿人：高　翔

大型公园绿地的规划设计与思考

——以北京南海子公园（二期）规划设计为例

北京创新景观园林设计公司／李战修　付　超　祁建勋

公园一词在唐代李延寿所撰《北史》中已有出现，花园一词是由“园”字引申出来，公园花园是城乡园林绿地系统中的骨干要素，其定位和用地相当稳定。当代的公园花园每个城市居民约6～30m²/人。

在北京近几年的绿地建设中，出现了一种大型化的趋势，从“郊野公园环”，到11个万亩滨河森林公园，还有如奥林匹克森林公园及南海子公园等这类单体近万亩的大型公园，这类公园的出现已超出了现有公园设计规范和实践经验，要求设计者不能仅局限于从公园的角度，需要用新的设计方法，在更高、更广的层面去思考问题。

一、大型公园绿地的特征

这类公园由于规模大、有特色且向公众免费开放，成了对市民最具吸引力的绿色开放空间，进而对本区域规划与发展形成重大影响和引导作用。同样案例有：纽约的中央公园、西安曲江等，形成了以“文化品牌＋旅游景点＋城市运营”或“公园绿地休闲＋体育健身＋商业开发”等发展模式。

（一）区域发展核心

以大尺度、有特色的公园形成主体和中心，形成本区域城市空间发展的指南，逐渐向外发散形成文化圈和经济圈，将周边地区发展成为具有社会效益、生态效益、经济效益的新的城市形态。这类比较成功的有西安曲江模式、深圳华侨城模式和北京的朝阳公园等。

（二）多功能融合

公园本身往往被赋予了多种功能：文化、生态、游憩、景观、防灾避险等等，要求从区域发展规划、绿地系统规划、市政交通规划等多方面入手。另外还承担了本地区的一些配套服务内容和设施。在建园之初，就要为未来的各项功能的发展留出空间和余地，形成“出则繁华、入则自然”的宜居宜业宜

图1　南海子公园在北京位置
图2　南海子公园区位图

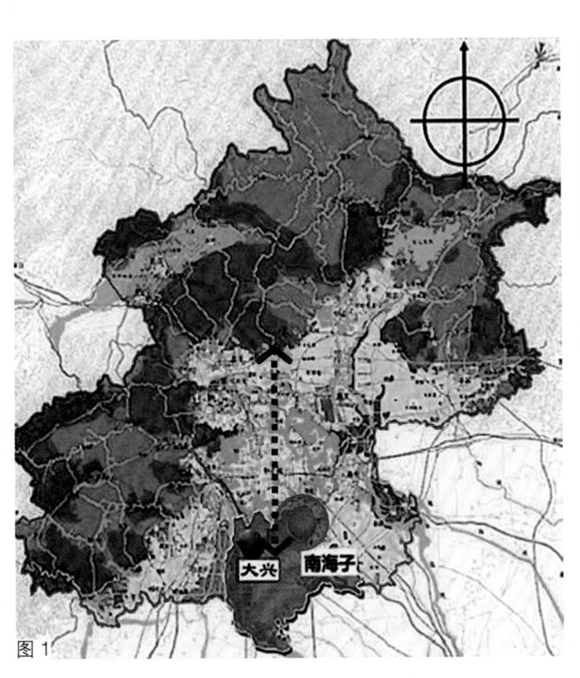

图1

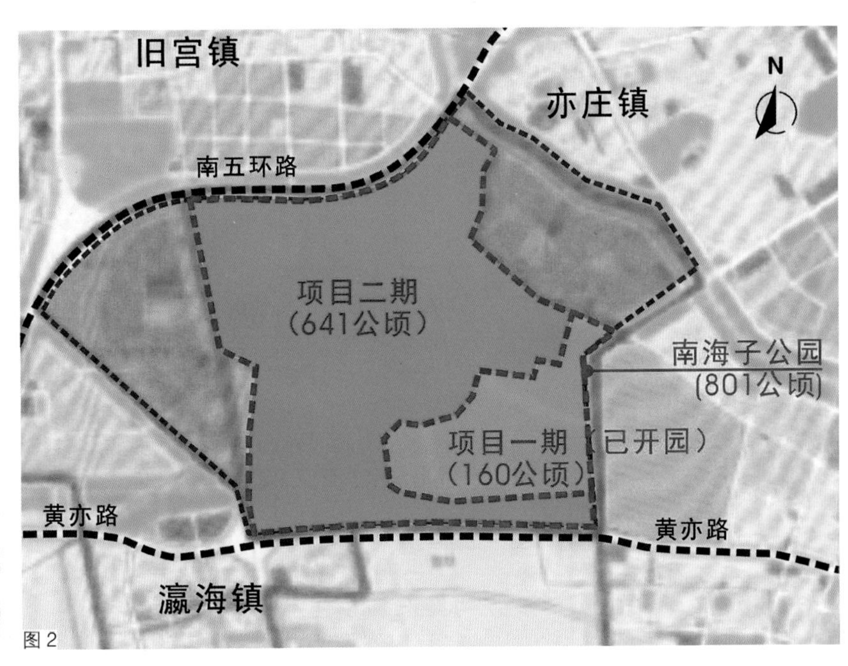

图2

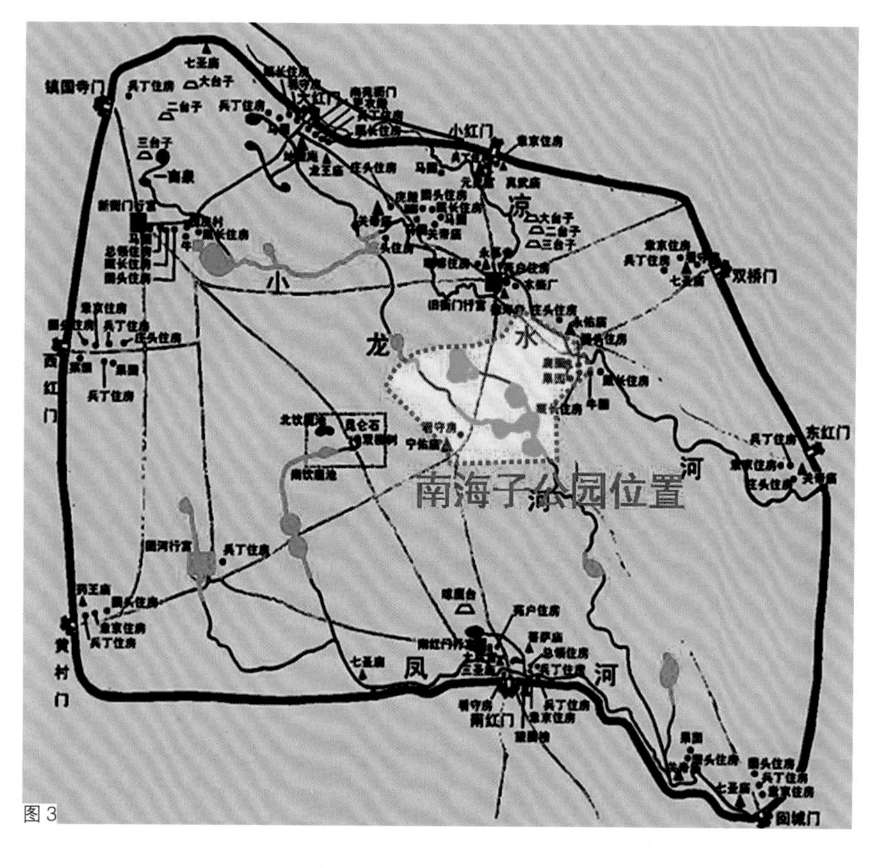

图 3

游的生态区域，发挥出公园综合效益的最大化。

（三）主题与特色

这类公园除了兼顾了郊野公园与城市公园的共有特征外，同时深入挖掘特色地域文化和自然景观，以全新的设计理念和设计手法，将公园建成具有个性魅力和吸引人的绿色空间，进而延伸至整个区域，形成特色文化符号和文化品牌。

（四）分步实施与最终目标

在确保初期的规划设计目标、规划原则不变的前提下，有步骤分期实施；同时依据周边发展，随时动态调控，不断完善。

首先是生态与文化建设，形成品牌效应和吸引力；其次，引入文化创意类的服务内容和设施，形成高雅和高端文化聚集；然后进行区域综合联动式开发，最终形成良性互补、资源共享的双赢模式。

图 4

图 5

二、项目概况

南海子公园位于北京市大兴区东北部，北京城著名的南中轴延长线上。公园北起南五环路、南抵黄亦路、西接凉凤灌渠、东至规划的南海子东路，占地 801hm²，分两期建设。其中一期已建成部分 160hm²，本次规划的二期占地面积 641hm²。

三、历史文脉

历史上的南海子地区位于永定河冲积扇前缘，这里湖泊星罗棋布，河流纵横交错，生态系统完好，动植物资源十分丰富。我国特有并被视为皇权象征的珍稀动物——麋鹿，即在北京城南这片最大的湿地上繁衍生息。

南海子先后经历了辽金肇始、元代奠基、明代拓展、清中鼎盛、清末衰败五个时期，曾是五代皇家猎场，三朝皇家苑囿（元、明、清）。

明朝永乐年间圈定南海子地区（清朝改称南苑）的基本范围，面积达 216km²，周长 120km，是清代北京城的 3 倍，圆明园的 70 倍。明朝燕京十景之一的“南囿秋风”即指南海子地区。

明清以来北京的城市大格局可归纳为“一城两区”的空间布局形式。其中以皇城居中，北部是以三山五园为代表的皇家园林区，南部是以南海子地区为核心的皇家苑囿区。

在行围狩猎、阅兵演武、农耕游牧的演替与发展中，南海子形成了特有的皇家文化底蕴。据史料记载，自明永乐十二年（1414 年）至清光绪二十九年（1903 年），先后至少有十五位皇帝来过南海子巡幸、狩猎、阅武、驻跸，累计多达近二百次，留下了近五百首诗篇。

四、规划背景

在北京正为迈向世界城市而快速发展的背景下，大兴迎来了前所未有的发展机遇。

在大兴区“三城、三带、一轴、多点、网络化”的城市发展格局中：南海子公园位于“三城”中心，与大兴、亦庄、新航城区位优势明显。伴随着"南城行动"的推进，以及南中轴经济的向南发展，这里将成为一个复合型的绿色综合体。公园的建设必将提升周边产业的附加值，而产业的发展将反哺公园的建设和持续发展。

绿地系统规划中提出结合北京城山水格局，实施国家公园战略，在城市的周边分别建设西北郊历史公园，东郊游憩公园，北郊森林公园，南郊生态公园。

位于大兴的南郊生态公园，以历史上的"南苑"、团河行宫、南海子麋鹿苑，及现代的大兴农业观光园等为基础，逐步形成以历史文化、休闲度假、农业观光为主题，同时满足度假、旅游、采摘、野餐等旅游休闲活动的城市型生态公园。

位于南郊生态公园北部的南海子公园，是其核心组成部分，是北京中心城，亦庄新城和大兴新城之间的重要生态隔离区，也是城乡市政基础设施走廊。

五、现状调查分析

（一）问题与困难

20 世纪 80 年代后期，南海子地区原有的湿地逐渐消失。尤其是公园规划范围内，挖沙取土，植被破坏，现状坑塘又被不加分类、不加隔离的垃圾填埋。垃圾总量达到 2400 万 m^3。

本区域内各类单位及小企业多达 500 多家，低端产业大量聚集，流动人口超过 10 万人。土壤、空气、地下水受到严重污染，给当地及周边地区社会经济发展带来很大的隐患。

（二）特点与优势

根据上位规划，公园需满足 260 万 m^3 的水利蓄滞洪要求，做到平涝结合。通过竖向设计，公园设置了多处弹性的多功能蓄滞洪区，形成了湖面、

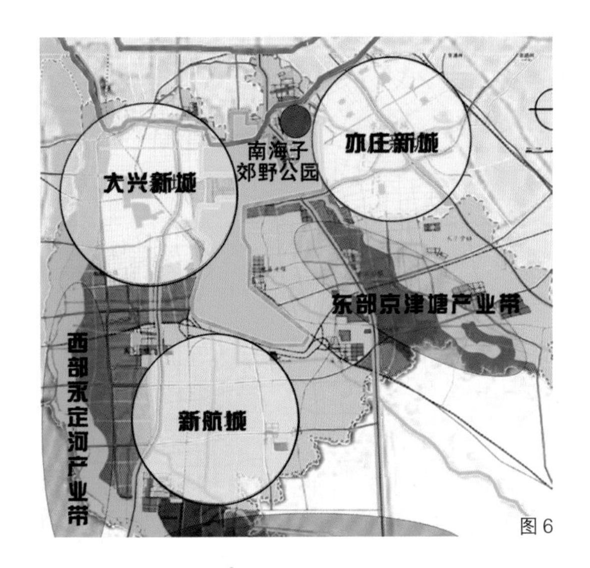

图 6

图 3　历史上的南海子地区
图 4　北京城"一城两区"的空间布局形式
图 5　清乾隆南苑大阅图
图 6　南海子公园与大兴区位关系
图 7　北京市绿地系统规划中的四大郊野公园
图 8　南海子公园现状

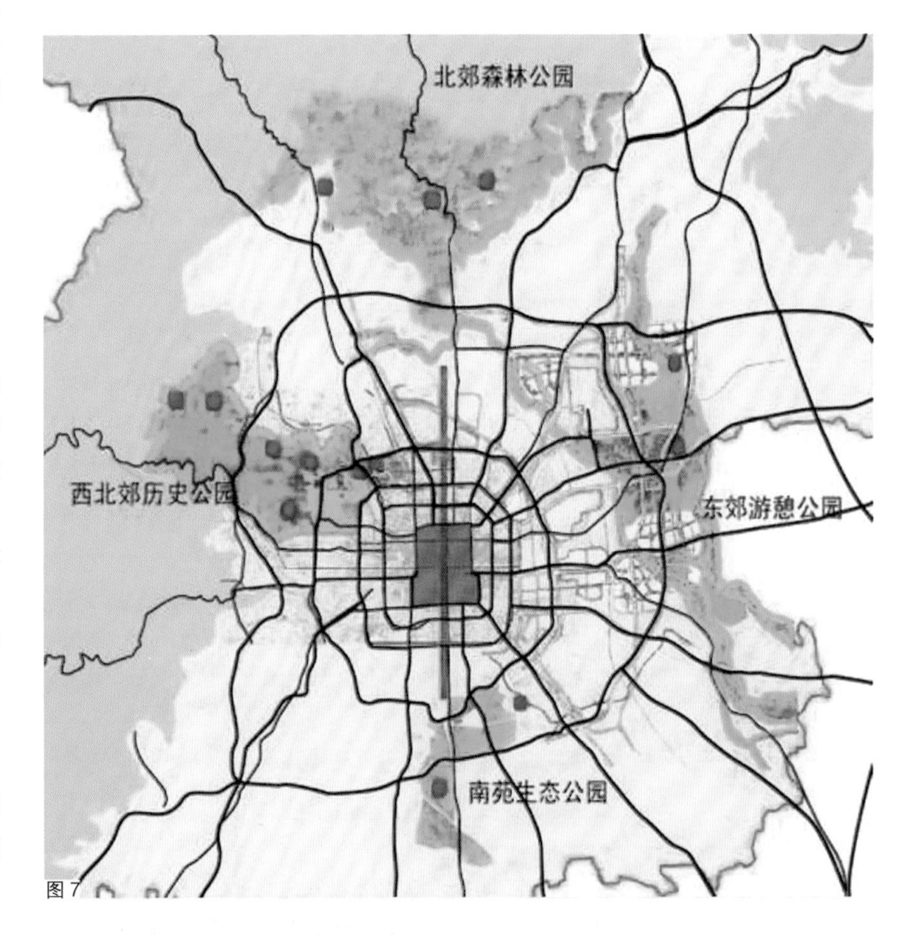

图 7

图 8　垃圾填埋　非法挖沙　废弃鱼塘

图 9　南海子公园山水空间分析图
图 10　南海子公园功能分区图
图 11　南海子公园总平面图

雨水收集区、湿地草滩、疏林草地等多种景观。

现状场地西北高东南低，可通过地形设计形成丰富的空间效果。现有的南海子麋鹿苑，是我国第一座麋鹿自然保护区，苑内动物保护物种极其丰富。

综上所述南海子公园具有独特的三大优势：

1. 历史上这里曾"四时不竭，汪洋若海"是城南最大的湿地和五代皇家猎苑。

2. 麋鹿苑作为核心生态保护区，现已形成完善的湿地生态系统。

3. 拥有超大尺度的生态绿地和 240hm^2 的湿地水面，形成南城新的生态绿心。

六、设计理念

以上位规划为依据，将一期纳入总体设计之中，以恢复湿地生态为基础，传承文化为灵魂，实现综合效益最大化，建成以湿地和文化为特色的多功能、可持续发展的综合性公园。

七、景观结构：体现传统皇家园林空间格局

规划首先在公园北侧坐北朝南堆筑 28m 高主山，并在主峰两侧设计了连续的余脉。不但整个公园有了良好的背景屏障，也使一期与二期山体之间形成山水环抱、南北呼应的格局，充分体现出负阴抱阳、大山大水、气势宏伟的皇家园林传统空间的布局形式。

公园景观水系与地形的开合走向一致，由西北向东南，经由二期中心区上千亩的广阔水面，满足了蓄滞洪的要求，并最终与一期水面连通。挖湖出土均用于园内堆山。

八、功能分区

为了保护利用好湿地的自然资源并充分挖掘历史人文资源，南海子公园将突出湿地和文化为特色，划分出 4 个功能类型区，分别是生态核心区、湿地展示区、南海子文化区和管理服务区。

（一）生态核心区

即南海子麋鹿苑，总面积约 60hm^2，湿地面积 40hm^2，是我国第一座麋鹿自然保护区。

麋鹿是中国特有的动物也是世界珍稀动物，在南海子地区经历了从蓄养到灭绝，然后在 1985 年回归的历史过程。麋鹿见证了南海子的兴衰荣辱，是这里最具价值的活的物证。

（二）湿地展示区

围绕麋鹿苑分布，再现当年"四时不竭，五海相连"的湿地景观。该区域以湿地生态恢复与重建为主，营造生态多样的湖岸及鸟岛等自然景观，为野生动物提供良好的栖息地，同时向游客展示湿地科普知识和湿地生态文化，主要包括：湿地植物、湿地动物、湿地观鸟等三部分科普展示内容。

不同类型的湿地，体现出不同的植物特色。湿地植物展示区主要展示四种湿地类型：草本沼泽型、

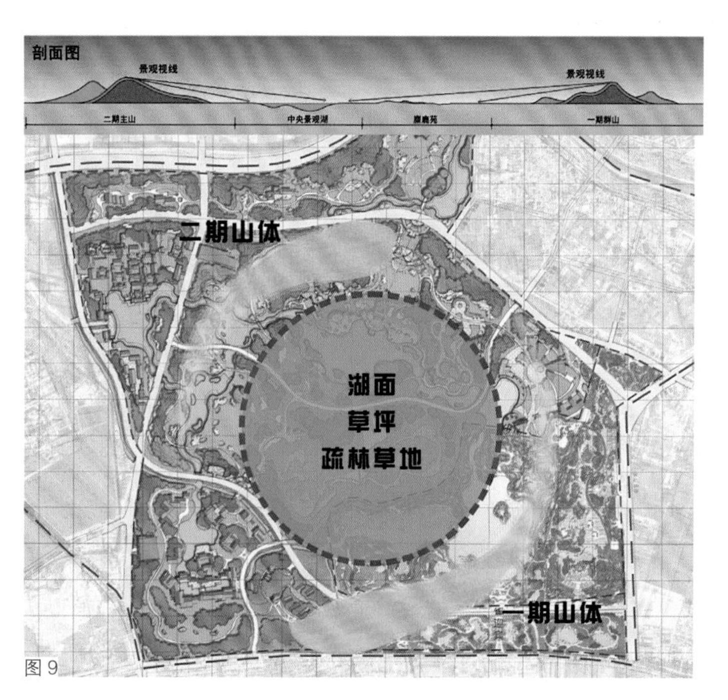

图 9

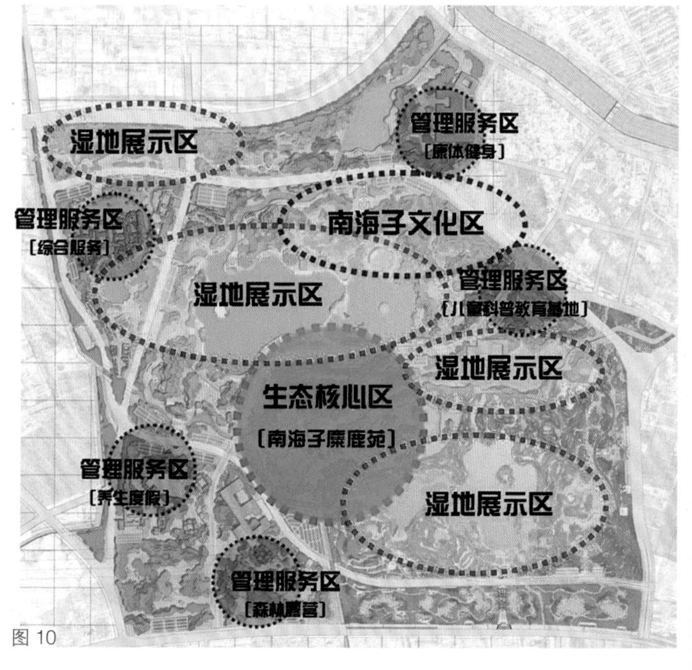

图 10

沼泽湖泊型、河流湿地、人工湿地。作为水生植物的科普宣教区，各种水生植物高低错落分布于木栈道两侧。加以标牌介绍，游人在行走游览中，对水生植物家庭有了一个全面的认识。

物种多样性是评价湿地的标准。我们根据湿地动物所喜爱的小溪、洼地、草地等生境，以湿地食物链的顺序设置各个观察点，开展各类动物生活习性的观察活动。比如：选用挺水植物为蜻蜓提供生活环境，创造水深不超过 40cm 有利于两栖类特别是青蛙的小池塘沼泽环境，湿地植物、底栖生物为鱼类、两栖类、昆虫等提供生活环境，栽植花蜜植物利用香气吸引蝴蝶等。

湿地观鸟区的设计包含湿地鸟类栖息地的营造和观鸟设施及游线的布置。根据不同鸟类的生活习惯，观鸟方式各不相同。公园共规划有五处观鸟处，在湿地中营造一些不规则的独立小岛，隐蔽又没有人为干扰，为鸟类提供理想的庇护和栖息场所。

图 11

❶ 南海子麋鹿苑
❷ 多功能草坪
❸ 南苑文化展览馆
❹ 皇家雕塑园
❺ 皇家诗画廊
❻ 花卉观赏
❼ 湿地观赏
❽ 山林观赏
❾ 风能小屋
❿ 水能小屋
⓫ 太阳能小屋
⓬ 鹰台远眺
⓭ 绿色体验基地
⓮ 环保雕塑园
⓯ 动感乐园
⓰ 多功能体育馆
⓱ 体育场
⓲ 极限运动俱乐部
⓳ 都市健身中心
⓴ 少年宫
㉑ 养生度假
㉒ 创意市集
㉓ 艺术街
㉔ 会议会展
㉕ 花园购物
㉖ 酒吧街
㉗ 森林木屋
㉘ 房车露营
㉙ 野营地

图 12

草本沼泽湿地

公园以大部分湿地为草本沼泽湿地：包括了芦苇沼泽、香蒲沼泽、菖蒲沼泽、水葱沼泽和秋穗莎草沼泽五种典型群落。

草本沼泽湿地剖面示意

图 13

沼泽湖泊型：

重点体现由湖岸向湖心方向深入，在水平上呈现不同类型植被的水平结构，且植物呈环带状分布的状况。依次为湿生沼泽植物带→挺水植物带→浮叶植物带→沉水植物带→深水区植物带。

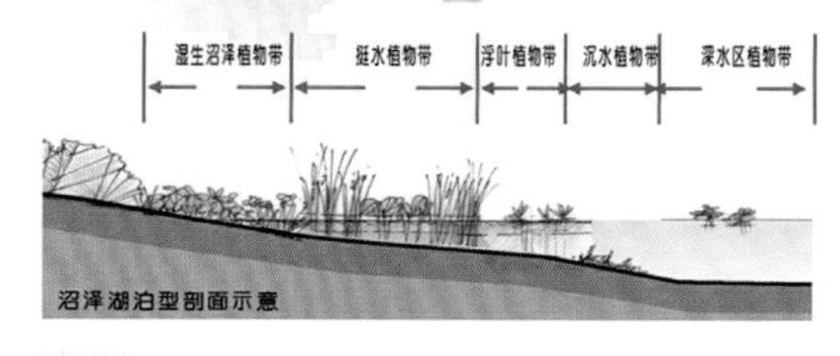

河流湿地

指河流形成的湿地类型，应在堤岸、河滩等处进行改造，同时进行生物净化、改善水质

人工湿地

公园中的人工湿地有保留和雨水汇集的池塘湿地、景观溪流等。

人工湿地剖面示意

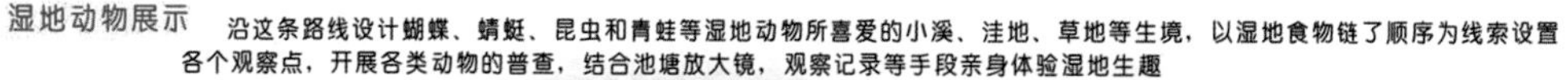

湿地动物展示
沿这条路线设计蝴蝶、蜻蜓、昆虫和青蛙等湿地动物所喜爱的小溪、洼地、草地等生境，以湿地食物链了顺序为线索设置各个观察点，开展各类动物的普查，结合池塘放大镜，观察记录等手段亲身体验湿地生趣

● 营造好的植物环境，召各类昆虫，从而为鸟类提供充足的食物来源

● 利用湿地植被多样性及群落的完整性，选植浮叶植物，为蜻蜓提供生境

图 14

图 12　南海子公园内看麋鹿苑（实景照片）
图 13　湿地植物展示
图 14　湿地动物展示
图 15　鸟岛设计示意图
图 16　南海子文化景观序列

（三）南海子文化区

南海子文化区位于公园的山地区。借助公园的山体、平地、环湖等条件，融入南海子历史上丰富的文化资源，建设“一阁（南海阁）、一线（南海子历史文化步道）、三宫（重建三宫）、九台、一寺一庙（复建德寿寺、宁佑庙）”的历史文化景观序列，形成“九台环碧，南海兴荣”湿地文化景观区。

“一阁”南海阁：位于二期主山上，高约 95m，雄伟壮观。阁内以文字、诗画、诗词及实物等丰富的展品，全面深入地展现南海子及大兴区历史文化。建成后的南海阁，将与北城的佛香阁，西郊的定都阁，东郊的燃灯塔，形成南北呼应，东西相望之势，成为城南文化复兴的标志。

“一线”历史文化步道：全长 1200m，用壁画、雕塑等活泼的艺术形式，串联起 14 个节点，展示辽金肇始、元代奠基、明代拓展、清中鼎盛、清末衰败及当代盛世建园六个历史时期发生在南海子重要历史事件，让游人了解南海子底蕴深厚的历史文化，仿佛漫步在历史的长河之中。

“九台”：公园二期的核心区通过挖湖堆山，形成了连绵起伏的山丘。我们将游人登高远望的需求，与历史上南海子囿台比较多的特点相结合，提出了“九台环碧、南海兴荣”的景观理念，并选择了南海子历史中九个轻松的、亲切的民间故事和典故，使每个观景台都有了喜闻乐见的主题。

（四）南海子管理服务区

管理服务于位于公园的外围地块，规划面积约 256hm^2。作为城市的大型公园绿地，应明确目标服

图 15

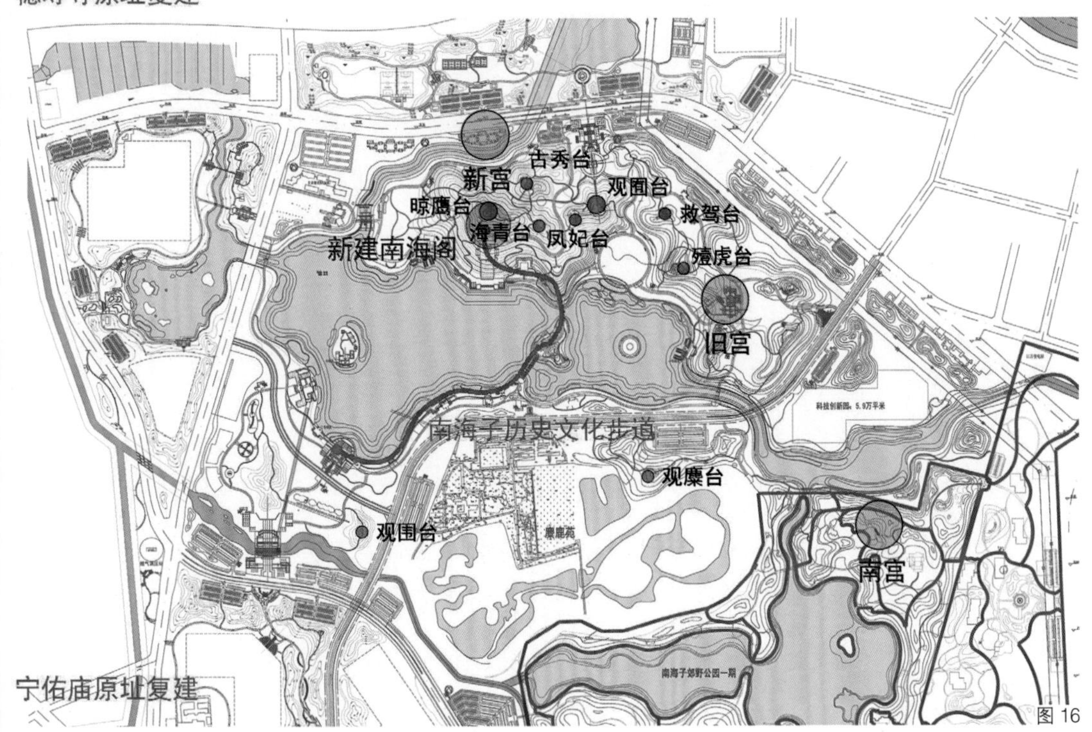

图 16

图 17　图 18

图 17　南海阁远景效果图
图 18　南海阁近景效果图
图 19　南海子历史文化步道
图 20　景观节点效果图
图 21　九台之一的观囿台效果图
图 22　南海子公园二期植物景观规划图

务人群，满足现代宜居生活的多种需求，将符合本地区发展特质和具有市场吸引力的功能项目引入该区，使公园形成可持续发展的产业模式。

1. 儿童科普教育基地

依托公园的麋鹿和湿地特色，构成公园吸引儿童和中小学生的科普内容。同时开展绿色能源和绿色生活体验，通过建立科普教育基地，使孩子们接触自然、感知自然。

2. 康体健身区

亦庄及周边缺乏集中、高端的体育健身场所，公园相应建立起配套完善、时尚新颖、原创能力强、服务人群众多的体育休闲项目聚集区，与大兴区全面重点发展体育休闲产业与文化创意特色产业的内容形成优势互补。

3. 综合服务区

以文化创意产业为特色，设置南城稀缺的艺术

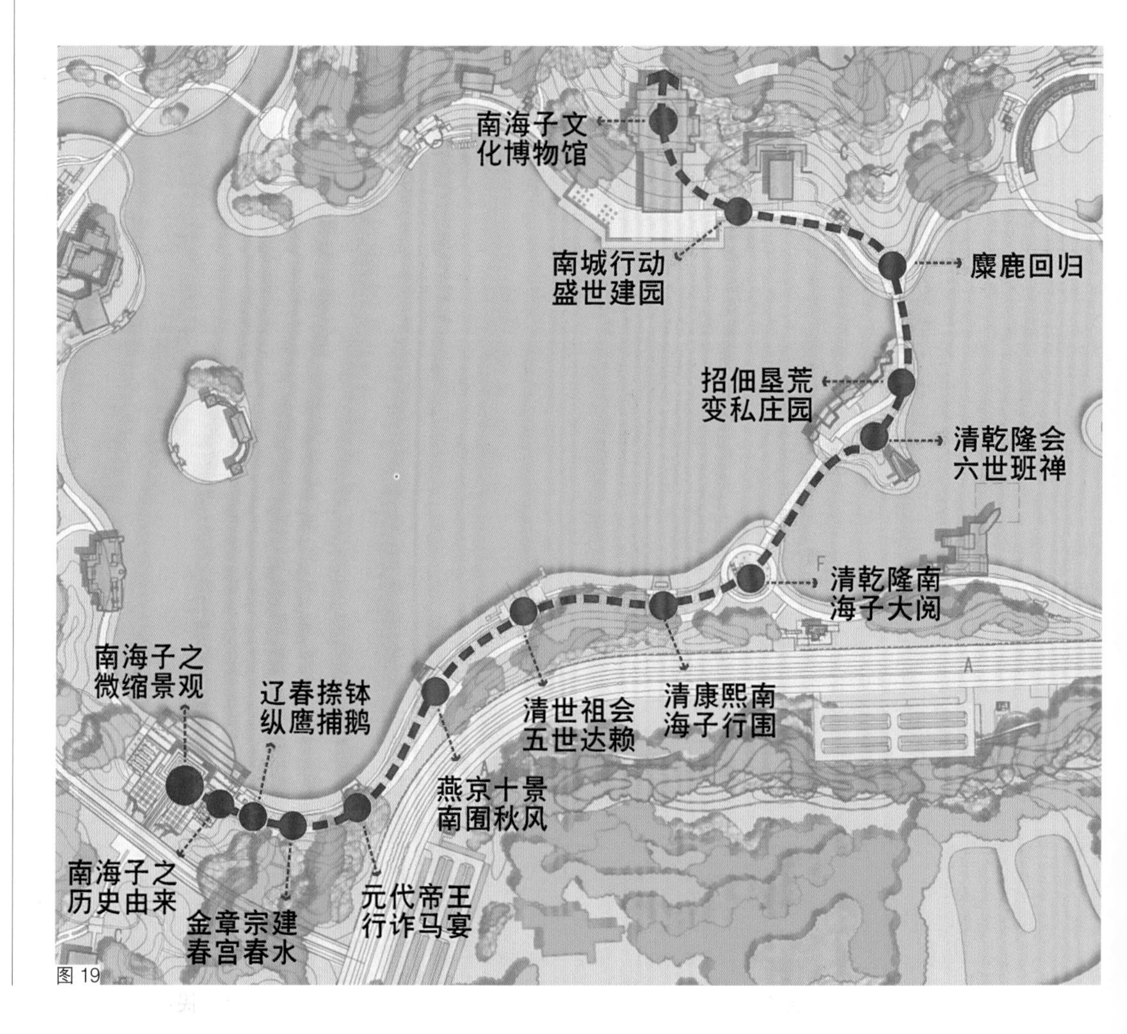

图 19

馆和艺术画廊，与周边创意产业相呼应，形成高雅文化聚集。

除了上述三个重点服务区外，还在园区西南部设置了养生度假区和森林露营区，以满足不同人群的休闲、娱乐需求。

九、植物景观特色

强调植物大景观的规划原则，塑造春有万枝花节，夏有湿地鹿鸣，秋有南囿秋风，冬有猎苑冬雪的四季景观。

春季，园内主山南坡种植的数万株春花，竞相开放、争奇斗艳，形成“万枝花节”的热闹场面。

夏季的“湿地鹿鸣”，将以麋鹿文化为特色的生态核心区重点保护，形成优美的湿地景观。

园内山地大量种植枫树、银杏、黄栌及新引进的观叶树种。满山色叶的秋景配以水边“芦花”，使明朝燕京十景之一的“南囿秋风”名副其实。

冬季的“猎苑冬雪”，银装素裹、万籁俱静，各种常绿树、冬姿树，装点着公园，一片奇异的北国田园风光。

通过合理的植物规划，一年中的每个时段，都分布有各类植物的最佳观赏期，形成“一日不同景，四季景相异”的景观特色。

十、交通系统规划

南海子公园对外交通十分便捷：北有南五环路服务北京城区，南有黄亦路服务大兴城区，东有三海子东路服务亦庄新城。同时，园区内新规划了多条城市道路，方便了游客自驾车或乘公交到达。公园共设有东南、西南及北面三个主入口，多个次入口和停车场。

园内道路分为三级，一级路是主景观道，管理车行，路宽 6m；二级路为自行车及人行道路，路宽 3 ~ 5m；三级路为游人步道，路宽 2m。主景观道串联园内各大景区，环湖布置。重要景点位置设置电瓶车站点，方便游人参观。

十一、综合效应

南海子公园一期已经建成，二期正在建设中，由于其鲜明的特色，已经形成了一定的品牌效应，初步形成了上下游的综合服务业的聚集，目前正在建设和拟建的项目有：

1. 周边吸引了中信城、金第万科·朗润园等大型高端楼盘，带来了人群的聚集。

2. 强化麋鹿特色，世界最大的麋鹿展览及科研中心正在筹建中。

3. 以南海阁为核心，吸引了一批知名的书画院和设计中心进驻，在南城形成高雅文化的聚集。

4. 以公园优美的环境为背景，为亦庄开发区的高科技企业和员工的会议会展、酒吧餐饮、购物等活动服务。

5. 体育健身基地及房车露营度假区正在规划中。

图 20

图 21

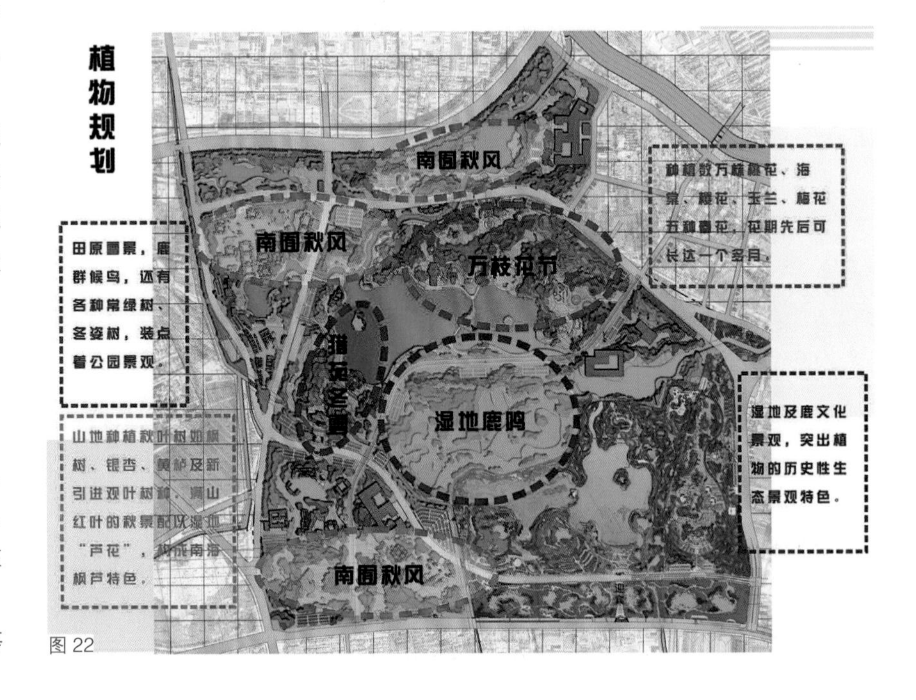

图 22

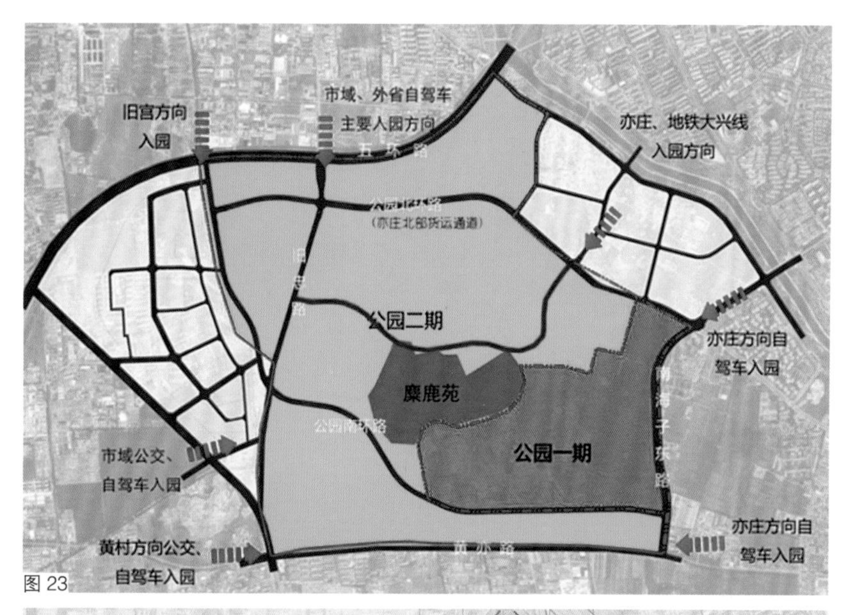

图 23

图 24

图 25

这些项目的引入已经形成了规划之初以大型公园引导区域发展的构想，形成了良性互动，为公园后期管理提供了可持续的发展的有力支持。

十二、结束语

通过大型公园的建设，将原来的相对落后的旧宫、瀛海地区，改造成为了环境优美的宜居宜业之城，并与高标准的亦庄开发区连为一体，完成了跨区域的环境及资源整合。建成后的南海子公园，将形成以麋鹿保护、生态湿地、文化传承为三大鲜明的主题特色，形成与北京北部奥林匹克森林公园和中心城区历史文化南北呼应的景观格局，成为北京南城复兴的标志。

参考文献

[1] 张友才．南海子史话．
[2] 北京市城市总体规划．
[3] 北京市绿地系统规划．
[4] 张英杰．北京清代南苑研究．

设计单位：北京创新景观园林设计公司
项目负责人：李战修
项目参加人：付　超　祁建勋　张　迟　郝勇翔
陈　佳　赵滨松　陈雷等
项目演讲人：付　超

图 23　公园对外交通分析图
图 24　园内交通系统规划图
图 25　全园鸟瞰图

我们身边的低碳花园

天津市园林规划设计院／王洪成　冯一多

通过近 4 年大于 900 天的市容环境综合整治，天津市的市容市貌发生了巨大的变化，城市特征更为清晰。在环境综合整治中，我们针对不同的用地性质，建立起人工与自然融合，景观与生态统一，以人为本的有机系统。在艺术创作上，天津的城市文化特征集中体现为“南北交汇、中西交融”，城市园林景观展示出城市的自然特征和地域文化特征。我们把西方的疏林草地与东方的造园艺术巧妙地结合起来，强调人与自然、人与生态的融合，形成具有时代气息的城市大区域园林景观营建体系，提升了城市的文化品位与整体园林环境景观水平。在充分感受这一系列艺术与技术相结合的作品所展现的景观效果同时，也引起了我们专业设计师对行业发展前沿问题的深入思考。

一、低碳花园创作背景

在气候变化和能源安全挑战日益严峻的背景下，低碳成为城市可持续发展的必然选择，也是全球减缓气候变化行动的关键。低碳发展的目标，一是保持经济的增长和保证社会的发展，2008 年世界环境日的主题就是“转变传统观念，推行低碳经济”；二是减少温室气体的排放，低碳的核心就在于减少碳源和增加碳汇。城市作为最主要的碳源，碳排放量占总量的 90% 以上，而且随着城市化的迅速发展，城市碳排放比重和数量还将继

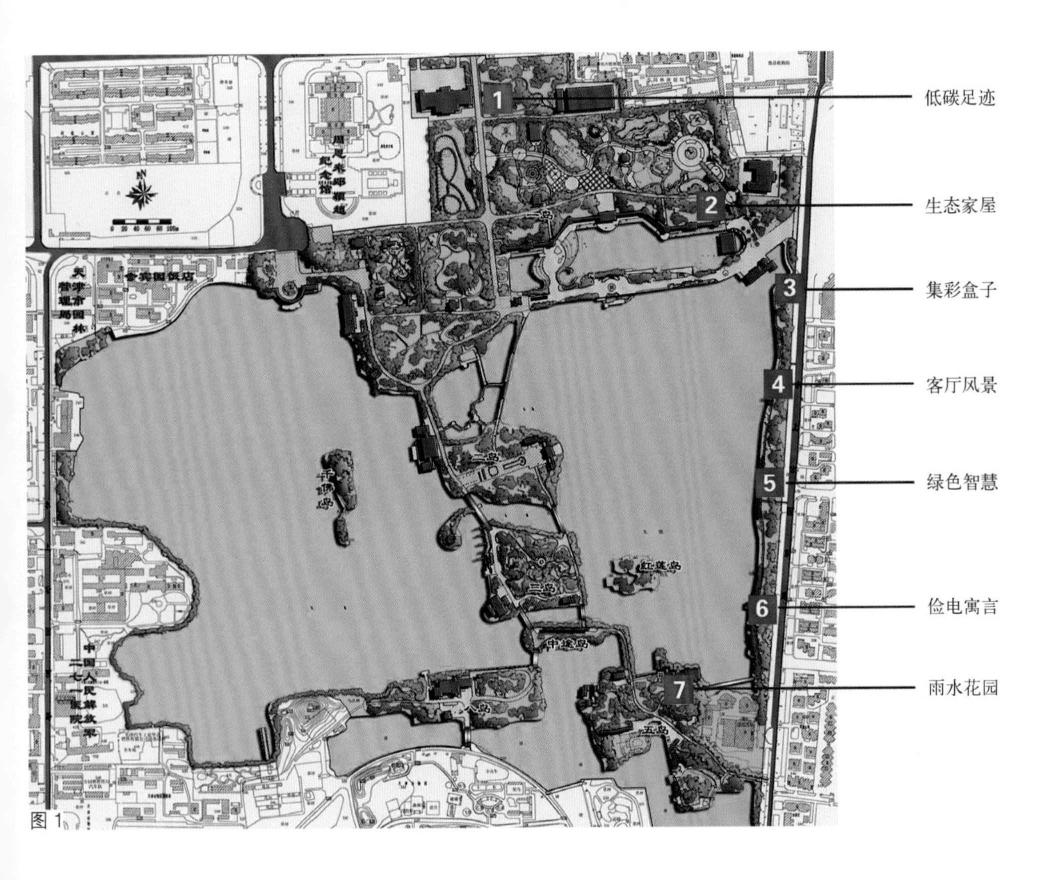

图 1　低碳花园平面位置图

图 2　可循环再利用的材料成为园林景观重要内容
图 3　废旧材料作为景观构成的元素
图 4　低碳生活方式融入环境景观之中
图 5　用低碳园林景观展示的方式提倡低碳生态的理念
图 6　可循环利用的废旧材料突显景观价值

图 2　图 3　图 4　图 5　图 6

续上升。然而，就我国现有的经济发展水平，大幅度地减少温室气体排放势必会对经济产生显著的影响。城市园林绿地作为城市最主要的碳汇载体，不仅可以具有美化环境的功效，同时也是实现城市低碳发展的重要手段，是低碳发展中不可或缺的一部分。从行业角度来讲，如何让设计出的作品更加有效地发挥低碳园林的功能，是园林专业设计师更为关注的核心内容。在园林景观设计中增加固碳能力强的植物种类和合理配置，选择碳排放系数低、耐久度高、后期维护少、可循环利用等材料，以及建造过程中使用低碳的方法、尽可能减少化石能源的使用等等，都为风景园林行业提出了新的命题。恰逢 2011 年天津市水上公园景点的提升设计，我们就从创作与实践的角度，将主要七个景点同低碳花园巧妙结合起来，把低碳的理念融于景点设计方案，并确定设计主题为"我们身边的低碳花园"。此次低碳花园创作实践活动，是我们风景园林设计领域应对低碳发展趋势、探索低碳实践的一次有益的尝试。

二、低碳花园的设计原则

七个低碳花园围绕"生态、低碳、再利用、可持续"的核心思想，每个花园分别设置一个主题，从不同的角度和层面来表现低碳的理念和内涵，总体上形成"概念、理念认知——技术、创意示范——参与、互动实践"的体系结构。花园的设计方案均围绕着能源与资源节约与可再生利用、低碳环保材料与技术、废弃物循环利用、节水型园林植物应用等主题内容，并坚持以下原则：

1. 低碳生态原则：在设计中全面贯彻"低碳、生态、减排、环保、可循环、可持续"的可持续性园林景观设计思想和原则。

2. 技术创新原则：在设计中广泛应用低碳新理念、环保新技术、节约型园林技术、可再生能源利用技术，最大限度地采用低排放新材料、可循环利用的废旧材料等。

3. 以人为本原则：设计方案实施后要能广泛引起观赏者的兴趣与关注，多设置参与性环节，适合于儿童、青少年、老年人等不同年龄段人群的认知、参与、互动。

4. 宣传引导原则：低碳花园本身具有科普性、示范性和导向性，能够引发人们对低碳生活方式的思考，唤起人们建设低碳城市的社会意识。同时，也要引导园林行业积极探索低碳园林建设的理论和方法。

5. 复制推广原则：设计方案中无论是理念、方法，场地利用，废弃材料的再利用，植物配置模式等，须具备实用性强、可复制、可推广的价值，今后对低碳公园、公共绿地的设计和建设有很好的借鉴意义。

三、低碳花园的主题和特色

花园沿水上公园北门、东门、东堤、五岛分布，形成"低碳足迹"、"生态家屋"、"集彩盒子"、"客厅风景"、"绿色智慧"、"俭电寓言"、"雨水花园"七个各具特色的低碳花园。通过对低碳理念的阐述和对低碳硬质景观、植物景观的合理布局，向市民展现出"我们身边的低碳花园"的主题创作思想与布局手法，以及简单易行的制作工艺。通过更广泛的层面宣传低碳环保的理念。

（一）"低碳足迹"花园

展示原生态主题，旨在启发观赏者对于人类赖以生存的自然环境的认识与思考。花园以浓缩的景观语言表达宏观的低碳理念，唤起人们的低碳价值观和生活导向。人类生活在世界上，衣食住行的方方面面都直接影响地球环境的碳循环。从某种意义上讲，人只要"存在"，就会留下"碳足迹"，而决定人类现今和未来生存环境的，是人的能源意识，是人类行为对自然界产生影响的多少。"足迹"花园通过三个具有不同园林特征的足迹景观组成，表现出"农耕时代（人与自然和谐共生）——工业时代（人类对自然侵占与破坏）——后工业时代（人类回归对自然的尊重）"的不同特征及其演化过程。

（二）"生态家屋"花园

展示栖居环境主题，探索人类生活与家居环境的低碳形式。家屋是与人类生活最密切的建筑类型，是人和生物圈中最重要的栖居体系。"生态家屋"花园围绕"家"的概念，为参观者诠释低碳营建与绿色家园之间的密切关系，号召参观者将低碳概念融入自己的家庭生活中，使地球家园更绿色、更健康。花园通过营造五彩树屋、温馨家园、乐活教场三个生活场景，分别象征了居家中最重要的活动场所——卧室、起居厅和庭院，以生态的手法为参观者展示生活家园如何与生态环境和谐共生。

图 7

图 8

图 7　用足迹景观展现出碳足迹对人类生存环境的影响

图 8　低碳的理念体现在家庭生活的各个环节

图 9　用废旧的油料桶围合而成的集彩盒子展园
图 10　用废旧的集装箱讲述客厅风景的低碳故事
图 11　让废旧的机箱展示出绿色的智慧

图 9

图 10

图 11

（三）“集彩盒子”花园

展示生物环境主题，突出表现自然界生物多样性与能量流动、物质循环的密切关联。简单的材料、形象的表达、环保的能源，是“集彩盒子”花园的景观语言要素。“集”——废弃的油料桶围合成的池中栽植水生、陆生植物，放养小鱼，并利用太阳能动力进行水循环给养，各种能量汇集其中；“彩”—— 环保涂料喷涂的彩色油桶，摇曳嬉戏的彩色蝴蝶，色彩丰富的低碳植物，这里是多姿多彩的大自然的缩影，是一处动感绚丽的色彩天地；“盒”——每个种植池就相当于一个盒子，每个盒子里都充满了能量，这些能量不断循环、生长，带来未来的希望。

（四）“客厅风景”花园

展示人与自然关系主题，用朴素的低碳生态语言和景观符号来表现人与自然和谐的内涵。用低碳生态语言体现潮流生活方式，旨在实现人与自然的对话，人与景观的和谐。设计师淡化了客厅与庭院的硬质边界，将居家的悠闲外延到了整个花园的自然感观，田园与居室的交错间，散漫着清新怡然的闲趣。经过修整的废旧集装箱担任了客厅的角色，其屋顶的花园不仅美化了“第五立面”，兼有热量隔离分散功能。客厅外，油黑的旧枕木、白色的细砾石静静相对，纤绿的茅草随风低语。装有轨道的移动花池是其中的活跃元素，可根据需要的日照量进行移动，也可以根据心情来摆布，演绎动态的空间风景。

（五）“绿色智慧”花园

展示低碳环保主题，启发人们对日益增加的电子废弃物再利用和可持续管理的智慧。电脑是人脑智慧的结晶，诞生至今 50 多年的迅猛发展，它日益深入到社会的各个领域，改变了人类传统的生活方式。但是与此同时，淘汰计算机的数量大幅增长。显然，我们没有做好迎接这些电子垃圾的准备。我们需要与自然相处的智慧，和让这些过时的计算机重新运转的智慧。“绿色智慧”花园利用机箱外壳、电线、光盘等废弃物，让失去“计算”功能的计算机以绿色低碳的方式重新“运转”。白砂、电线、机箱组成的网络花田；算盘式的移动机箱花钵；可帮助计算的数字及运算符号；悬挂光盘的算珠构架，引导观者走进一个会算数的花园。

（六）“俭电寓言”花园

展示低碳消费的主题，倡导人类对自然资源的适度利用和节约的生活方式。电能，从其生产到消费的各个环节，都密切联系着能源的消耗与污染物排放。"度"是人们日常对电能的计量单位，人对电能的消耗更需要有"度"。电缆轴是电传输过程中的一个"小零件"，从侧面的信息记载着电流的往来，并量度着人们对自然资源占有的膨胀。在"俭电寓言"花园中，直径2.8m的木质电缆轴是主构筑物，并通过直径在0.56～2.2m的质地不同的电缆轴的组合布置，结合植物形成高低错落的景观层次，"丝兰雕塑"设计成仿生节能灯景观小品，表达了能源对我们生活方式的影响。

（七）"雨水花园"花园

展示水资源再利用主题，通过雨水收集和再利用系统宣传普及低碳节水技术的应用。展示以倡导低碳的景观元素与精细化园林配植相结合概念作为设计主线，通过浓缩后的景观元素展示雨水收集和再利用的过程，向公众宣传雨水资源回收与利用的重要价值。花园在满足展示功能的前提下最大限度地强调公众的可参与性，花园主体景观为一组完整的以雨水"收集——利用——再回收"为模式的浓缩水循环系统景观，模仿雨水自上而下浸透"城市绿化"和"道路铺装"后，最终被一条有序的收水系统所汇集，经过沉淀和自净后达到再次用于城市绿化灌溉的功能作用。废旧的雨伞、水缸，以及高透水率的碎石、树皮等，使"贴近生活"与"展现自然"二者有机地融合在雨水花园的景观效果中。

四、低碳花园的布局与构成元素

（一）花园布局突出低碳主题

以"碳足迹"作为花园展示的开端，通过足迹的布局思想建立起景观的视觉引导，通过立体绿化墙的空间围合，以废旧的电风扇和钢板废料组成的鸟群雕塑，形成较强的视觉冲击力，调动游人对低碳环保景观内容的兴趣，引导大家去寻求温馨家园的生态感受。在"生态家屋"花园中，就是把这种家庭的气氛通过简洁的布局手法，以绳创构成的家屋、坐凳、鸟笼等生活情节展现出来，通过以观赏草和观叶植物相结合的流线花境体现出和谐自然的生态家园。追逐多彩的自然，在一群好似飞舞的蝴蝶嬉戏的场景作为集彩盒子的布局特色，通过废弃的油料桶围合而成的种植池好像蝴蝶摇曳的翅膀，在充分利用现状地形高差的

图12

图13

图14

图12 电缆轴的不同组成部分形成花园景观层次、色彩、肌理的变化
图13 把雨水回收、利用的过程用景观语言描述出来
图14 用景观方式展示寻找温馨家园的生态感受

图 15　用不同色彩的壁挂花箱体现出立体绿化的景观效果

图 16　用废旧的风扇叶形成雕塑小景

图 17　极具神采的光盘算珠

图 18　用钢板废料制作的鸟群雕塑

图 15

图 16

图 17

图 18

同时通过错落有致的布局方式，最大量地展现多彩的视觉空间。

“客厅风景”通过动态花园的方式，展示出庭院花园的秩序、韵律与色彩。以废旧的枕木为构成主要元素，点缀可移动的轨道花车，建立起多种组合方式的动态花园，同整修后的废旧集装箱形成的客厅相互映衬，展示出客厅外的浪漫情趣。与之呼应的另一个动态花园“绿色智慧”通过错落有致的计算机机箱组成的移动花钵构成方形网络花境，形成平面与立体的空间呼应，并建立起以废旧光盘围合的珠算空间，让废弃的电子垃圾重新焕发出绿色智慧的光芒。以圆形空间为布局要素的“俭电寓言”花园通过高低错落的电缆轴形成立体花园。它不但通过废弃的电缆轴零件作为地面汀步，更通过写意的电缆线串联起平面与立面的空间关系，表达出俭电是我们生活中非常重要的环节。

对雨水的收集利用再回收是我们低碳生活的重要组成部分，雨水花园在布局上通过立体的水循环系统和立体花架的组合，形成围合的水循环景观体系，点缀景观雨水收集小品。通过小径、花境、花钵、雨水收集池等建立起多角度多层次的雨水收集和再利用的循环体系。在突出游客广泛参与的同时，展现生活中的雨水花园。

（二）构成元素突出低碳材料

景观小品在不同的主题花园中形成不同的风格，从而构成花园景观的主体部分。在低碳花园中，景观小品其丰富的造型同主体协调统一，并展示出独有的景观特色。虽然它们的风格与个性从属于花园主体的要求，但它们能最大限度地体现花园主题思想。

1. 景墙、花架：同低碳足迹的主题相协调，采取防腐木景墙围合空间的方式，在景墙上点缀不同造型的花钵，体现立体绿化的景观效果。俭电寓言花园以电缆轴花架组合作为景观主体，平放、立置大小不同多角度摆放的电缆轴构成多彩的花架组合空间。雨水花园中的水循环花架通过布置多品种的花卉，错落有致的花架，展示出雨水收集的理念、方式、方法，使得景观特色更贴近生活。

2. 雕塑小景：雕塑小景是低碳花园体现主题特色的重要组成部分，它不仅要展现出自己的特色，更要体现不同花园的主题思想。低碳足迹花园采用废旧的电风扇扇叶组景，把飘逸的扇叶装点成醒目的红色，同钢板废料制作出的鸟群景观相互映衬，烘托出花园的创作主题。以钢管为主结构，通过绳创的方式形成的树屋、坐凳、鸟笼，其质朴的构成肌理与色彩营造出低碳生活的和谐氛围。三组悬挂的光盘算珠，在阳光的反射中极具神采，好似在启迪着低碳给环境带来的绿色智慧。俭电寓言中的仿节能灯小景和雨水花园中的竹筒跌水以景观语言的方式向大家叙述低碳故事。

3. 组合花坛：为形成更为突出的色彩视觉空间，建立起多角度多层次的立体花境，以集彩盒子花园的油料桶花池相互契合的组织方式和绿色智慧中层叠的可移动机箱花钵，把组合花坛的构成方式

图 19

图 19 不同高度的机箱花箱构成的立体花坛
图 20 手摇发电机布置在花园中，体现出寓教于乐
图 21 采用不同时期开花的宿根花卉形成的花境效果

图 20

图 21

图 22　把不同品种的草进行组合，体现出飘逸的自然情趣
图 23　体现花卉不同视角效果的组合花境
图 24　观叶与观花植物组成的立体花架

图 22

图 23

图 24

提升到极致。这种方式既创造了极好的艺术美，同时又把低碳的内涵诠释的更为清晰。

4. 参与互动设施：低碳花园的广泛参与是游人非常热衷的内容，通过俭电寓言中的手摇发电机和雨水花园中的手推压水泵让大家在参与中体验低碳的生活方式，更广泛的把园林艺术与低碳的思想融合在一起。既丰富了花园本身的景观效果，又增加了更多的情趣。

（三）植物配置突出低碳效应

在花园中通过易于管理、节水耐旱的宿根花卉和各种观赏草类，通过色彩、形态、季相、层次的合理配置形成花、草和现状植物的巧妙组织，充分运用其自身形态原体的特征，通过组合的方式，使之呈现出多彩盎然的景观效果，让游人更多的感受与自然共融的景观品质。

1. 花境：通过金鸡菊、婆婆纳、虞美人、金叶薯、彩叶草、粉八宝、石竹、勋章菊等，建立富有自然特征的花卉组合。

2. 草境：采用芒颖大麦草、玉带草、狼尾草等各种芒草同花叶芦竹进行组合，并点缀水葱，形成飘逸的自然情趣。

3. 组合花坛：以不同色彩的搭配，体现花卉组团不同视角的景观效果，有玉簪、观赏羽衣甘蓝、金娃娃萱草、宿根天人菊、细叶美女樱、金叶薯、五彩樱桃椒、睡莲、千屈菜、黄菖蒲、火炬花、紫松果菊、美国薄荷、圆叶石莲、金鸡菊等。

4. 立体花架：强调观叶与观花植物的搭配，突出植物间立体层次与色彩的空间变化，有垂吊牵牛、绿萝、玉带草、彩叶草、常春藤等。

五、结语

在低碳花园展展出期间，吸引了众多游客的驻足欣赏，并不断询问，从设计理念到艺术手法，从废旧材料回收应用到制作工艺，我们向参观市民进行详细讲解，广泛宣传了低碳环保理念，引起广大市民的强烈反响。花园低碳环保的主题，以园林景观形式宣传低碳环保理念，推动行业在风景园林设计中的发展与展望，展示低碳节能景观，突出参与互动，引导广大市民以自己的实际行动参与到建设低碳环保型社会中来。七个花园采用的低碳植物，再生资源及其他环保型材料，制作精细，主题突出，各有特色，从不同角度向游人展示：低碳生活不是一句口号，而是我们身边的每一件小事，从我做起，生活会更美。

设计单位：天津市园林规划设计院
项目负责人：王洪成
项目参加人：王洪成　陈　良　杨一力　张云卿
冯一多　刘　美　周华春　王　威
金文海　陈晓晔　吉训宏　尹伊君
胡仲英　郑国祥　魏　莹　胡爱琳
扈传佳　张歆琪　王雅鹏　刘曼苓
侯　敏　赵志伟　丛　林　薛广平
张乃成　邢丽娟　张云鹏　孙长娟
项目撰稿人：王洪成
项目演讲人：冯一多

地域性园林设计

——湖州仁皇山公园详细规划

杭州园林设计院股份有限公司／周　为　李永红　程林植

湖州仁皇山公园位于仁皇山分区西部，东侧为湖州市行政中心区。公园总占地面积为325.48hm²，是湖州市内最大的一处具有生态保护、游览观光、休闲娱乐、康体健身、文化创意等功能，与城市紧密相依、和谐共生的市级综合性公园。

主要包括仁皇山山体和少部分水网平原。仁皇山是弁山群峰深入市区北部的丘陵山地，最高海拔为211.3m，最低海拔约2.0m；面积达250.48hm²，占公园总面积的77%。水网平原主要分布在仁皇山山南，面积为75hm²，占23%。

仁皇山分区位于湖州市中心城区北部，南距老城中心约2.5km，北距太湖约4.5km，是湖州城市的行政中心区、文化体育中心区、教育科研基地和重要的生活居住区，是湖州城市近期建设的重点区域和建设园林城市、生态城市重要舞台。

仁皇山公园的建设对于增加城市文化底蕴，展示湖州传统特色文化也提供了一个绝佳的载体，使之成为既充满历史文化和地方特色，同时又彰显时代气息的风景人文旅游区。

作为湖城文化主山弁山之余脉、旧名凤凰山，以山形似凤凰，故名。唐代时，创仁王寺，后故改名仁王山。仁皇山就由仁王山而来。

仁王寺位于仁皇山南，历史悠久，为纪念西楚霸王项羽。颜真卿当湖州刺史时，茶圣陆羽请其题刻碑记，即《项王碑阴述》。清朝朱彝尊诗《由碧浪湖泛舟至仁王寺饭句公房诗》写道："我爱仁王寺，

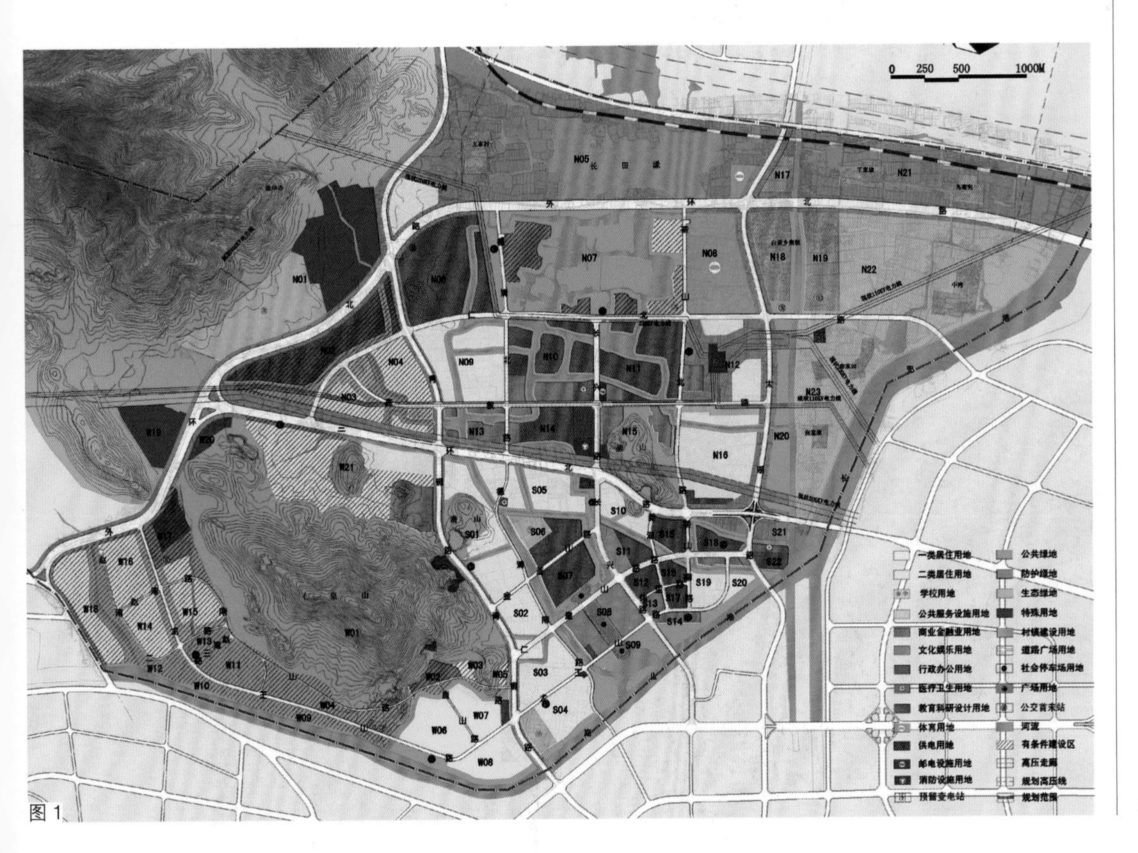

图1　分区用地规划图

图2　区位图
图3　颜真卿像
图4　仁皇山现状
图5　现状内外交通分析图
图6　规划结构图
图7　功能分区图
图8　主要景观网络构架图

图2

图3

图4

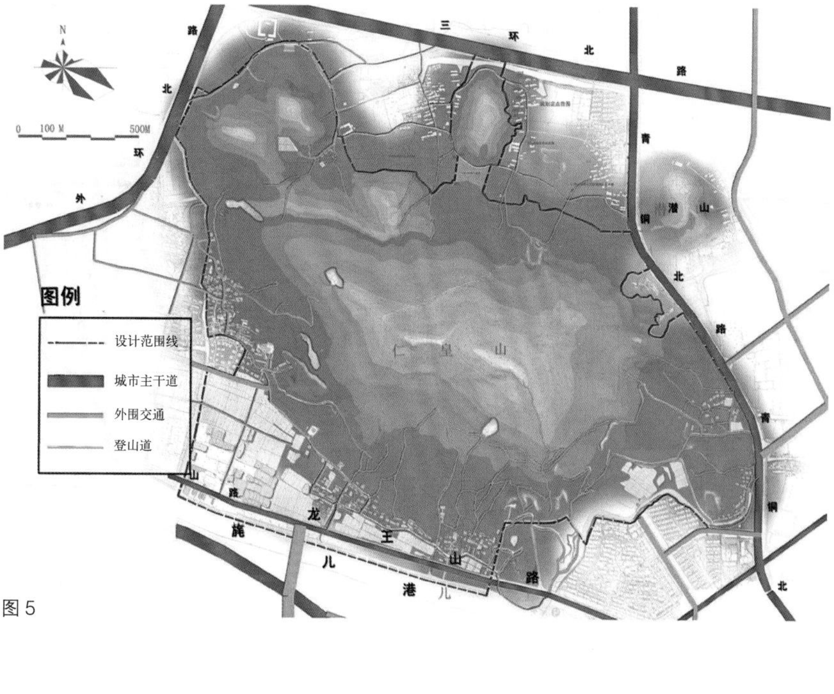

来经碧浪湖。到门千树合，登阁一峰孤。仁王寺始于南北朝至近代、中间屡废屡建，而且仁王山历史上有阁与寺齐名。

一、基地特征与发展对策

1. 现状山上自然景观普通，人文景观太少，对游客缺少吸引力。用地内基础设施建设滞后。现状开发非常薄弱，尚未形成旅游休闲氛围。前期开发建设需要投入的人力物力和资金比较大。

2. 公园紧邻行政中心，区位关键。建设需呼应城市新区的价值追求和发展模式，并强调对分区形象展示和生活品质的贡献。用地广大，环境容量大，可支持多样的活动安排，公园建设应利用充足的空间资源，注重综合效益的发挥和多目标的达成。

3. 城山关系密切，周边路网发达，山地公园特征明显。设计应主动关注城市需求，实现公园景观建设与城市建设的协调发展。

4. 挖掘场地人文信息，适当恢复名胜古迹，恰当表现以桑蚕、茶、渔为代表的传统农耕文化和民俗文化，发扬当代创意文化，丰富公园的文化内涵。

图5

二、详细规划

（一）规划结构

一心：文化“心”

一环：休闲“环”

两片：山林片和平原片

双轴：南北向景观控制轴

东西向景观控制轴

多区：沿休闲景观大道两侧的多个景区

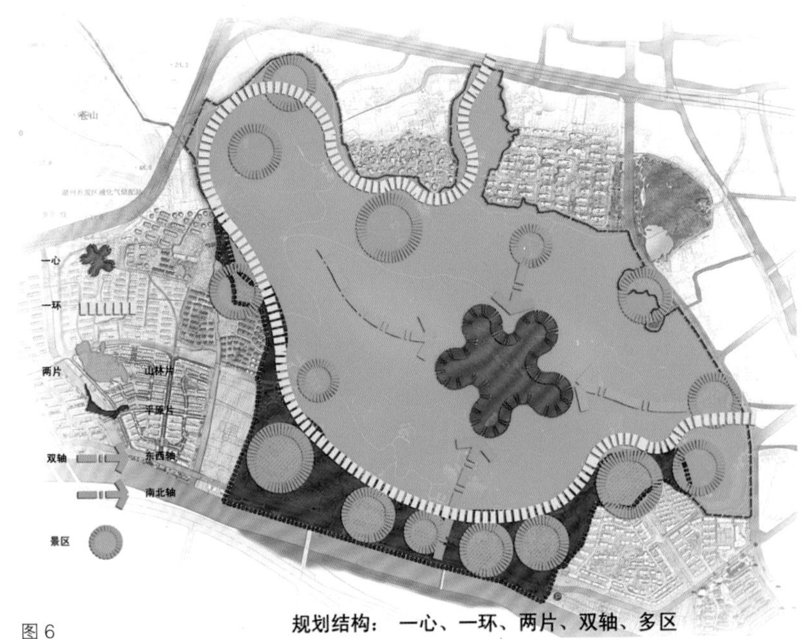

图 6

（二）功能分区

主要功能区包括：入口区、仁皇飞云景区、青少年拓展园、水生花园、文化创意园、仁皇民俗商业区、特色会所区、山水清音景区、赵湾生态农庄、香雪梅灿景区、枫坞花溪景区、曲竹石幽景区、山林户外活动区、山林保育区、滨水景观活动区。

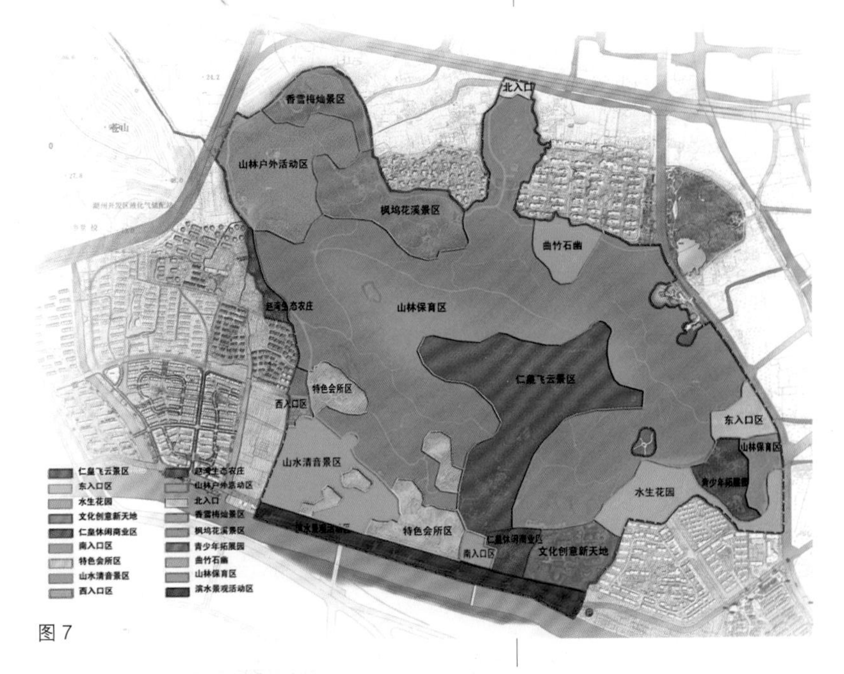

图 7

（三）主要景观网络构架

一阁、一寺、一街、一园、十大景点、十大特色植物、十二组特色会所。

（四）主要景物规划

1. 主入口景区

（1）东入口：临青铜北路。以大门—树阵—凤凰雕塑—石牌坊形成引导空间序列，指引游客上山。轴线北侧以水塘为中心，安排集散广场和游客服务中心。

（2）南入口：位于龙王山路上，安排南山主要景观轴线。以接山桥—大门—牌坊—山门—仁王寺—仁皇阁形成空间序列。大门处形成南部出入集散广场，并安排游客服务中心和停车场。

2. 仁皇飞云景区

公园的核心景区，安排仁皇阁、仁王寺、凤凰台、摩崖石刻、碑亭等。

仁皇阁建筑面积 5600m^2，采用传统楼阁样式，巍峨耸立，古朴庄重，雄秀兼得。仁皇阁的主要作用：(1) 为仁皇山补景，平衡整个景区艺术布局；(2) 成为仁皇山分区的景观标志；(3) 重现湖州历史及民俗风情。

利用原有仁王寺进行重建，入口处设碑亭，放生池，轴线上安排山门、天王殿、大雄宝殿、藏经阁等。

3. 青少年拓展区

在用地东南角，利用原有开山宕口，安排青少年拓展园。主要安排有陶艺馆、航模俱乐部、攀岩墙、责任田、童趣园。

可开展的活动有攀岩、种植、采摘、捉鱼、制陶、

图 8

图 9　东入口鸟瞰图
图 10　南入口实景图
图 11　仁皇飞云鸟瞰图
图 12　青少年拓展区攀岩效果图
图 13　青少年拓展区游乐场效果图
图 14　文化创意园鸟瞰图
图 15　仁皇民俗商业区鸟瞰夜景
图 16　特色会所区建筑 1
图 17　特色会所区建筑 2

图 9

图 10

图 11

图 12

图 13

航模比赛等，形成趣味十足的场所。

4. 文化创意园

结合本地块的区位、交通的便利性，建设一处当代文化人的雅聚和度假场所，引领时尚文化，追求艺术之"潮"。

文化创意园总建筑面积控制在10000m^2，功能主要有文化创意论坛、艺术画廊、艺术品拍卖和创意制作工坊。

5. 仁皇民俗商业区

位于仁王寺前，是山南主要聚集人气的场所。商业区背山面水，中设风情广场，采用街的形式，安排特色商业建筑采用传统建筑形式，结合店面招牌，形成富于家乡风情并以乡土餐饮、特色名品、民俗陈列、民俗表演为主题的商业区。

6. 特色会所区

会所主题包括文化、美容、时尚、艺术、礼仪、商务等共十二项内容。选址突出山林之幽和平湖之美，山地会所背山面水，以山水胜；临湖会所以湖景胜。每幢会所面积不等，根据基地条件在1200～

图14

图15

图16

图17

图 18

图 19

图 20

图 21

图 22

3000m^2 之间变化。建筑基本上采用含有传统文化元素的现代建筑形式，以坡屋顶、大玻璃、木构件、石砌墙等元素为主。

建筑要求和而不同，整体风格较为一致，细节追求自身特色。会所建筑整体上要求与公园大环境完美结合。

7. 山水清音景区

仁者乐山，智者乐水。利用原有低地和鱼塘，沟通、整合形成大水面“湾湖”。湖中堤岛众多，水面聚散有致，空间曲折多变，自然景观丰富。

围绕水面安排文化广场、文化长廊、阳光草坪、文化陈列馆、古桥陈列园。景区景观突出雅致和秀美，和新区景观相协调。

8. 枫坞花溪景区

在山地西北角利用林相改造，剔除长势差的马尾松，种银杏、枫香、三角枫，形成赏红叶的游览胜地。利用原有截洪沟，改造为花溪。并点缀云水居、扫花居等休闲服务建筑。

9. 曲竹石幽景区

在东北坡开山宕口处安排一组传统园林，园林采用前院后园的布局。前院为游客提供品茶、简餐功能，后院利用太湖石假山修复山体，结合跌水、池塘进行巧妙造景，并广种毛竹，营造“曲竹石幽”的景观特色。

三、地域特色及文化特征表达和自然生态的延续

湖州是一座山水园林城市，更是一座历史文化名城，对于湖州历史文化的传承发展是规划中必须也是首先要考虑的问题。

（一）仁皇山公园对于湖州水利文化的借鉴

溇港（塘浦）圩田系统历史上是太湖流域地区桑基圩田、桑基鱼塘的重要基础，也是催生“吴越文化”、“鱼米之乡”、“丝绸之府”、“财富之区”的重要载体，古太湖流域“水高地低，湖荡棋布，河港纵横，墩岛众多”，湖州地区春秋战国至唐前期为圩田萌生起步时期；唐中后期至五代为塘浦圩田快速发展时期；宋代以后为大圩古制解体及水利转型时期；元明清为溇港圩田、桑基圩田（塘）快速持续发展时期。

溇：指“通往湖泊、分布频密而又绵绵不断的小河”。本文所提的“溇”系指东西苕溪宣泄洪水、自南而北通往太湖、分布在大钱港以东频密而又绵绵不断的小河。

港：指位于大钱港及以西并“与江河湖泊相通的小河”。

塘：“堤岸、堤防，如河塘、海塘”。史籍所称

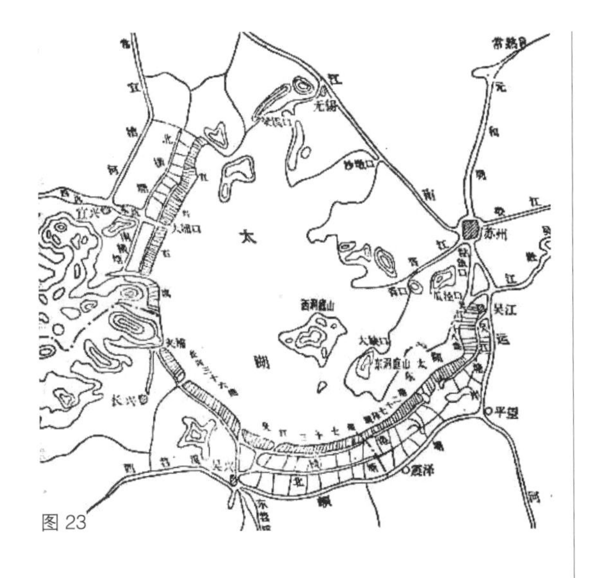

图 23

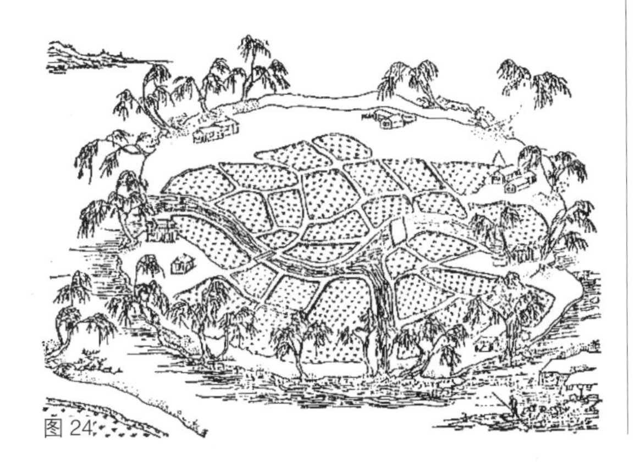
图 24

图 18　从仁皇阁看山水清音景区
图 19　山水清音一主湖面
图 20　枫坞花溪鸟瞰
图 21　曲竹石幽鸟瞰图
图 22　总体鸟瞰图
图 23　唐代塘浦圩田系统图
图 24　圩田工程示意图

图 25

的塘，"皆以水左右通陆路也"。太湖流域地区则通常是指东西走向并连接各纵向的人工河流水系，如北横塘、南横塘、双林塘、练市塘等。

浦："通大河的水渠"。《吴郡图经续记》卷下"治水"，篇载："或五里七里而为一纵浦，又七里或十里而为一横塘，因塘浦之土以为堤岸，使塘浦阔深，堤岸高厚，则水不能为害，而可使趋于江也。" 古代的港、浦、渎均指与江河湖泊相通的小河、沟渠。

圩田："又叫做围田。圩，即堤的意思。围田、圩田就是筑堤以绕田的意思"。即指"水行于圩外，田成于圩内"的农田，在历代劳动人民的辛勤耕耘下，自晋汉以来太湖流域地区逐步形成了"纵浦（溇）横塘，位位相接"的棋盘化的水网圩田系统。

我们在水系和竖向设计的时候，最大限度的保留场地内的原有水塘和溇港，同时在开挖大水面的同时保留很多堤岛，使山脚平原水网地带的地表肌理能和周边区域形成完美的融合。

图 26

（二）仁皇山公园对于湖州文化特征传承

湖州地处水网平原地带，历史文化非常深厚：基地内水域、河网、农田、聚落共同构成主要的人文地理景观是以湖丝、茶为代表的农耕文化的天然载体。

以湖剧滩簧、丁莲芳、诸老大、周生记等为代表湖州民俗文化。结合仁王寺前广场和公园景点的建设，将民俗文化嵌入景点服务、茶馆、餐饮、特色商业中去，通过"活"的展示和演绎，给民俗文化注入生机。

将湖笔①、绫绢②等文人文化通过开辟文化创意园的形式，让书法家、画家、艺术家齐聚一堂。

（三）对江南园林及建筑特色的发扬

在尊重现状自然山水格局的前提下，显山露水，形成大气开放的市民休闲空间，突出公园的公共属性。

湖州自古富庶，著名的私家园林有很多，尤以明清为盛，因此在公园的一些建筑上尽量采用传统风格。

仁皇阁是一座仿古（宋）的江南风格的楼阁式建筑，设计特别注重从城市几个主要景观点来确定主体建筑的体量、高度与形态，形成从城市远观造"秀"、近看造"雄"的特点——即从城市远观仁皇阁，阁的造型及尺度与仁皇山山体轮廓线协调。而从近处看，仁皇阁又有一定的规模与气势。

恢复仁王寺采用传统寺庙格局和形式，中轴线上安排有山门、天王殿、大雄宝殿和藏经阁，形式为歇山和重檐歇山，两侧建筑为硬山。色彩采用黑筒瓦、黄院墙、栗色柱。

将代表湖州和仁皇山历史特征的文化碎片以地雕、浮雕，雕塑的形式通过有序列地组织进游线中，增加公园的内涵和观赏深度。

（四）山体林相改造对自然生态的延续

现状山林生物多样性低，林内常绿针叶树种只有马尾松和圆柏，阔叶树种有香樟、女贞等，林下灌木种类稀少。由于山体内多为单一品种次生林，

① 湖笔，被誉为"笔中之冠"。湖笔之乡善琏镇，相传秦大将蒙恬"用枯木为管，鹿毛为柱，羊毛为被（外衣）"发明了毛笔，因此善琏建有蒙恬庙供之。

② 绫绢，特点是轻如蝉翼，薄若晨雾，质地柔软，色泽光亮。绢可代纸作画泼墨，绫则用作装裱书画，还可制作戏剧服装、台灯、屏风、风筝、绢花等工艺美术品。由于绫绢装裱书画具有平挺、不皱不翘、古朴文雅的特点，所以自唐代起就被列为贡品，有"吴绫蜀锦"之称。

图 27

图 28

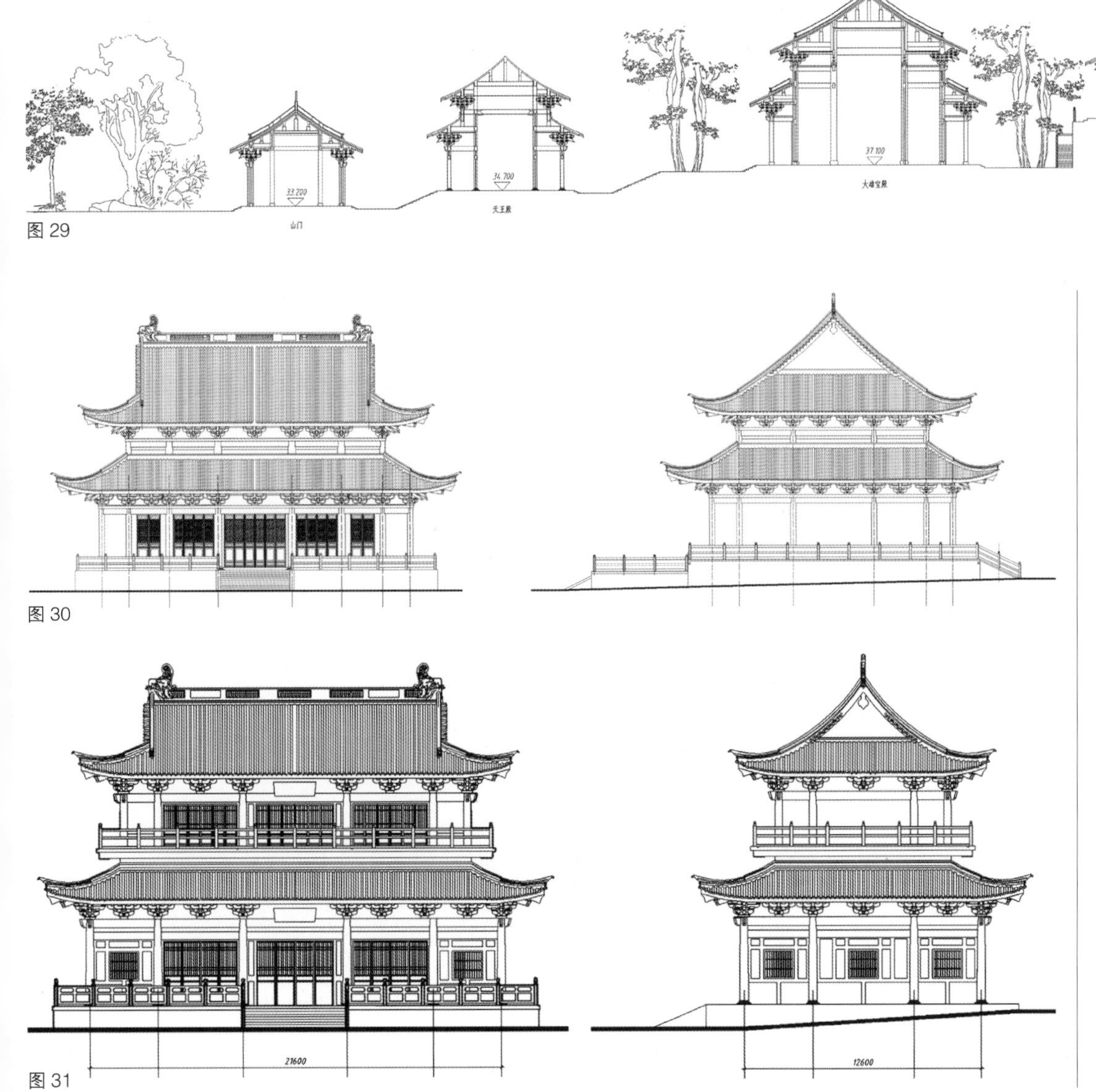

图 29

图 30

图 31

图 25 “横塘纵溇”示意图
图 26 规划水系分布图
图 27 山顶茶室实景图
图 28 仁皇阁近景
图 29 仁王寺中轴剖面图
图 30 仁王寺大雄宝殿
图 31 仁王寺藏经阁

图 32　山体现状植被类型分析图
图 33　山体林相景观改造分布图
图 34　宕口修复断面图
图 35　宕口现状图
图 36　宕口修复效果图

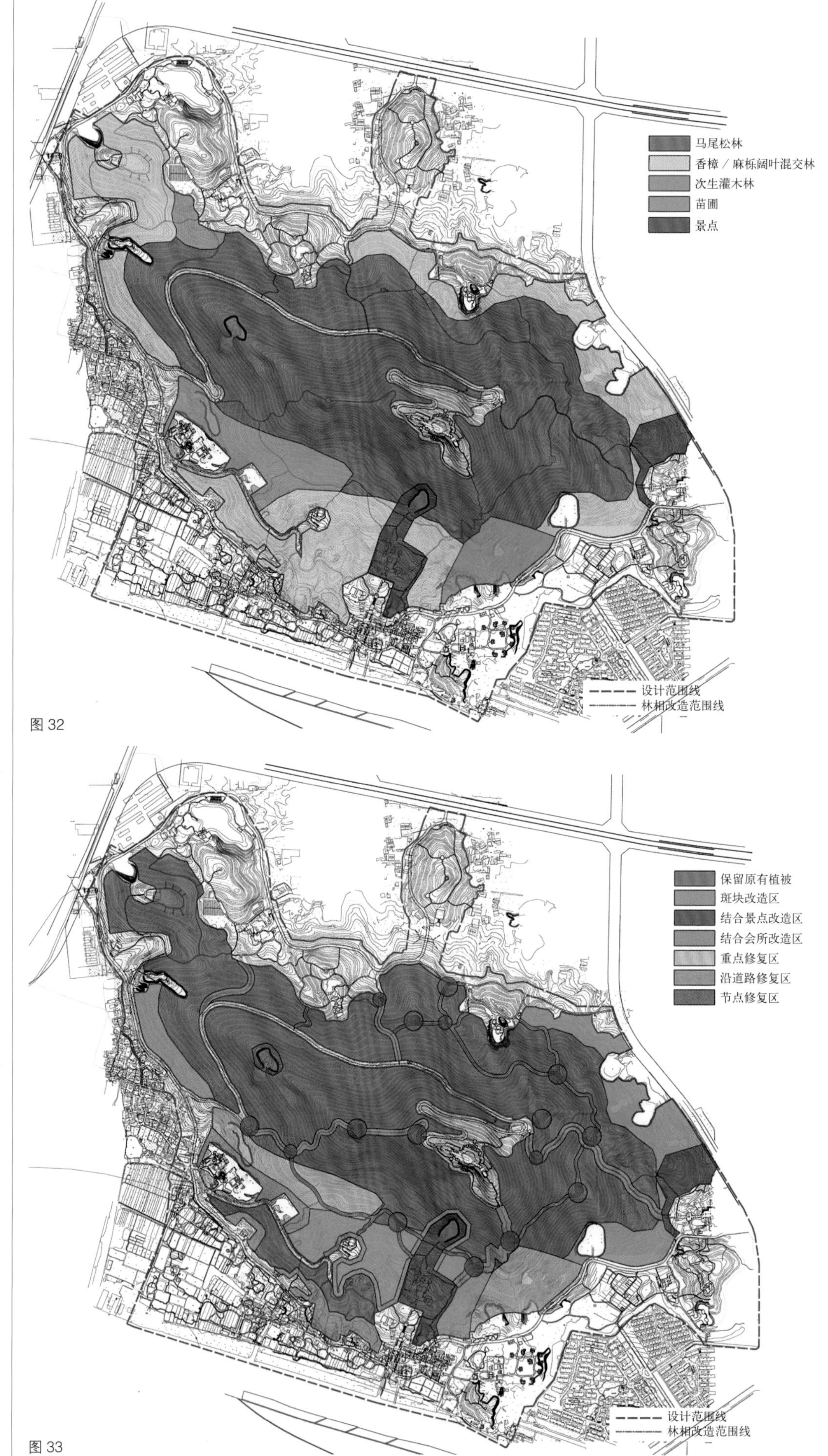

图 32

图 33

生态关系简单，管理工作欠缺，造成植物生长局部郁闭度过高，通风透光条件差，从而为一些病虫害的大量繁殖创造了有利条件。林相较差，缺乏植物景观亮点和特色；层次结构简单，缺乏季相变化；并且区域内缺乏蜜源和种实植物，很难吸引昆虫、鸟类和其他森林生物前来取食、栖息。

通过充分考虑原有林地的群落现状、立地条件和景观总体规划等因素，在遵循合目的性的平衡律和合规律性的协调律等林相美学原则下，依照森林景观生态学的“斑块”、“廊道”的景观结构原理，采取“点”、“线”、“面”结合的布局结构，让现状林地在 2～3 年内分期分区的在进行林相演替中逐步形成各具特色的景观格局，体现人文之美、自然和谐之美。

通过间伐、移植、补种等人工措施，降低现有林分的密度，改善林内的光照条件，增加单株树木的营养空间，加快林木生长速度，促进更新层和灌木层的生长，并适度补植规格较小的耐阴树种苗木，使之尽快形成多层次的结构较为稳定的植物群落。

随着新植树木的补植与成活，现有林分由结构单一的单层林逐渐演替为生物多样性较高、具有乔灌草等多个层次的群落结构；使仁皇山公园内林木生长环境逐步得到改善，林相整体面貌得以改观，使仁皇山公园最终成为一个“春花秋叶、花果相间、四季葱绿”的公园。

宕口采石坑覆绿：对于山体上采石留下的矿坑，因山体十分陡峭，遍布碎石，非常危险，不建议游人到此处游玩，所以着重于山体复绿工程：依山势建造挡墙并回填种植土，采用喷播草籽和插种小苗结合的方式，保持水土，促进山体自我修复。

四、结语

仁皇山公园的建设，将进一步完善湖州的城市绿地系统，增添城市旅游资源，提升城市景观形象，增加城市文化底蕴，增强城市品质和活力，丰富市民的休闲生活。经过精心打造的仁皇山公园，将成为湖州城市建设中最为绚丽的风景线。

设计单位：杭州园林设计院股份有限公司

项目负责人：李永红

项目参加人：李永红　葛　荣　程林植　于　娜
张永龙　郭　凯　高　欣　陈　莹
卓　荣　铁志收　雷晗晨

项目演讲人：程林植

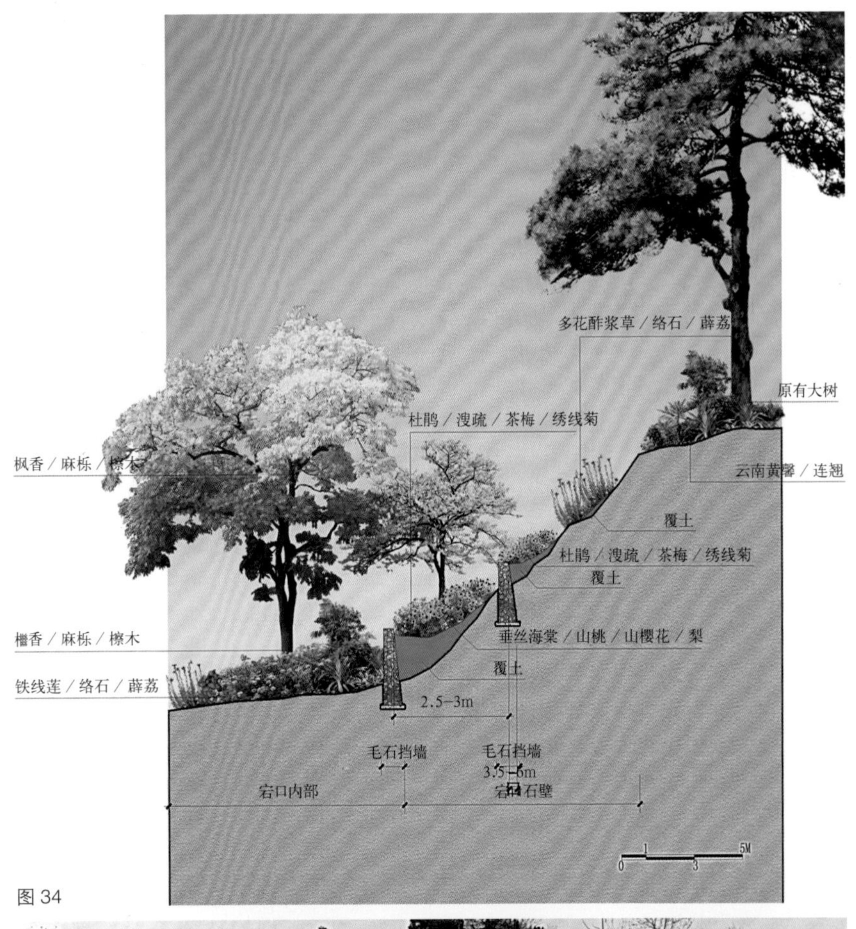

图 34

图 35

图 36

综合性公园人性化设计的探讨

——以大兴新城滨河森林公园之念坛公园为例

北京市园林古建设计研究院／白　寅

随着我国经济的发展、城市化进程加快，人们对于提高生活质量、改善城市生活环境，以及在高速度快节奏的工作中寻求减压自排场所的呼声日益高涨。当代的城市公园，作为现代城市空间的重要组成部分、作为与人们日常生活关系最密切的绿色休憩场所之一，其如何能够多方面、人性化的满足各类人群的不同使用需求，成为城市公园设计的一项新的研究课题。

以下内容，以大兴新城滨河森林公园之念坛公园为例，从综合性公园的山水布局、活动强度分区、道路系统、停车系统、直饮水系统、园林建筑、休憩服务设施以及安防系统多个方面展开了人性化设计的讨论。

一、工程概述

2009 年北京市决定在周边 11 个新城建设滨河森林公园，念坛公园是大兴新城滨河森林公园的南区，位于新城核心区，临近城市干道新源大街和黄良路，总面积 164hm²，其中水面（含功能湿地）53hm²，约占 1/3。公园设计重点展现林水之韵味，体现深厚的大兴文化底蕴，目标打造一座充满自然神韵、承载大兴传统文化、注重森林生态效益、全面满足市民绿色休闲生活需求的滨河森林公园，为新城核心区环境建设夯实基础，为实现新城的经济及文化繁荣创造了条件。公园自 2010 年开工建设，2011 年 5 月竣工，正式对游人开放。

二、理念概述

念坛公园设计遵循绿色生态理念，将湿地、湖泊、岛屿、森林等各种景观元素融入公园中，塑造丰富的自然山水园林景观，并与城市道路零距离对接。倡导“以绿色为载体，以水体为灵魂，以文化为背景，以绿色低碳活动为特色，以人性化为宗旨”的设计理念，并结合小龙河的建设，成形串联清源

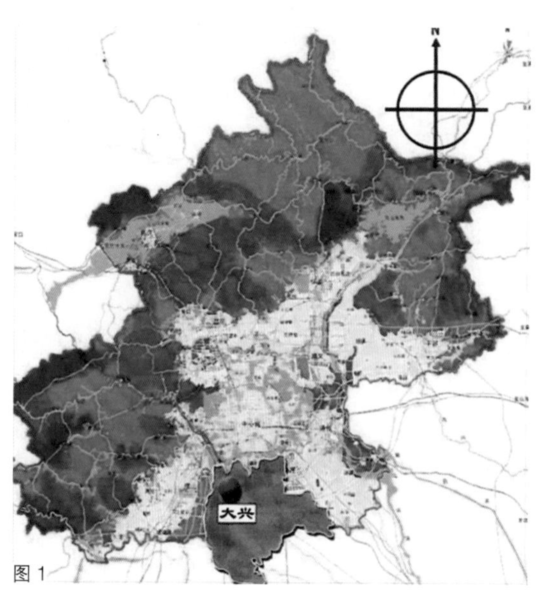

图 1

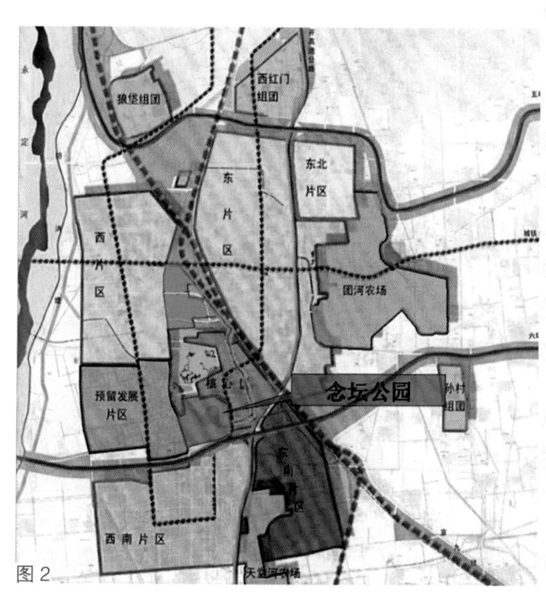

图 2

图 1　大兴区区位
图 2　念坛公园区位
图 3　念坛公园鸟瞰图
图 4　山水格局
图 5　活动强度分区

图 3

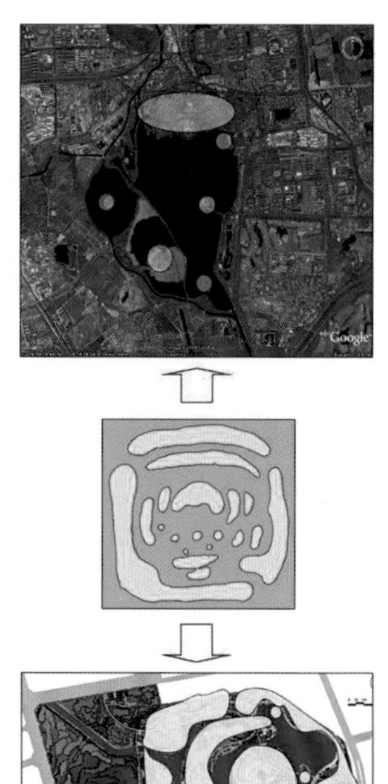

图 4

公园、京城高尔夫、念坛公园，"一河三片，万亩绿肺"的新城绿色核心，完善上位规划所确定的"绿心镶嵌、绿脉贯穿"的新城绿地系统规划布局。从而促进大兴新城核心区域的经济又好又快发展，实现新城的经济及文化繁荣。

三、人性化的设计理念

（一）人性化设计之——山形水系

公园的方案设计是对传统理想山水园林格局的回应。以中国传统山水园林典范——颐和园为研究对象，从有关资料中寻找出传统园林山水格局的理想模式——湖荡聚格。

利用园址为水库的有利条件，保留主湖区、湖心岛等景观要素，通过挖湖堆山的地形改造手段，营造出具有缓坡、丘陵、草地、湖泊、岛屿、密林等富有野趣的自然山水园林空间，形成大小多个湖区蜿蜒相通，水系层层环绕，形成山外有山、堤外套堤、里湖外湖环环相通的"山环水抱，星罗棋布"的山水格局。既是从景观多样性出发的设计布局，又考虑人性化需求，满足游人的山水空间游览体验。

（二）人性化设计之——按"活动强度分区"的景观格局

滨河森林公园的最适景观格局是能够实现规划设计目标的空间体系，这一空间体系应能充分反映公园的特殊性质，满足生态与功能双方面的需求，达到二者的平衡。这种平衡具体而言，包含了 3 个方面的内容：

- 满足市民游憩需求与改善环境、保护生态多样性之间的平衡。
- 提供娱乐、运动、健身场所与给予接近自然、保护自然环境的机会之间的平衡。
- 利用与保护之间的平衡。

在这样的前提要求下，按照所能提供的"活动强度"进行分区，在念坛公园建立"高密度活动区"、

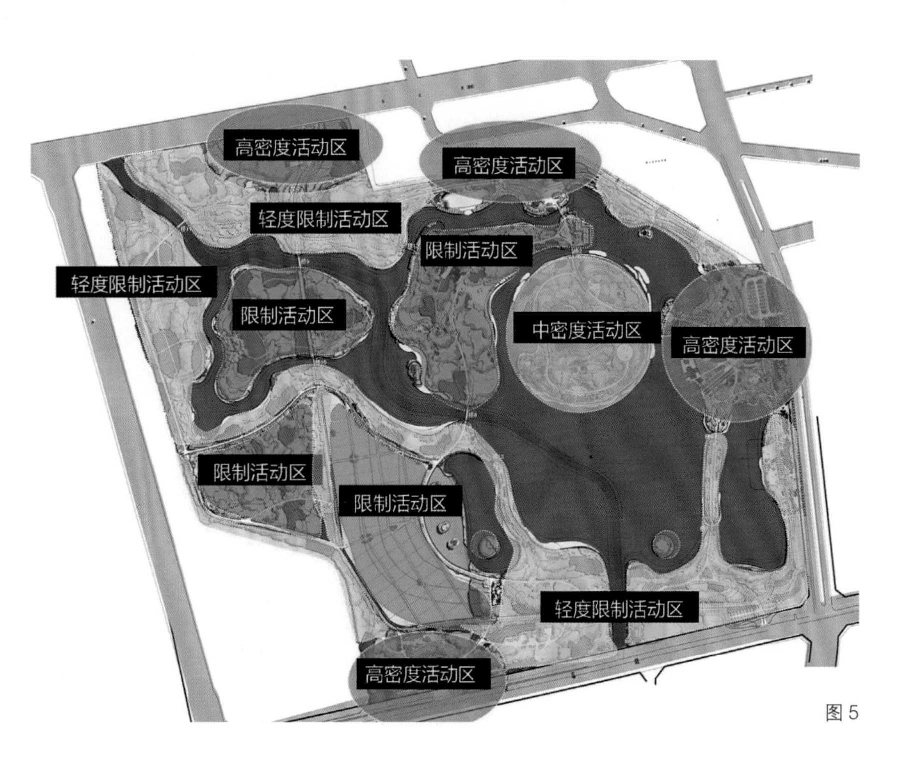

图 5

"中密度活动区"、"轻度限制活动区"、"限制活动区"的景观格局。通过穿插个区域的交通、游览道路系统进行生态功能和实用功能的组织与分隔。

1. 高密度活动区

作为向公众提供游赏、娱乐的场所，城市森林公园对于自然森林生态系统的保护绝不是排斥和隔绝人的参与活动。公园中必须划分出一个能够向游人提供充分活动空间的区域，即高密度活动区。

高密度活动区位于公园的三个主入口区域，服务半径约 150 ～ 200m，将吸引大规模的人流，并提供相应的各种专用场地和较大面积的集散广场，以方便游人进行包括健身、跳舞、大合唱、观光游船和赏景等大型群体活动，以及一些小型群体和个体活动。区域内还建有相应规模的游客服务中心、餐饮等附属设施，提供便利。引导游人进行与自然生态环境相对和谐的活动。创造优美景观、提供充足活动空间是这一区域设定的主要目标。

2. 中密度活动区

中密度活动区位于湖中小岛上，它与园区东侧主入口区域的高密度活动区相连，服务半径为 150 ～ 200m。其主要功能在于分散高密度活动区内的人流量，缓解高密度活动区内人流拥挤的压力，向游人提供进行观光游船、科普、健身舞儿童游戏、器械运动等大中规模的群体活动场所。这一区域内的活动场地相对较小，功能性较弱，与周边自然景观结合更为紧密。

3. 轻度限制活动区

公园内设置的轻度限制活动区主要位于高、中密度活动区和限制活动区之间或高、中密度活动区与周边城市用地之间的带状地块上。轻度限制活动区的存在具有重要的双重意义，它一方面具有沟通高、中密度活动区与周边环境的生态流流动的功能，另一方面也为限制活动区提供了一个相对缓冲的环境，使人为活动对于限制活动区生态系统的影响能够逐步减弱。

在轻度限制活动区内，不引入大型群体活动，而依据场地的条件，将游人的活动限制在露营、自行车运动、散步、观景等小型群体活动，以及动植物观察、太极拳、垂钓、慢跑等个体活动。

4. 限制活动区

具有相对独立性以及完整生态功能系统的限制活动区，是滨河森林公园不同于一般城市公园的一个重要特征。限制活动区是公园内相对独立、封闭的区域。在这一区域内，模拟建设当地的小型的森林生态环境，通过科学性的规划设计，构建良好稳定的生态系统。

从生态层面上考虑，限制活动区是一个独立但不是孤立的系统，它的物质、能量、信息流要能够同周边的城市环境以及其他 3 个区域相流通。这就要求限制活动区必须具有适宜的生态结构以满足自我维持的需要，其生物群落的自然演替要能经受长期的考验，以及减少人的活动干扰。

在这一区域内尽量避免建造人工硬质场地以及服务设施，游人在此区域的活动要受到比较严格的限制，设置的活动以对动植物干扰尽量少为原则，限制剧烈运动、控制群体活动和人流集散，主要限定在科普展示、自行车、散步、慢跑、动植物观察等小型群体和个人活动。公园内一级、二级道路最大限度的绕开或减少穿越限制活动区。

念坛公园立地条件下现有的自然生态环境已经遭到了严重的破坏和污染。新建的几处限制活动区，位于念坛公园内西侧，处在城市规划道路与现状水库堤坝之间，或者现状水库堤坝与湖区之间，因为有现状堤坝阻隔交通，可以有效地减少游人的穿行和干扰，有利于限制活动区的自我维持。

3 块限制活动区的活动控制类型和总体保护对象略有不同，但都以鸟类保护为主。参考对于城市基底以鸟类群落的生物多样性为设计目标，生态栖息地的核心生态斑块面积在 1.5 ～ 30hm^2 的区间具有最佳生态 / 规模效益的相关研究（Dimond、Mayr，1976，陈水华、丁平等，2002），同时结合现状用地条件，将这 3 块限制活动区的面积分别划分为 15、10、12hm^2。

（三）人性化设计之——道路系统

念坛公园鼓励采用绿色动力交通工具，以电瓶车和自行车为主，体现绿色、自然、节约的生态理

图 6

念。并增加水上公共交通游览方式，将交通和滨河景区游览体验相结合，根据不同的景点分布确定不同的路线，以灵活多样的交通方式增添游园的乐趣。

公园成为北京地区第一个拥有完整的自行车环湖游线的城市公园，自行车游览与主园路分隔开，系统相对独立，安全且便于管理。其自行车游览系统将与北京市绿道建设联为一体，实现了低碳出行。

（四）人性化设计之——停车系统

根据游客使用交通工具的不同种类，公园各个入口均设置机动车及自行车停车位，并于节假日期间，扩展公园东侧道路的路边停车带以增加车位数量，同时将周边未开发地块纳入临时机动车位。以满足峰值需求。

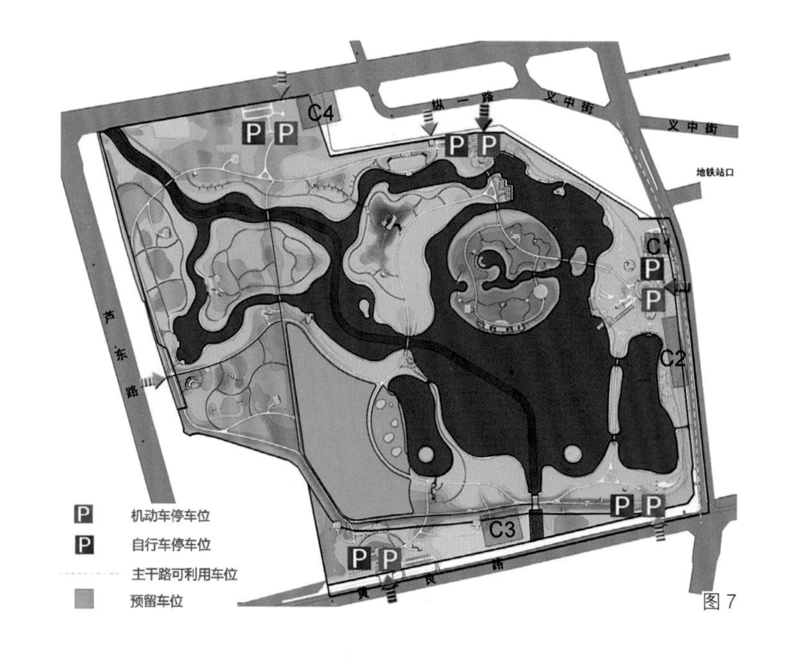

图 7

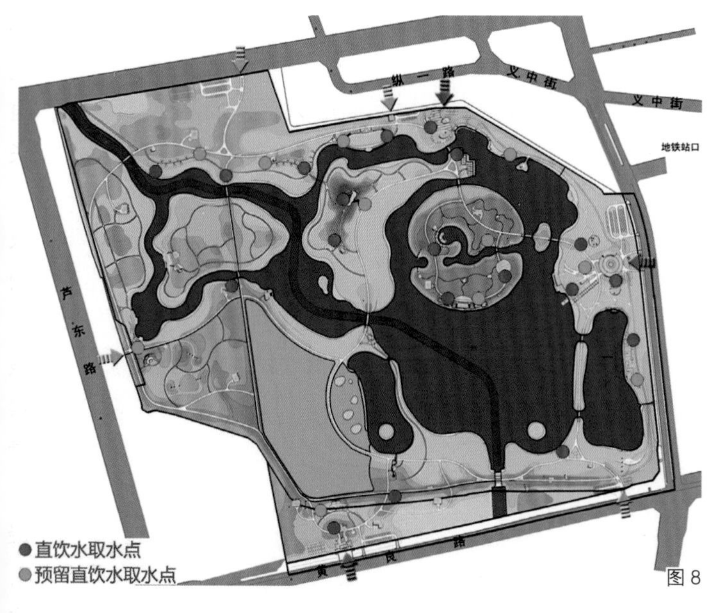

图 8

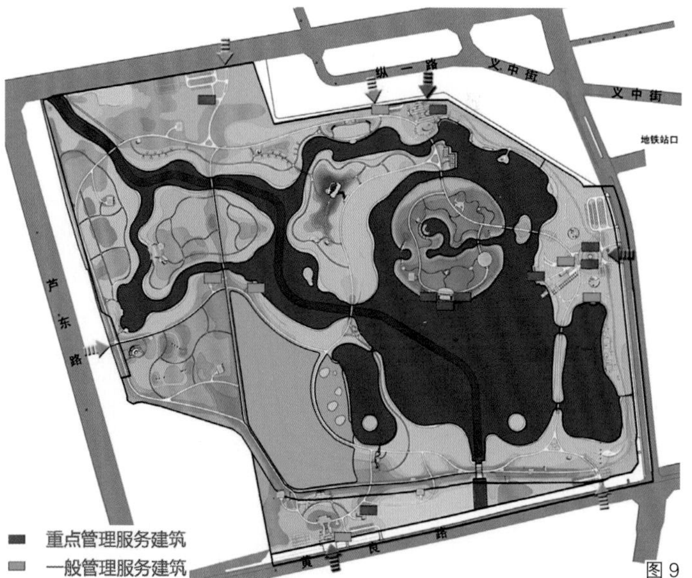

图 9

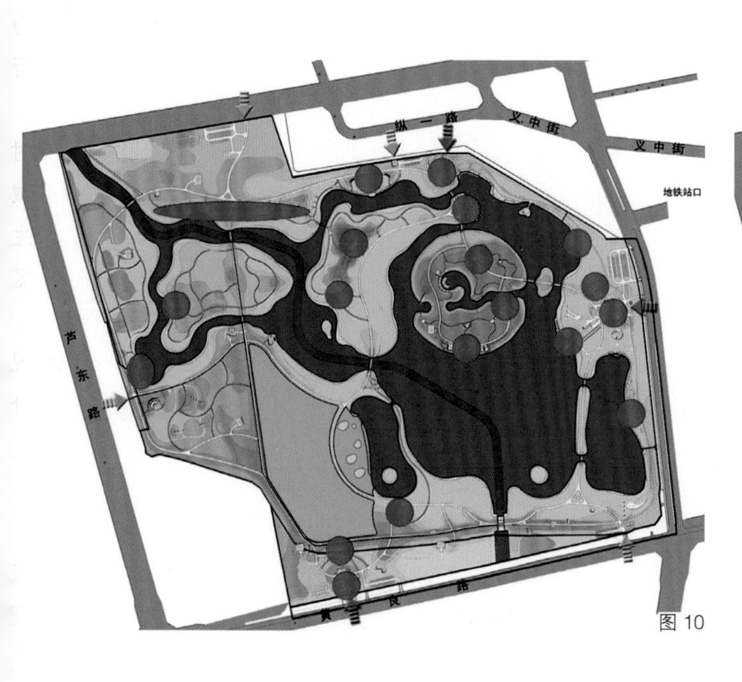

图 10

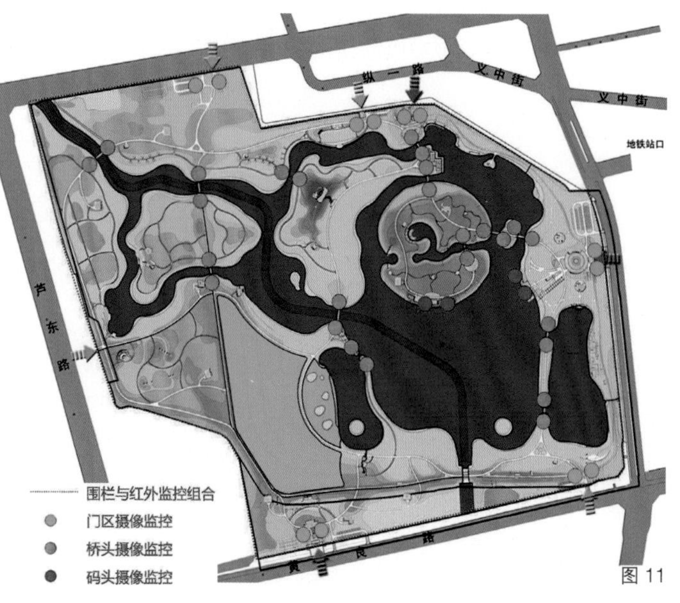

图 11

图 12

（五）人性化设计之——直饮水系统

为方便游人使用，敷设了覆盖全园区的自来水管网，并在人流量较大的门区、广场、景点设置多处末端式直饮水点，并对后期可能增加的饮水点做了预留，实现了直接饮用水系统覆盖全园。并对饮水终端的造型予以改进，便于残疾人与儿童的使用。

（六）人性化设计之——园林建筑

根据园区不同区域有可能产生的人流量差异，针对不用区域设置不同等级及数量的管理服务建筑，做到了区分主次、均匀分布。

（七）人性化设计之——休憩游览设施

全园休憩游览设施相对均匀分布，根据不同景区的游人容纳量、使用对象及预计游客量，有针对性地在将会产生大量游客的区域设置面积相对较大，设施相对完善的休憩场地。

（八）人性化设计之——安防系统

全园沿红线范围设置金属围栏与红外线监控的安防组合，总长度 6400m；每个门区设置 2 台监控摄像机，带有统计入园人流的瞬时流量的功能，最多累计统计量约 8 万人；各个桥头与码头也设有监控探头及一键求助报警按钮，在监控桥头节点的同时，还可兼顾水上游线的安全巡视功能。

公园在各个门区、桥头以及重要的交通汇集点位置，均设置配备有 GPS 卫星定位及无线电通话系统的安保岗位，并在公园南北两端各设有电瓶巡逻车停靠港，每天以整点时间为单位绕园巡逻一周。

总之，城市公园作为群众性的文化、教育、休闲场所，对保护生态环境、改善城市面貌以及丰富人们的文化生活都起着重要作用，在其规划设计中，要坚持遵循“以人为本”的设计原则，设身处地的从人的使用角度对公园进行研究、设计，使公园的各种构成要素与人的实际需求做到有机的结合，才能体现出人性化的设计关怀，才能建成顺应时代潮流、贴合人们需求，环境优美而舒适的绿色城市客厅。

四、实景展示

图 13

图 14

图 15

图 16

图 17

图 18

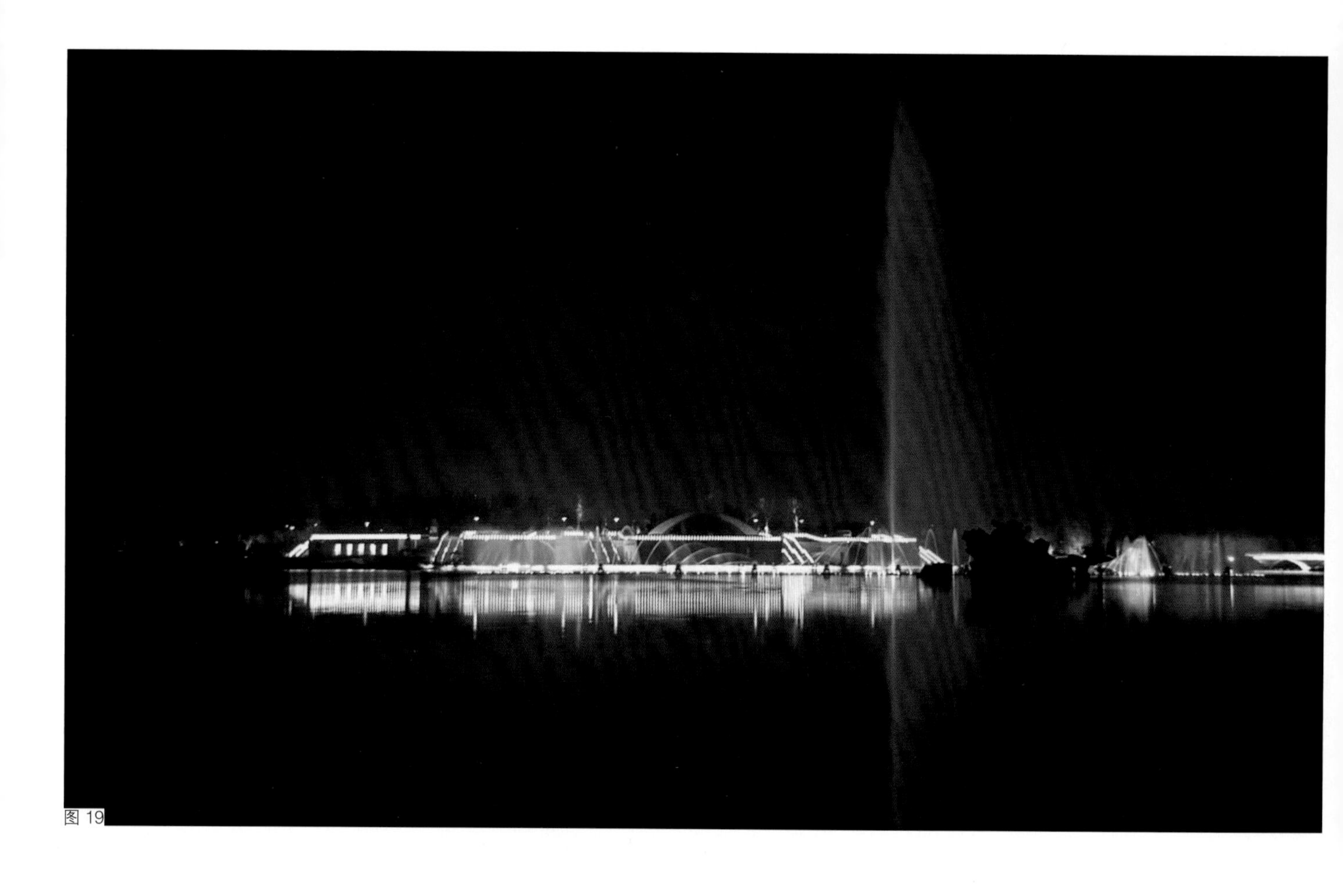
图 19

图 20

图 21

图 22

图 23

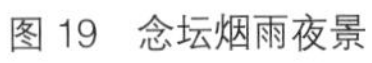

图 19　念坛烟雨夜景
图 20　双仪花洲 1
图 21　双仪花洲 2
图 22　墨迹留香 1
图 23　墨迹留香 2
图 24　五谷丰登 1
图 25　五谷丰登 2
图 26　幽州台歌 1
图 27　幽州台歌 2
图 28　西溪倩影 1
图 29　西溪倩影 2
图 30　南祥凤舞 1
图 31　南祥凤舞 2
图 32　林海寻幽 1
图 33　林海寻幽 2

图 24

图 25

图 26

图 27

图 28

图 29

图 30

图 31

图 32

图 33

设计单位：北京市园林古建设计研究院

项目负责人：张新宇

项目参加人：杨　乐　马会岭　白　寅　孟祥川　龚　武　刘　晶　许琳霞　周奕扬
付松涛　李方颖　刘杏服　陈晓玲　李　科　马立安　张　颖

项目演讲人：白　寅

“共生之源”

——太仓市浏河滨江新城江滩湿地公园

苏州园林设计院有限公司 ／朱红松　俞　隽

一、项目概况

太仓市浏河滨江新城江滩湿地公园（以下简称为江滩湿地公园）位于太仓市浏河滨江新城经七路以东，纬一路以南，新浏河以北。东侧紧靠长江里的太仓畜淡避咸水库，总占地面积约 37.3hm^2。整个江滩湿地公园沿着现有长江大堤而建，南北向狭长，东西向较窄，将太仓市浏河滨江新城最主要的滨水地带全部包含在内。

二、项目背景及必要性

距离太仓市 20 分钟车程的浏河镇有着悠久的文化历史和充满活力的产业，是江苏的著名渔港和重要的水产品交易中心，也是郑和七下西洋的起锚地。浏河滨江新城位于浏河镇东北片区，南临新浏河、东临长江，是浏河以及太仓市彰显滨江现代化城市风貌特色的重要空间单元，是浏河未来的镇区中心。为了对该片区城市风貌加以引导并改善该区环境质量，太仓市委托苏州园林设计院有限公司在浏河镇所辖 2.5km 长的长江滩涂、盐碱沙地和江滩水库基础上规划设计一个公园。

公园基地南临新浏河、东临长江，在浏河滨江新城中所处的位置正是长江和新浏河的交汇处，而这两个滨水地带是太仓市内两处最重要的生态廊道。特别是公园东临长江的部分为畜淡避咸水库，是太仓主要的水源地之一。这里的地位虽如此重要，在现状考察中却发现这些地区已经受到人为影响，并有不同程度的破坏。规划中必须对这些紧邻滨江新城的生态区域加以保护，否则在即将到来的城市化的进程将不可避免对其造成进一步的影响。

另一方面，江滩湿地公园又是滨江新城商务中心区和水源地之间的重要生态缓冲地带，位于从城市发展轴线到滨江生态走廊的交点上，西部紧邻新的城市 CBD。作为重要的市民公共空间，“纯粹的生态保护”在这里显然不十分合适。

图 1　区位分析图
图 2　总平面图
图 3　总鸟瞰图

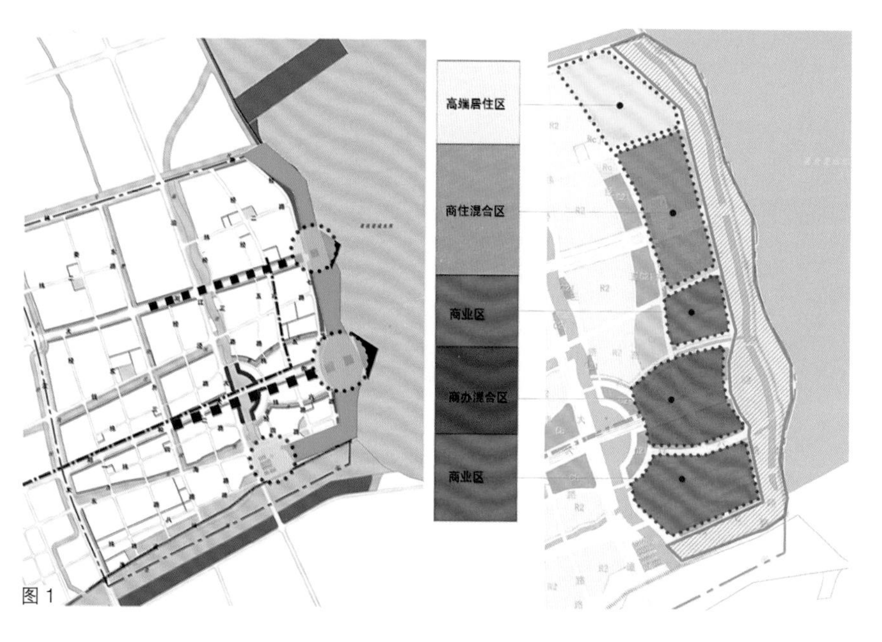

图 1

三、设计构思

基地东侧临江面为蓄淡避咸水库，在滨江新城总规的水源地保护规划中严格划定了水源地的保护范围，将整个浏河蓄淡避咸水库及长江堤防内侧 100m 的陆域范围划为一级保护区。而根据《中华人民共和国水污染防治法》第五十八条：“禁止在饮用水水源一级保护区内新建、改建、扩建与供水设施和保护水源无关的建设项目；……禁止在饮用水水源一级保护区内从事网箱养殖、旅游、游泳、垂钓或者其他可能污染饮用水水体的活动。”这样一来，场地的特殊性给我们的规划设计带来了挑战——必须考虑利用现有江堤实现水源地保护的功能，而不能按一般滨水公园思路进行设计。

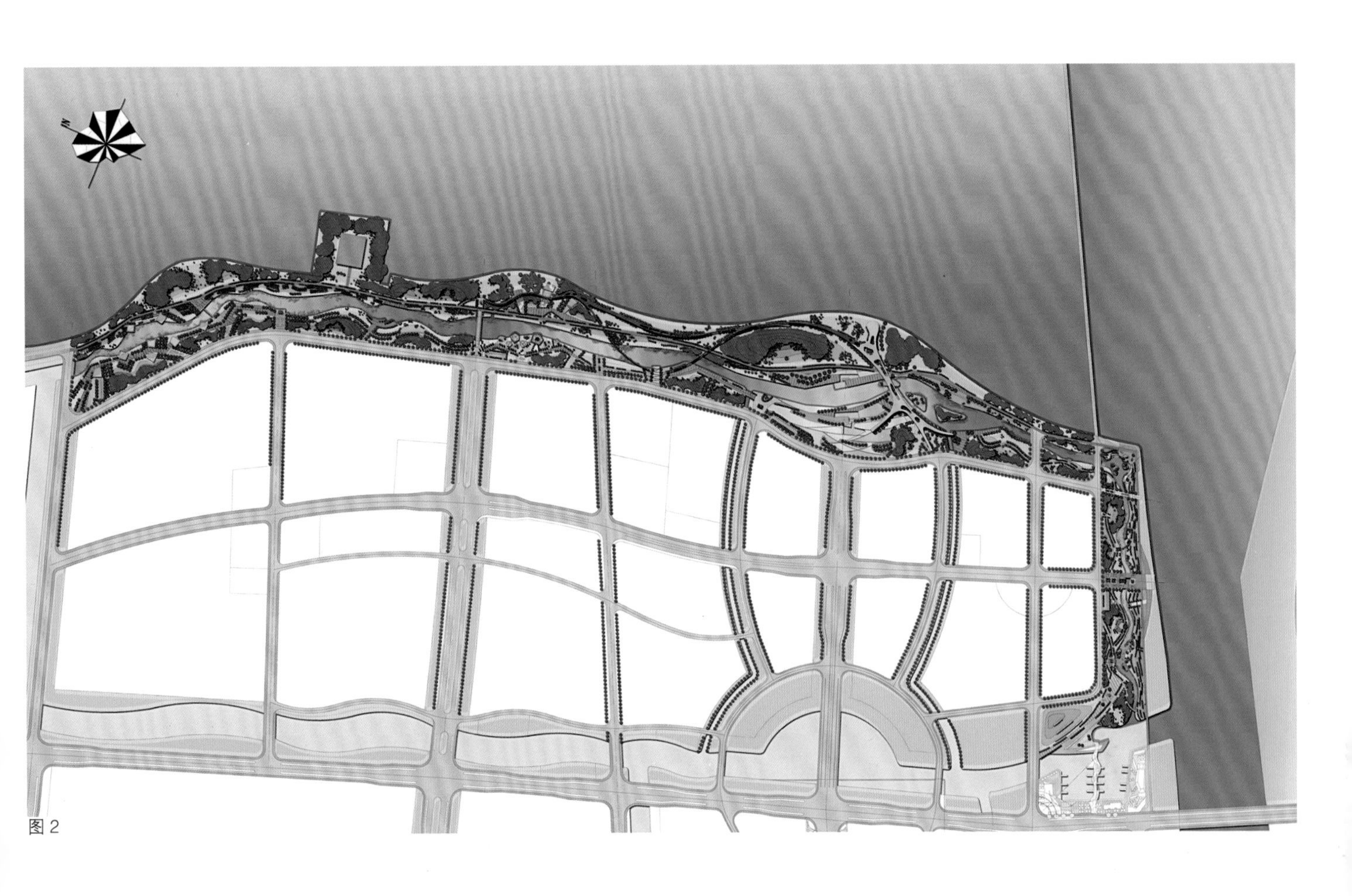
图 2

图 3

图 4

如何在遵守国家法律法规的基础上，处理好水源地保护和城市发展的关系就成为本次规划设计的核心问题。

为了解决这个问题，我们不得不思考出一种独特的景观结构。在这个思维过程中，一座以“活水”为概念构思的桥浮现在我们的面前。作为“桥”与生俱来的架空结构，自然而然就可以对环境的影响最小化。横向来说，可以从水源地岸边开始，向西经过随塘河、再跨越城市道路，将密集化的城市环境和需要保护的水源地空间结构整合在一起。纵向可以串联不同的江滩区域并引导游线，形成流动性的景观。

解决了核心问题，下一步就是具体的规划策略，江滩湿地公园的规划策略是从三个层面着手考虑的：

- 生态策略：绿地水体和城市协调发展，和谐共生，利用滨水空间打造城市生态之源。
- 空间策略：在努力形成和传统文脉构成联系的景观空间的同时，又必须形成具有滨江风貌的独特城市公共空间。
- 文化策略：保持城市本土特色和自然人文状态，重视对城市传统遗产的保存，呈现充满历史底蕴的景观特色。

四、总体设计

从空中俯视大地上的河流，蜿蜒曲折，百转迂回。它们流过的路径令人难以捉摸，但却充满了艺术的美感。设计从中汲取灵感，将从源头奔向大海的江河的形象高度抽象化，构成支撑公园的总脉络——活水之桥。这座活水之桥被设计为一座钢结构架空人行桥，最宽处 10m，最窄处 3m，总长度约为 1000m，桥面高低起伏，架空高度最大为 4.5m。公园中部与这座桥平行的，是利用场地内原有河道——随塘河改造的景观带，游人可以从靠近城市的西侧广场区通过活水之桥穿越河道来到长江边，并由南向北穿行于水源林地中。

公园根据不同的生态服务特点，对应着三个生态梯度，处于不同的高程，由西向东逐渐升高，可以分成三个生态分区，以“活水之桥”紧密联系起来：

- 与商业和居住结合紧密的城市滨水绿廊：与市政道路平行的城市带状绿地，是江滩湿地公园内人流最为集中的区域。
- 利用原有河道改造的随塘河生态缓冲带：基地内部的随塘河及其护坡经过改造，可以起到很好生态缓冲作用，是高程变化最大的区域。随塘河整体向城市方向内移，留出空间形成更加平缓的坡度便于营造新的生态台地或参与性的台地。
- 作为水库涵养林的水源净土：除了利用原有的堤顶防汛道路改成的自行车道和散步道以及新建的架空步道“活水之桥”外，没有任何人工化的构筑物，是江滩湿地公园的起到水源涵养作用的生态核心区域。

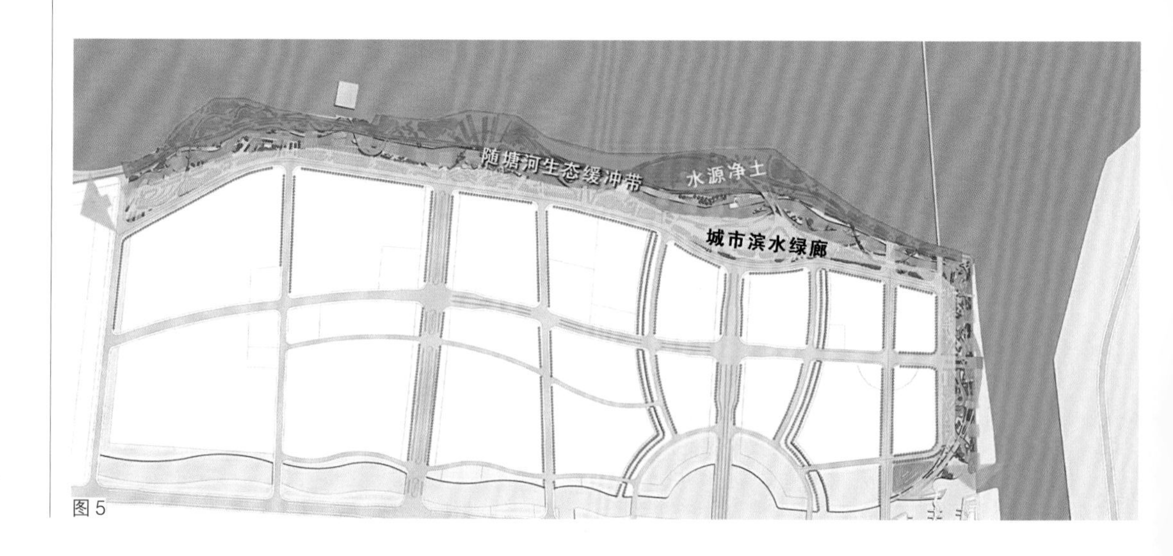

图 5

图 4　活水之桥
图 5　三个生态分区
图 6　功能分区
图 7　活水之桥起源广场部分
图 8　绿岛花园

五、分区设计

与生态分区不同，由南向北，公园可按景观功能分成四个子区域：

（一）A 区：活水公园区

活水公园位于新浏河与长江交汇处，在水系上沟通了汤泾河与随塘河，形成内河湿地与环境清幽、生态自然的森林溪谷景观，同时净化水体，为市民与游人提供了有别于现代人工景观的立体式生态景观空间。

新浏河两岸原有的工厂和码头因为对环境的破坏需要拆除，但是其中值得记忆的城市工业文化痕迹被有选择的保留下来，成为景观塔吊和城市阳台。

（二）B 区：起源广场区

本区在公园靠近郑和大道的位置，为了引导市民亲近长江并进入原生态自然环境，结合浏河文化，以“源”为主题进行了设计。这个区域内的起源广场既是城市轴线的尽头又是架空步道“活水之桥”的起点。活水之桥在起源广场区有宽大的江景平台，树木可以穿过平台上的开口自由生长，林下的平台空间在容纳大量市民的同时不影响下方的水源涵养林。

（三）C 区：创意休闲区

本区紧邻城市创意园，我们希望能将新城的灵感和气质引入该区。曲折灵动的步道，充满活力的自行车道和洋溢着艺术感的“碧水荷岸”使人在这里既能感受无处不在的优美自然，又能自由的享受生活。

（四）D 区：绿岛花园区

绿岛花园位于规划区域北侧。规划地块紧邻西侧高档居住用地，设计以“绿岛”和“色彩花园”为主要景观特色，以植物绿化景观为主要骨架，将碧水、花园、密林和特色漂浮岛融入绿地之中。为周边高端住宅区提供一个轻松休闲的生态环境。

六、结语

在城市中心区域出现的生态敏感地带对滨水空间规划提出了挑战，这需要我们转变常规的设计思路，另辟蹊径考虑共存之道。在本项目这样的双重限制下，为了在满足水源地保护法律法规

图 6

由南向北，公园又可按景观功能分为四个子区域：
A 区　活水公园区　　B 区　起源广场区　　C 区　创意休闲区　　D 区　绿岛花园区

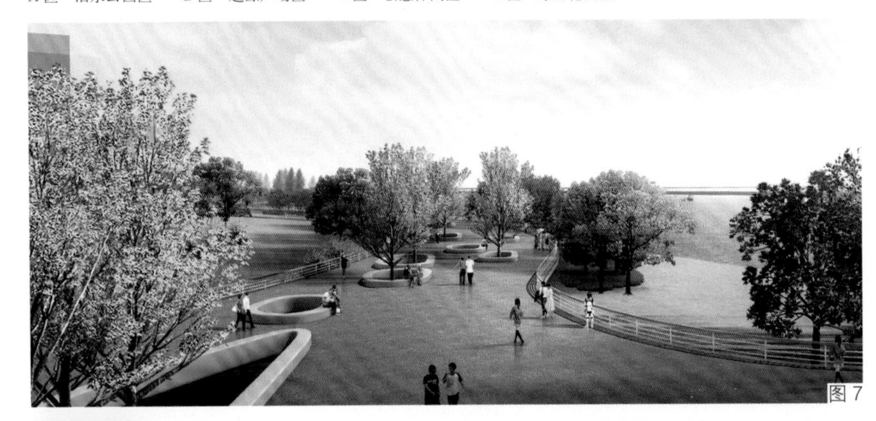
图 7

图 8

的基础上构建一个市民公共空间，规划必须做到在充分利用场所特性的同时，对生态基质的人为影响最小化。

只要规划者小心翼翼地遵从以上原则，那么在一片看似荒凉的滩涂、盐碱沙地和江滩水库上，创造出能与城市共生的水源净土，就不是一个不可完成的任务。

设计单位：苏州园林设计院有限公司
项目负责人：贺风春　朱红松
项目参加人：俞　隽　宗　晨　杨晓峰　朱越灵
　　　　　　张小莉　高家宁　吴　磊
项目演讲人：朱红松

重庆万州北滨公园规划设计

——长江三峡库区滨水及消落带景观处理

广州园林建筑规划设计院／梁曦亮　陶晓辉　芶　皓

随着长江三峡库区蓄水后，移民新城——万州的城市水位提升了近 40m，60% 的旧城区沉入水底，江城变湖城，城市空间和景观都发生巨大变化。重庆万州北滨公园规划设计的任务，是对标高在 175m 以上的城市滨水带做景观设计外，以及对标高在 145 ～ 175m 之间的消落带提出景观处理方案。

一、项目概况

（一）项目区位

万州区位于重庆市东北边缘，上束巴蜀，下扼夔巫，自古为“川东门户”；现为长江上游最大的深水港，是重庆市第二大都市，也是新三峡旅游的集散地。

万州北滨公园位于万州城区腹心，东临长江，西以北滨大道为界，南起印合石，北至万棉厂高架桥，地跨龙宝、高笋塘两个组团；周边以金融、商住、居住、公共体育、港口码头等用地为主。

（二）设计范围

北滨公园总用地面积：60.29hm²，其中公园建设用地 29.59hm²，消落带用地 30.70hm²。

（三）设计内容

1. 北滨公园滨水景观方案。
2. 消落带绿化景观方案。

二、基地分析

（一）工程特性

以 175m 水位线为界，场地分为永久性用地和消落带两类。

永久性用地：标高在 175 ～ 190m 之间。总体地势西高东低，且用地高程低于相邻城市道路。永久性用地的开发利用程度很高，场地内有多处人工台地，台地高程变化多样，有码头、自来水厂、宿舍、厂房、自然山林。

消落带：标高在 145 ～ 175m 之间，季节性显现。有人工堤岸、自然滩涂、码头台地。汛期（6 ～ 9 月）一般按防洪调度限制水位 145.0m 运行；10 月份开始蓄水，库水位控制在不高于正常蓄水位 175.0m，1 ～ 4 月为供水期，库水位控制在不低于枯水期最低消落水位 155.0m，5 月末 6 月初水库水位降至防洪限制水位 145.0m。

场地内现存植被很少，集中分布在水厂厂区及南端用地的边缘地段。水厂内以小叶榕、垂叶榕等常绿乔木为主，南端有刺桐、李花等开花植物。

图 1

图例

规划预控范围（北滨公园用地）

设计控制范围（消落带用地）

设计范围示意图

图 1　公园区位

图 2　现状分析

图 3　设计构思

三峡区位示意图

万州区区位图

项目城市区位图

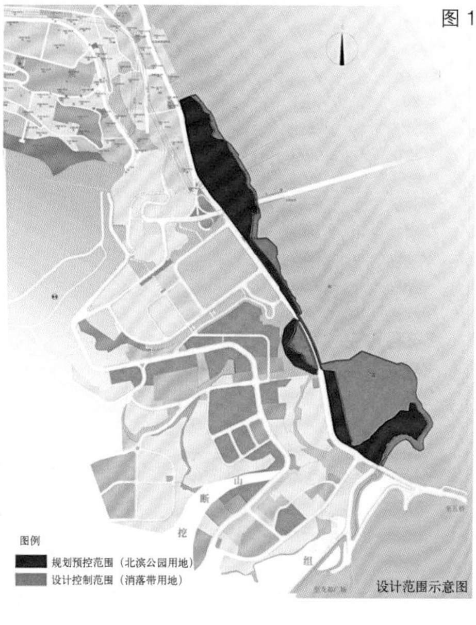

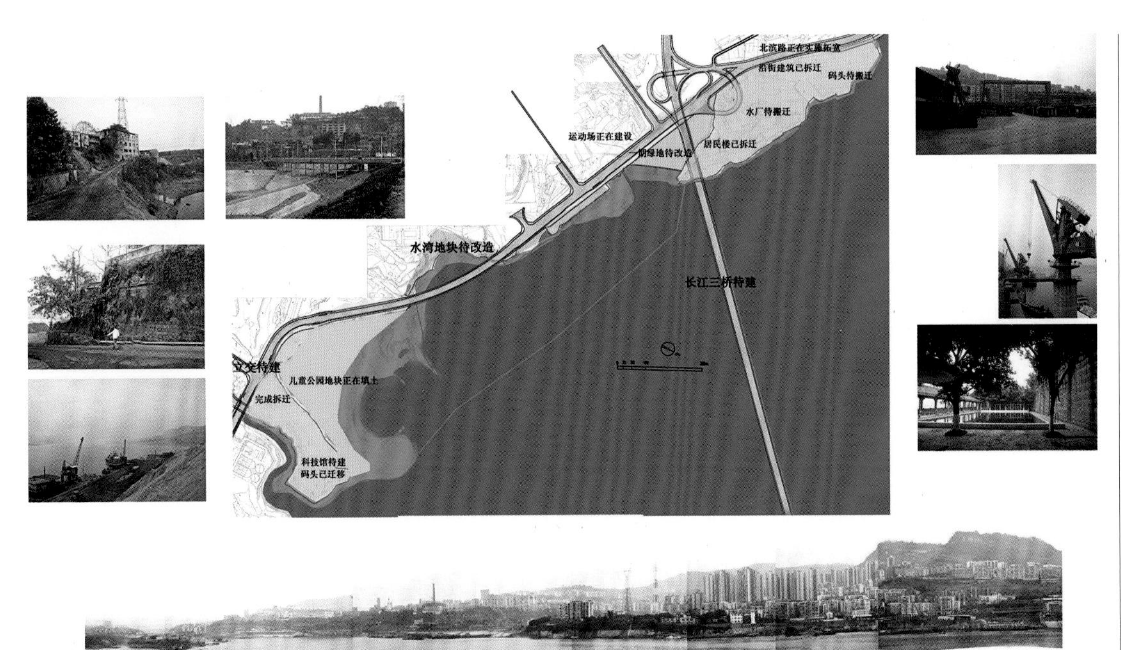

图 2

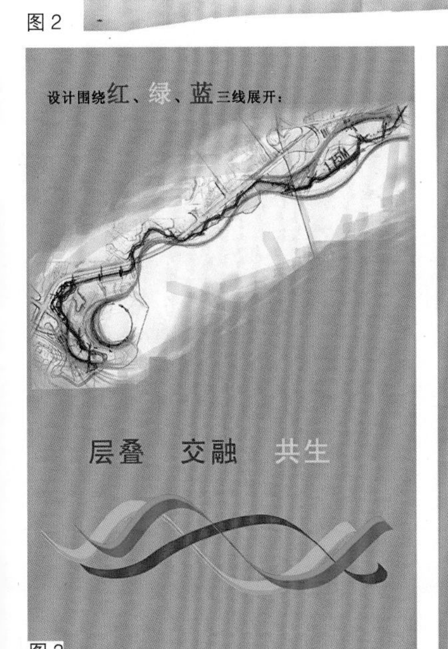

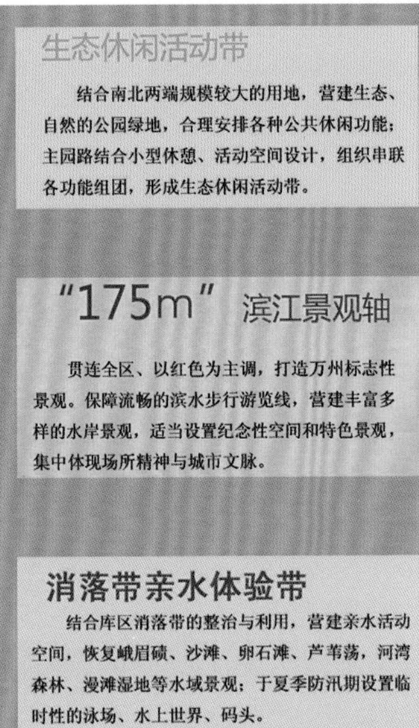

生态休闲活动带
结合南北两端规模较大的用地，营建生态、自然的公园绿地，合理安排各种公共休闲功能；主园路结合小型休憩、活动空间设计，组织串联各功能组团，形成生态休闲活动带。
"175m" 滨江景观轴
贯连全区、以红色为主调，打造万州标志性景观。保障流畅的滨水步行游览线，营建丰富多样的水岸景观，适当设置纪念性空间和特色景观，集中体现场所精神与城市文脉。
消落带亲水体验带
结合库区消落带的整治与利用，营建亲水活动空间，恢复峨眉碛、沙滩、卵石滩、芦苇荡，河湾森林、漫滩湿地等水域景观；于夏季防汛期设置临时性的泳场、水上世界、码头。

图 3

（二）空间特色

曲折多样的滨水岸线，需突出江湾、石崖、码头三种典型水岸风光。层次丰富的现状地形，需依托原地形创造尺度相宜的多种公共空间，营造立体复合景观系统。高低不同的消落带水位，需结合亲水娱乐，合理恢复河滩湿地生态景观。

三、设计理念

（一）公园定位

根据上位规划，地块定位是滨水公共绿地，打造内陆休闲第一滩、宜居万州第一园、市民游乐第一湾。功能定位是以公共活动、滨水休闲功能为主，兼具生态维护、文化体验、旅游观光、水上娱乐等功能。

（二）建设目标

根据江湾、石崖、码头台地的现状特征，结合消落带变化水位的特点，建设以公众休闲为基础、滨江景观为主线，表达河港文化和移民精神的内涵，融公园绿地、临江步道、内河湿地、亲水娱乐等为一体的开放式滨水休闲公园。

（三）构思与主题

"175m"：一条分割旧与新的线；一条贯连 20 个县市，牵动百万移民的线；一条承载着无尽回忆与无穷希望的线；一条丈量民族精神的线……

万州北滨公园的设计正是围绕 175m 线的上与

图 4

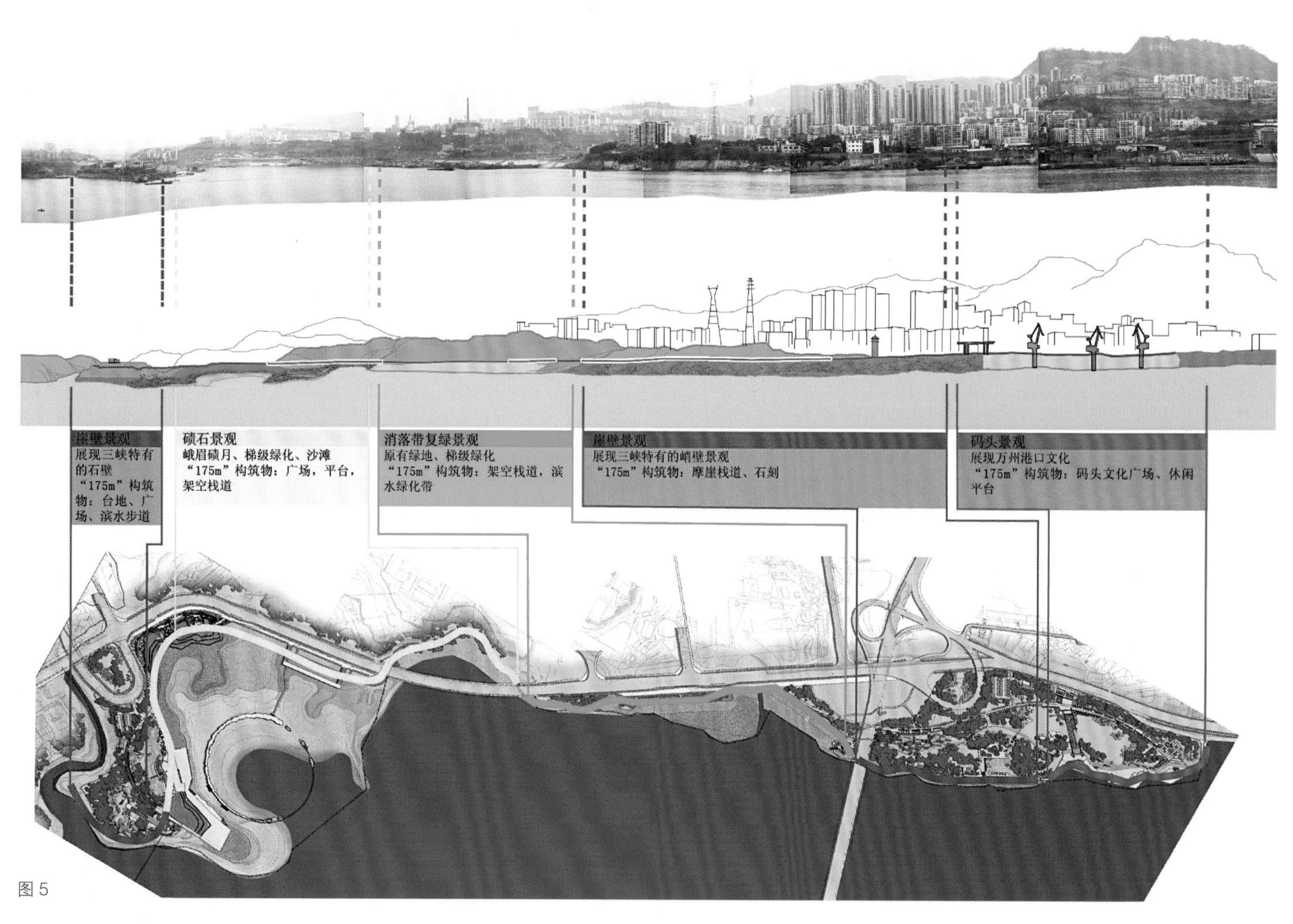

图 5

图 4　鸟瞰效果图

图 5　"175m"景观轴空间构成示意图

图 6　景观结构示意图

图 7　总平面图（枯水期）

图 8　总平面图（蓄水期）

下红、绿、蓝三线展开，营建“175m”滨江景观轴、生态休闲活动带、消落带亲水体验带。

1.“175m”滨江景观轴

红线：“175m”滨江景观轴，贯连全区，以红色为主调，连续的滨水游览线，丰富多样的水岸景观，适当的纪念性特色空间，打造万州标志性景观。

2. 生态休闲活动带

绿线：生态休闲活动带，南北两端较大的地块营建公园，合理安排各种公共休闲功能，主园路串联各功能组团，同时嵌入小型休憩空间。

3. 消落带亲水体验带

蓝线：消落带亲水体验带，营建季节性亲水活动空间，恢复沙滩、卵石滩、漫滩湿地等自然景观。

四、总体布局

（一）总体结构

公园总体布局分为北、中、南三段，北段滨水公园，中段滨水步道，南段亲水娱乐，形成“一轴两带 十二明珠”的景观结构。

北滨公园北段着重营造开放、便捷的公共空间。通过树林、草坪、林荫道、滨水广场、台地园等形式，营造码头广场、樱雪坪、台地花园等主要景点。便捷的出入口、直行园路、架空入口广场连通滨水带。沿线局部加入一些特色小空间和历史文化元素，如水厂水池改造的水花园、广场上保留码头的吊塔、龙门架。

公园中段是连接南北的滨江休闲带。175m 以上的景观休闲带通透的植物种植手法，加强城与江的联系。175m 以下打造为消落带体验带，增设球场、龙舟看台等。

公园南部围绕河滩展开设计，分为三个主题内容：(1) 打造季节性人工沙滩，恢复峨眉碛月景观。(2) 具备游泳、小卖等配套服务功能的南广场。(3) 场地最高点建万州阁，俯瞰长江河湾景色。

（二）功能分区

公园分为滨水活动区、公共休闲区、儿童活动区、青少年活动区、安静休息区、文化娱乐区、管理服务区、消落带亲水区。

（三）交通组织

公园以步行游览为主，规划有两个主入口和两处生态停车场，沿北滨大道设有多处便捷入口。

贯穿南北的主园路兼具消防通道功能，平时可

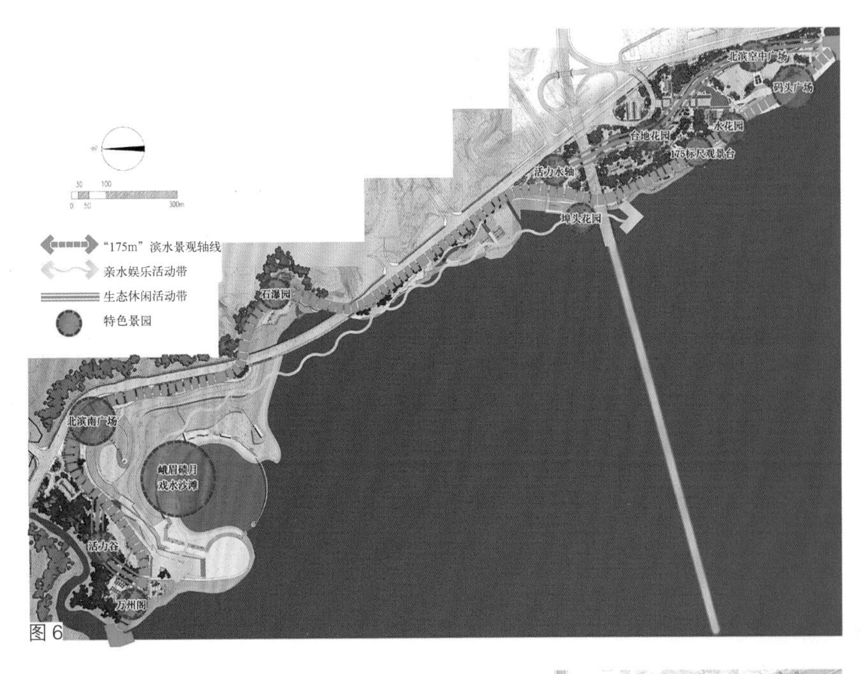

图 6

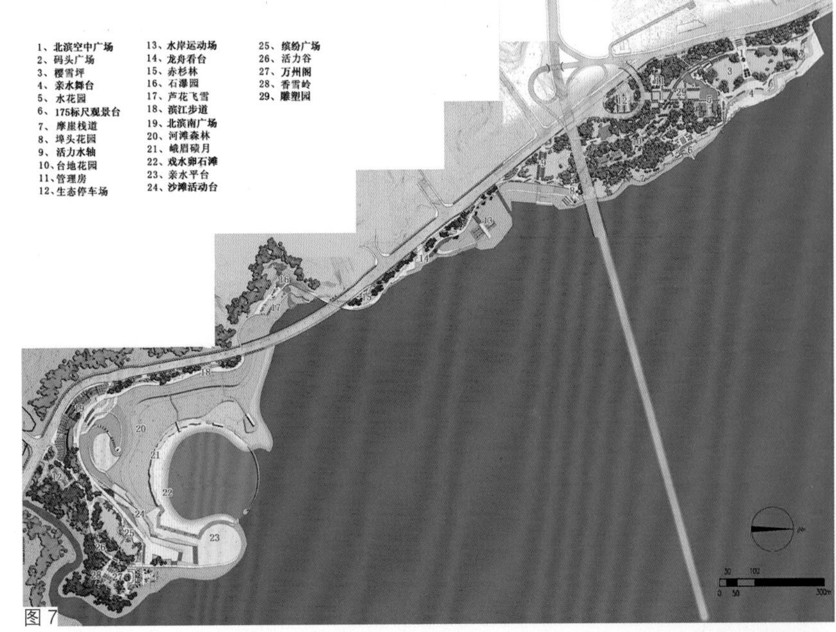

图 7

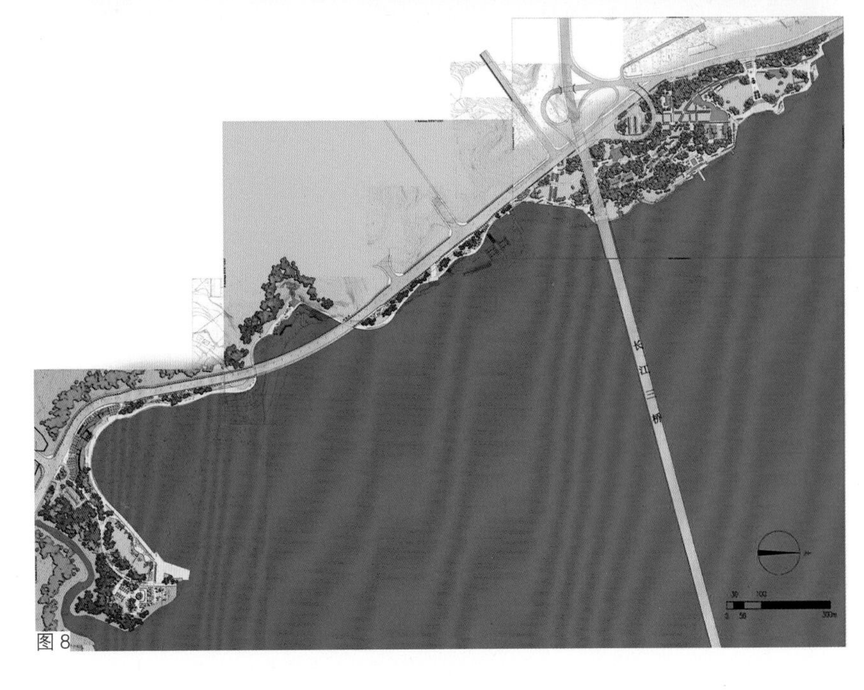
图 8

北滨公园北段方案一：

● 本方案着重营造开放的公共空间和便捷的亲水空间。

● 开放的公共空间关注景观视线的开敞性，场地组合的公共性，通过树林、草坪、林荫道、宽阔的滨水带、休闲广场、台地园、景观雕塑的形式，营造出码头广场、北滨空中广场、樱雪坪、台地花园、活力水轴、175标尺几个主要景点。

● 便捷的亲水设计关注入口的方式和滨水带的设计。搭建便捷的通道连接人行道和滨水带，通过架空广场、直图路、水轴广场实现。滨水带设计关注亲水性和连续性。亲水设计体现在对原有码头驳岸的改造上，营造更多亲水平台。通过滨水步道、广场的连通营造出一条连续的江边步行带。

● 局部加入一些特色小空间和历史文化元素。利用水厂水池改造的水花园，沿175线的摩崖栈道展示万州移民历史，码头广场保留的吊塔、龙门架是对万州港口文化的记忆，林荫下的雕塑园，生态景观水系边的童趣园。

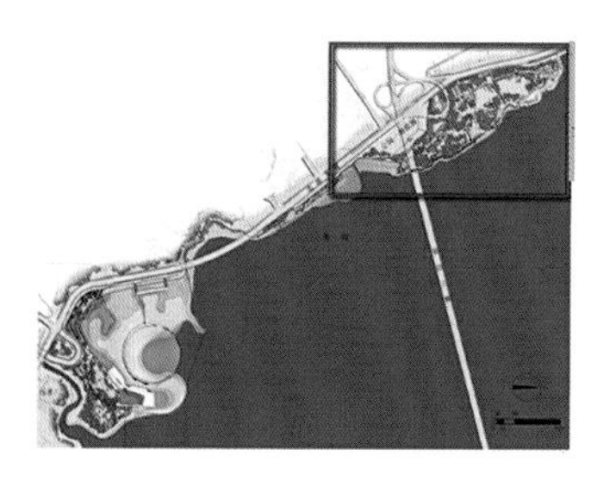

1、北滨空中广场
2、樱雪坪
3、功能服务房
4、码头广场
5、吊塔（保留）
6、龙门架（保留）
7、树林草阶
8、亲水舞台
9、175特色坐凳
10、水花园
11、雷达塔（保留）
12、山顶品茗平台
13、175标尺观景平台
14、摩崖栈道
15、船形平台
16、埠头花园
17、活力水轴
18、鸟语谷
19、运动平台
20、台地花园
21、林荫平台
22、生态停车场
23、管理房
24、童趣园
25、感知之路
26、厕所
27、集装箱亭
28、雕塑园

图 9

公园中部

公园中部是链接南部和北部的休闲滨江带，延续175m景观休闲轴线，以通透的植物种植手法让城与江之间更加紧密联系在一起。175m以下打造消落带体验区，增设球场、龙舟看台等。同时可展开水上娱乐活动。

1、石瀑园
2、桂花园
3、码头广场
4、龙舟看台
5、球场
6、原有木栈道
7、大台阶
8、河滩森林

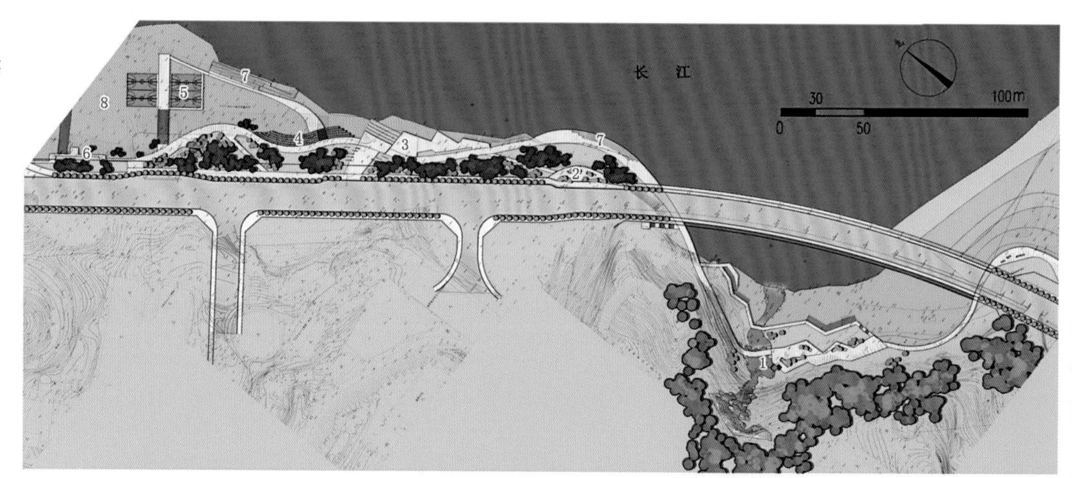

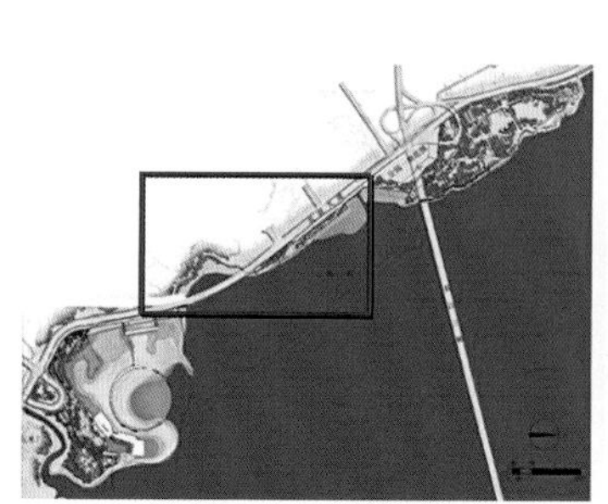

图 10

公园南部

公园南部围绕河湾展开设计，分为三大主题内容：北滨南广场、峨眉碛月、万州阁。175m景观休闲轴线有机的把三者联系起来。北滨南广场设有的入口服务中心为夏天居民在峨眉碛月游泳提供配套服务；万州阁位于此地块的最高处，俯瞰整个河湾的景色。通过对现场的深入分析，对台地的利用形成丰富的空间，有开敞的树林草地、有面朝河湾的大台阶、有通过错落的平台和覆土的建筑形成的入口空间。

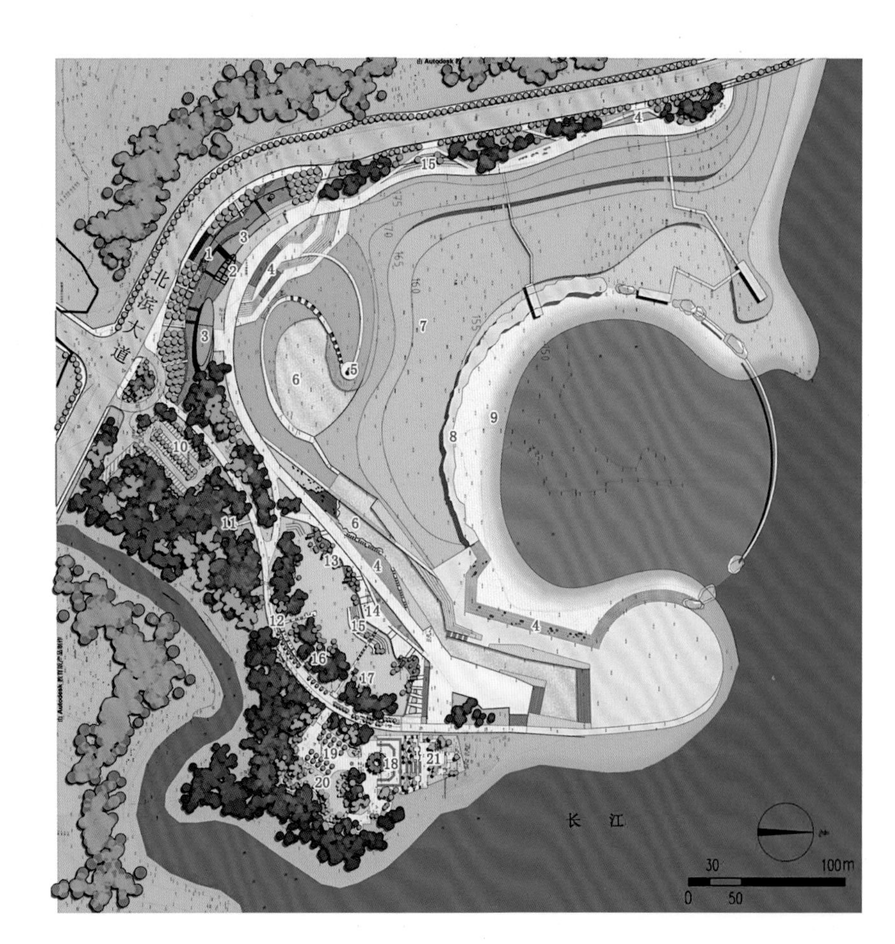

1、北滨南广场
2、幻彩之翼
3、入口服务中心
4、阶梯看台
5、三峡石
6、沙滩
7、河滩森林
8、峨眉碛月
9、戏水石滩
10、生态停车场
11、厕所
12、活力谷
13、羽翼廊
14、缤纷地带
15、草坡石阶
16、玲珑廊
17、玲珑亭
18、万州阁
19、万州文化广场
20、香雪岭
21、观景台

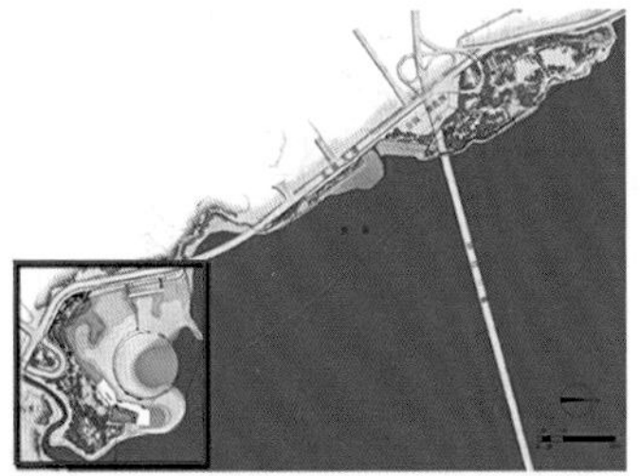

图 11

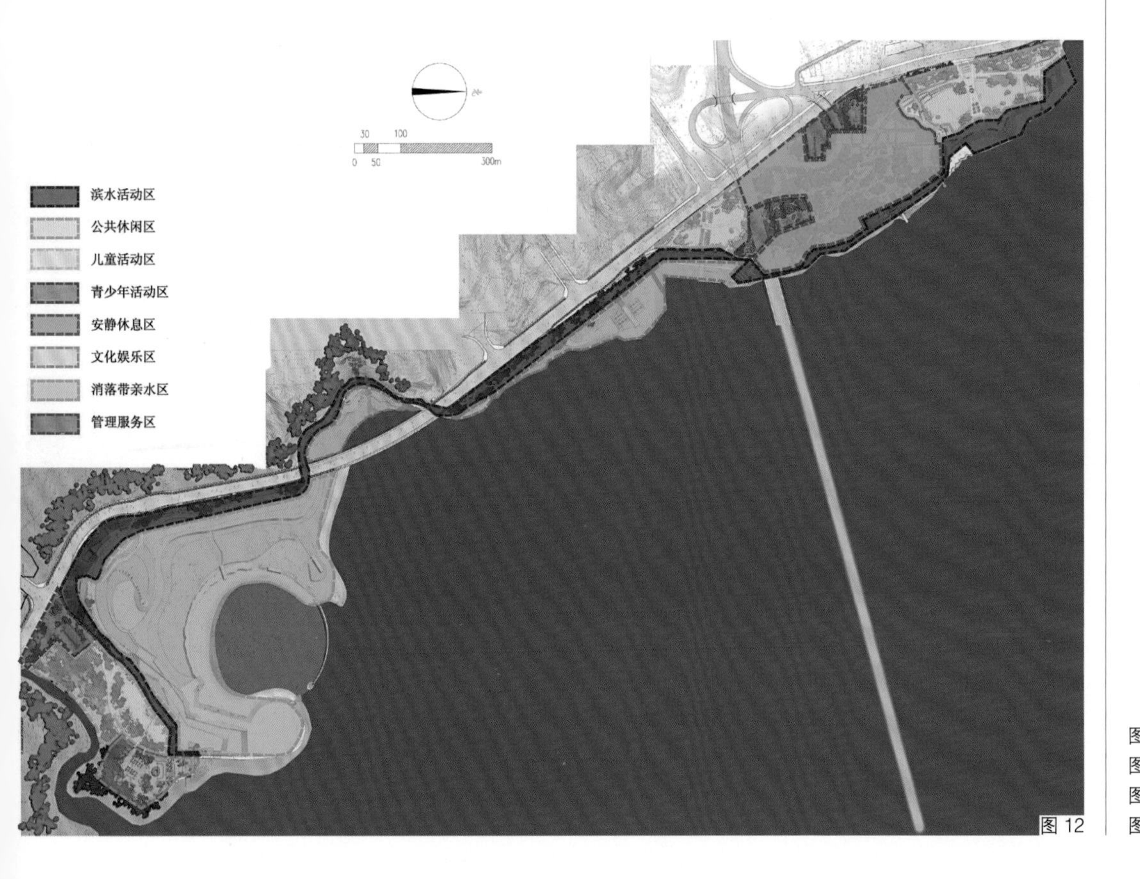

图 12

图 9　公园北部分平面图
图 10　公园中部分平面图
图 11　公园南部分平面图
图 12　功能分区

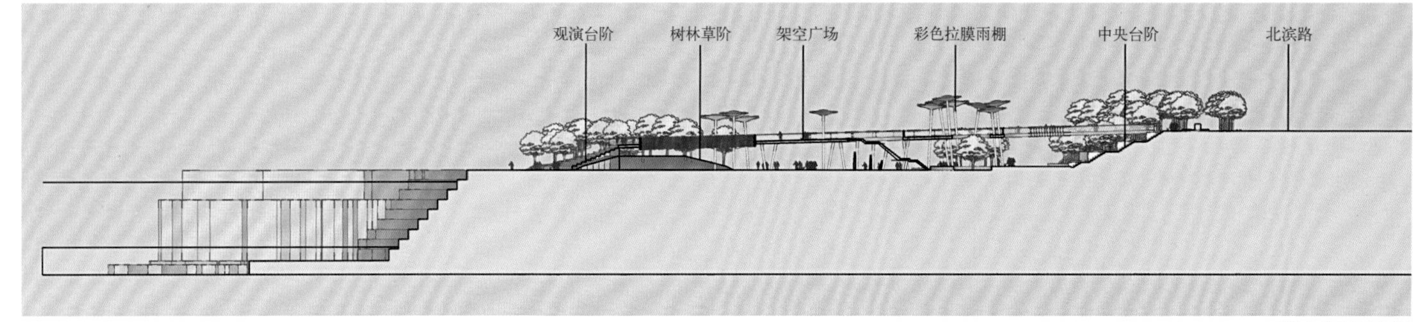

北滨空中广场剖面图

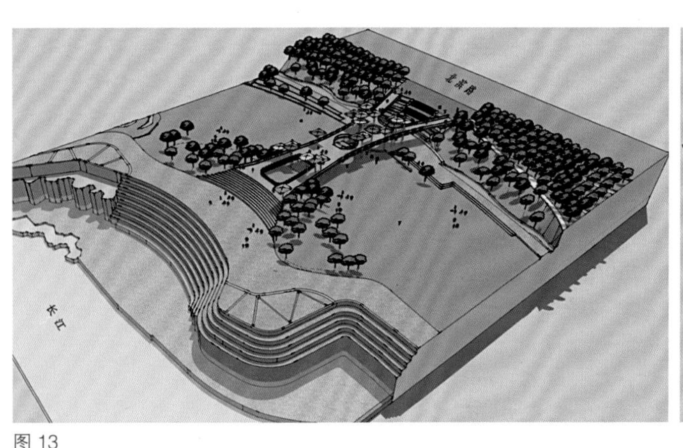

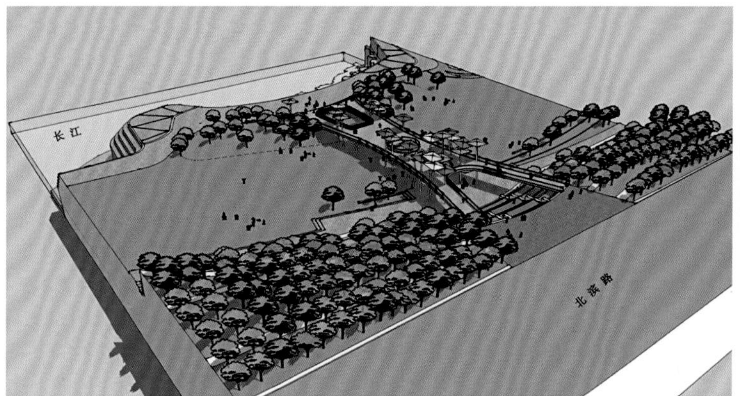

图 13

北滨空中广场效果图

供游览电瓶车通行。

消落带区域规划了必要的临时步行交通线。

（四）竖向设计

保留码头台地、自然山坡、山崖石壁，对破碎的坡地进行填挖土方改造。码头货场硬地改造为带微地形变化的绿地。拆迁建筑地台改造为景观台地。较高挡土墙进行塑石、垂直绿化处理。消落带在保持原貌的基础上，依据景观需要改造。

五、北滨公园滨水景观方案

（一）北滨广场

北滨空中广场作为公园主入口，由于现场市政路和码头广场之间有 7m 高差，为更好地沟通人行道和滨水带。方案提出建造一座架空广场通道。广场尽端结合环形台阶形成一个滨水舞台。广场的支柱是不规则倾斜的圆管，部分伸出支撑一个彩色拉膜遮阳雨棚，丰富广场气氛。广场两边的大草坪连成一体，活动空间更大。

（二）码头广场

依托码头的线条肌理，打造一个具有万州港口文化的亲水广场。硬质景观空间与大草坪空间相互渗透，形成多样化的广场边界。保留码头原有的龙门架、吊塔作为滨水空间的视觉焦点，同时是对万州河港文化的记忆。临水设“175m”艺术坐凳，广场上设有集装箱式的功能服务房，红色的栏杆强化了 175 线上的亮丽风景。

（三）水花园

利用和改造水厂的过滤蓄水池，营造水景，结合公园内部水系的带状地块展开，儿童活动设施和公园生态水系有机结合，为儿童提供安全的亲水环境，同时提供水生植物的科普功能。

（四）动感 175 景观台

位于北段山冈上，由原游泳场用地改造，既是登高望江，一览公园全貌，又是青少年运动场地。整个场地在林荫下面向江景，布置了户外拓展场地，U 形滑板场，篮球场等；利用原有的挡土墙，设计了简单安全的攀岩墙；场地周边设置林荫草台、坐凳、休息廊等休憩设施。

（五）摩崖栈道

利用江边的一段崖壁开凿而成，作为一条展廊，通过摄影、彩绘、石雕等各种形式展示 175 线和万州的历史、文化、生活。

图 13　主入口北滨广场设计
图 14　码头广场效果
图 15　摩崖栈道效果
图 16　台地花园效果
图 17　石瀑园效果

（六）台地花园

依托现状台地，制造台地花园的休闲活动空间。种植野花，形成层层绿台花海，偶尔孤植风景树点缀其中。路间休憩木平台，形成多重半私密小空间，较大的台地改造为林中运动场。

（七）埠头花园

提供利用现状台阶，蓄水期可供游人亲水游玩，同时作为游船停靠点。特色叠级花田丰富了消落带的景观。

（八）石瀑园

位于公园中部滨水带一处河湾。利用现状崖壁，雨季会形成瀑布，通过塑石堆山、筑台建亭，营造石瀑松梅的垂直景观。

（九）缤纷广场

公园南入口广场，利用原堆煤码头平台营造的滨水休闲空间，设计利用木平台和覆土建筑处理与北滨路的 5 ～ 15m 高差。临水面是开敞流畅的带状平台，不规则的内缘线。通过大台阶连通 178、175、166 三级原有码头平台，改造为沙排、足球等休闲台地空间。

（十）活力谷

利用原有码头运输路扩宽改造，由两边山冈相夹以健身为主题的休闲步道。布置健身器械，背后的健身林是一片芳香树林，为人们提供一个在林荫草地中开展健身活动的空间。

（十一）万州阁

位于公园南部制高点，外眺望江。阁内文化展览、文艺沙龙。 建筑造型是对重庆传统民居轮廓线的提炼，衍生出八向景观，层叠渐升的楼阁式建筑，如同耸立港湾的灯塔，光芒炫丽。

（十二）峨眉碛月

峨眉碛是三峡蓄水前，现场此处呈现的一弯大碛坝，形如峨眉，细石斑斑。据记载，万州人每年正月初七“士女渡江南峨眉碛上，作鸡子卜，击小鼓，唱竹枝歌。”峨眉碛月是万州古八景之一，蓄水后已消失。

本次设计是利南部河湾消落带的自然滩地试图恢复峨眉碛月景观。场地开展各种沙滩休闲活动，如沙滩游泳、沙滩排球、沙滩足球、婚纱摄影、聚

图 14

图 15

图 16

图 17

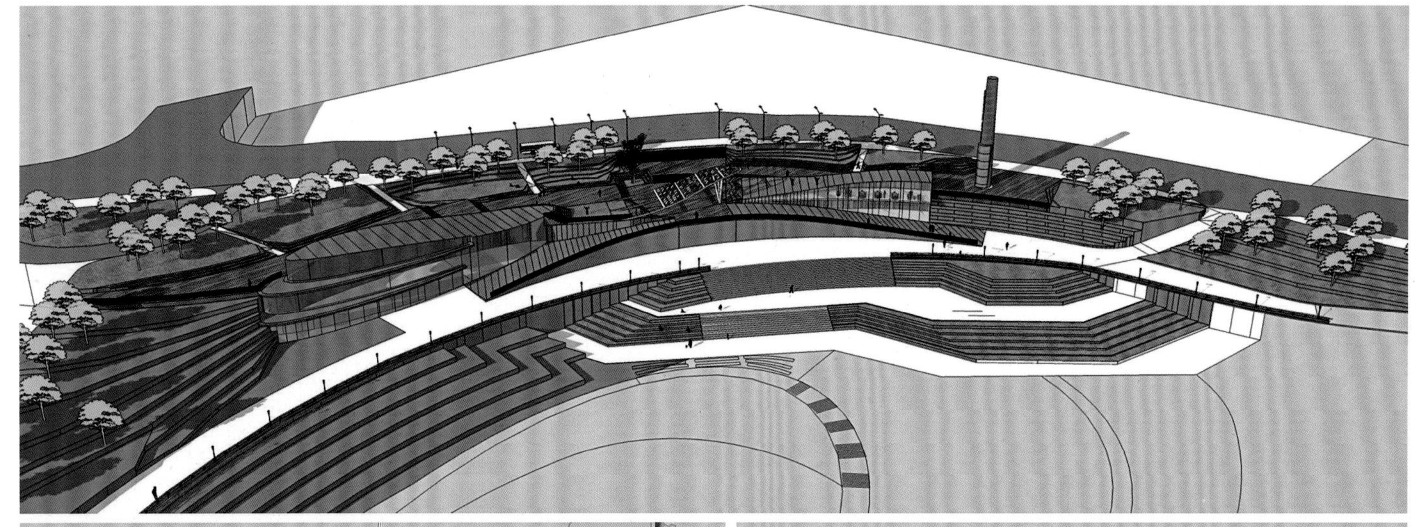

图 18

图 18　南入口缤纷广场效果
图 19　万州阁建筑设计
图 20　峨眉碛月效果
图 21　消落带绿化方案

图 19

图 20

峨眉碛月（6–9 月）效果图　　峨眉碛月（1–5 月）效果图

会庆典等。

这是一个变化的景观。每到长江三峡调控期（夏季），水位降至 145m 时，河滩露出一弯明月，为人们提供大尺度的亲水空间，也成为万州的城市名片。而到冬季，水位升至 175m，将淹没河滩。

六、消落带绿化景观方案

这是一个季节性景观。三峡库区水位 6 ～ 9 月为 145m，1 ～ 5 月为 155m，10 ～ 12 月为 175m。北滨公园消落带（在 145 ～ 175m 变动时淹没地带）用地面积约 30.7hm^2。消落带现状的码头台地、自然石壁、平坝阶地、浅丘坡等。将结合北滨公园总体布局，大部分地块保留原地形，并采取覆绿设计。

利用消落带营建季节性景观和临时性亲水活动场地，利用汛期水位下降露出的自然河岸，恢复峨眉碛、沙滩、芦苇荡、河滩森林、漫滩湿地等水域景观，于夏季设置临时性的游泳场、游船码头、浮

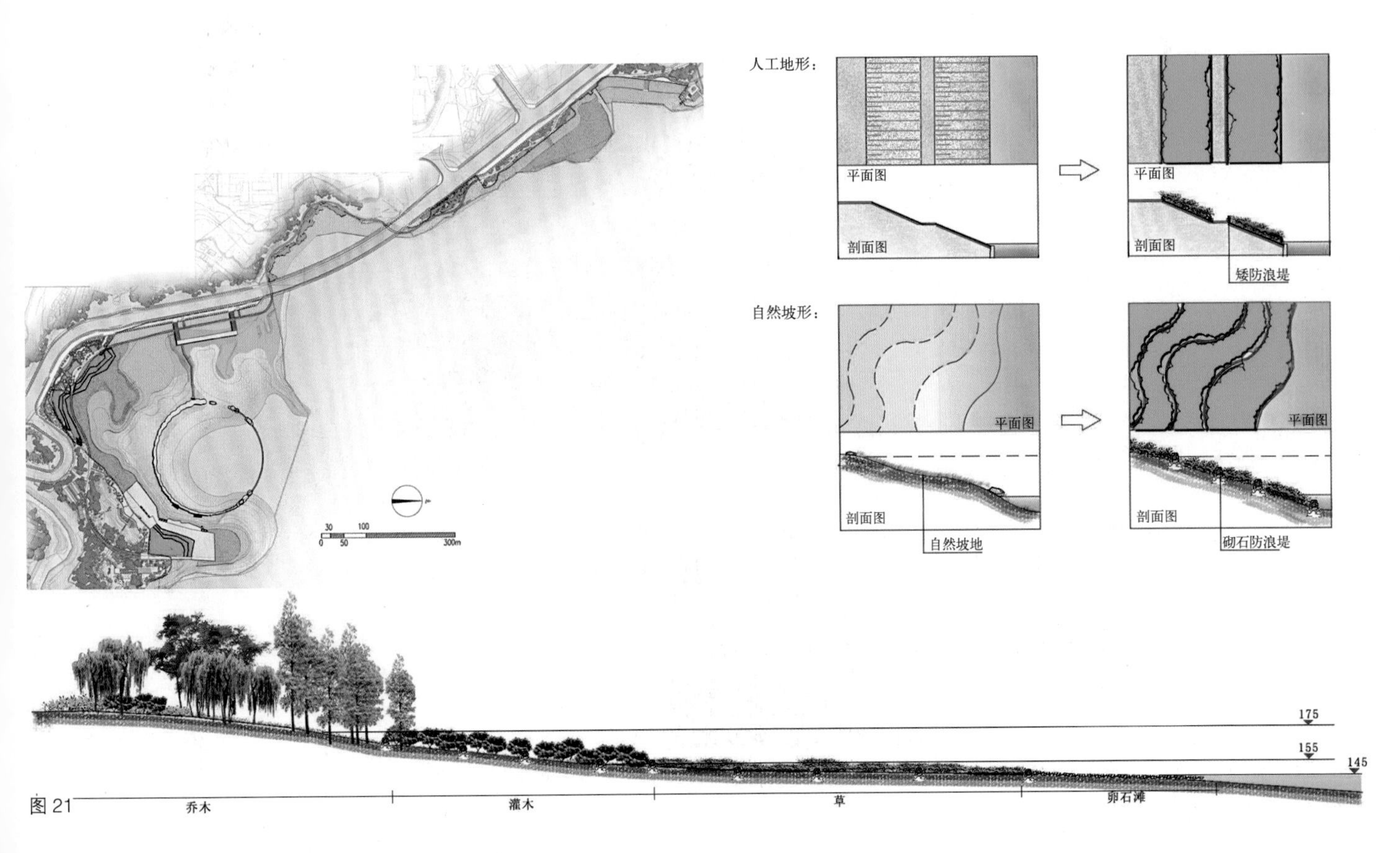

图 21

图 22

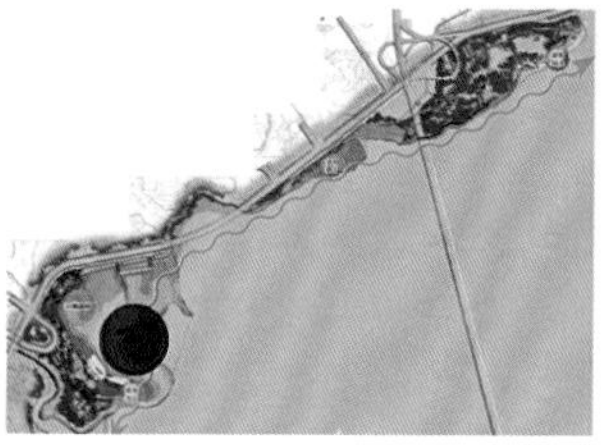

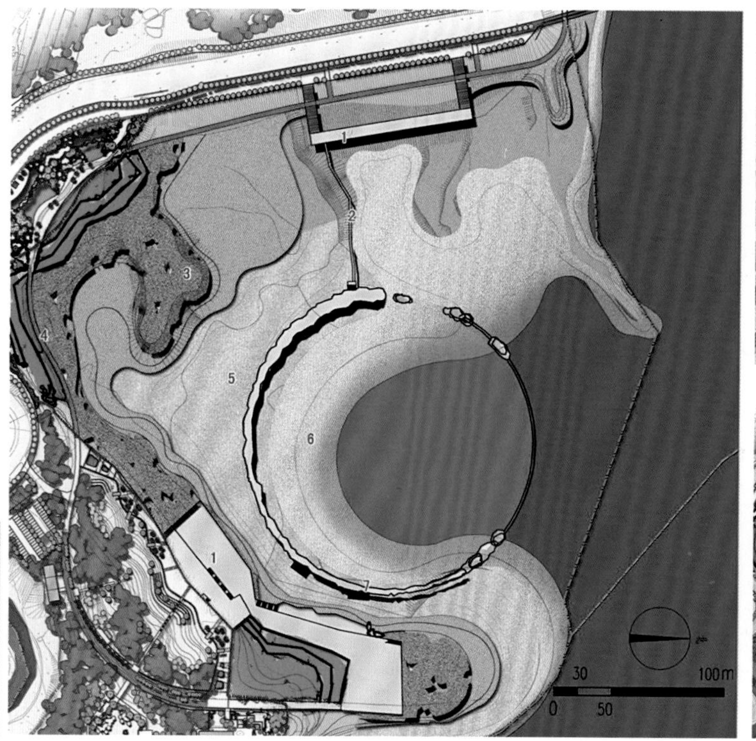

1. 亲水平台　2. 石汀步　3. 河滩森林　4. 架空栈道　5. 卵石滩　6. 戏水沙滩　7. 峨眉碛月

峨眉碛月（6–9 月）平面图

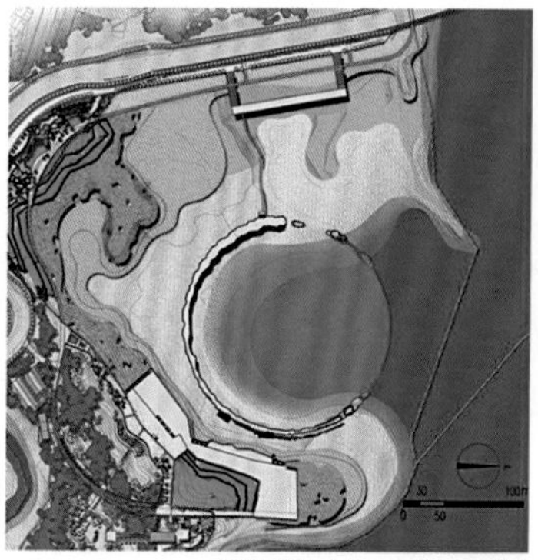

峨眉碛月（10–12 月）平面图

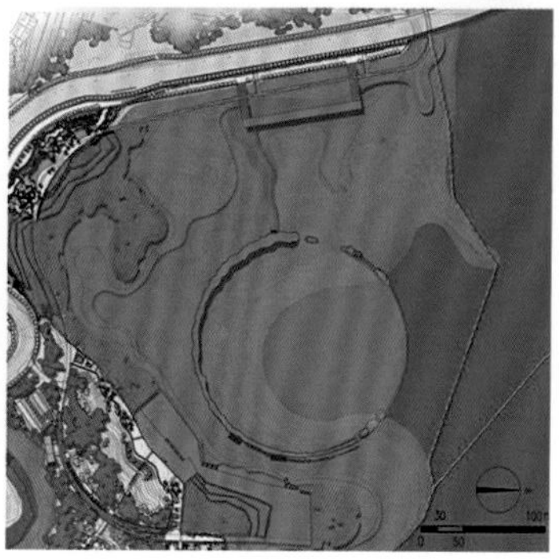

峨眉碛月（1–5 月）平面图

桥栈道等水上娱乐设施。

消落带景观从河滩森林、人工沙滩、亲水平台三个方面处理。

（一）河滩森林的景观处理

大部分消落带地块则通过土方整理、人工种植的方式营造河滩森林的绿化景观。林业部选中的三峡库区消落带的主要绿化树种是中华蚊母和疏花水柏枝。将海拔 150 ～ 175m 的河滩分成若干块，并沿原地形坡地的基础上修建弧形的防浪堤，堤高 30cm 上下，一圈一圈往外延伸。分层的防浪堤内种植了耐水植物，由低到高，构成不同的植物群落。海拔最低的地方，主要种植牛鞭草、狗牙根等低矮野草，这些草能耐淹 100 多天，如同绿毯。再往上走，种植芦苇、枸杞、秋花柳等灌木，这些植物也耐淹，可以受淹 3 个多月。而在 175m 水位线附近，主要种植赤杉、柳树、枫杨等乔木，它们挺立在水边，会形成河湾森林。

（二）人工沙滩的景观处理

人工沙滩的景观处理主要是对峨眉碛月景点的打造，结合现状和竖向设计重新整理坡面，筑石碛，堆卵石滩，形成季节性的亲水活动场地。

通过消落带绿化、石滩土方改造、筑坝围堰、人工堆沙等工程措施营造圆形的江边沙滩泳场，3m 高的斜坡碛坝形如峨眉，护卫着沙滩泳池，碛坝设有台阶方便游人攀爬。夏季水位下降，江面露出半月形的峨眉碛和一湾沙滩，冬季水位上升淹没河湾，形成这一季节性景观寓意恢复万州古八景之一的峨眉碛月。

（三）亲水平台的景观处理

保留现状所有自然石壁。把原有一层一层的码头台地改造利用为亲水活动平台，为保证安全增加栏杆和大尺度的坐凳台阶，同时保留现有亲水台阶。平台上可开展各种沙滩排球、足球、篮球、门球等活动，冬季水位上升，场地减少，夏季水位下降，场地增加。为市民提供更多的临时性亲水活动场地。

沿水边架空的木栈道连接公园南北两部分，河滩岸线种植芦苇等水生植物，弯曲的木栈道穿越在消落带上，形成芦花飞雪的季节性植物景观。

七、绿化设计

北滨公园绿化主要包括公园绿化和消落带绿化。公园绿化运用自然群落式种植模式，以乡土园林树木为主进行种植搭配，营造有当地特色的植物景观。消落带绿化依托现场地形，通过人工分层种植适合消落带生长的植物，营造河滩森林景观。

结合公园功能分区和景观结构，绿化种植分区为 9 个区。分别为滨水特色植物带、疏林草地区、自然山林区、台地花园区、岩石园植物区、芳香植

图 22　人工沙滩平面图
图 23　码头台地改造为亲水平台
图 24　芦花飞雪景观效果图

图 23

图 24

物区、梅花山林区、绿化隔离区和消落带植物区。

八、小结

重庆万州北滨公园作为长江三峡库区移民新城万州的一项重点滨水景观工程。山城场地复杂的地形、三峡库区水位的变化、业主要求的不断更新都是项目推进的难点。

本文旨在通过规划设计方案介绍，达到交流长江三峡库区滨水及消落带景观处理方式的目的。文中若有不当之处，还希望得到各位专家同行的指导和建议。

设计单位：广州园林建筑规划设计院

项目主持人：陶晓辉

项目负责人：梁曦亮

项目参加人：陶晓辉　李　青　梁曦亮　芶　皓　林兆涛　赵炜昊　梁　欣　赖秋红　胡　爽　杨振宇　刘　勇　吴梅生　许唯智

项目演讲人：梁曦亮

关于城市生产用地的转型与利用

——南宁市安吉花卉公园总体规划设计

南宁市古今园林规划设计院／洪　玫　农　丹

一、项目建设背景

（一）区位背景

南宁市安吉花卉公园原址河北苗圃，位于南宁市西乡塘区，地处南宁市西北部，东连兴宁区，西北接隆安县，南靠江南区，东北与武鸣县接壤，西南接扶绥县，全区总面积 1118km²，总人口为 73.48 万。

南宁市河北苗圃是一家集生产科研、园林绿化设计施工、植物租摆、销售服务为一体的综合性园林花卉苗圃。始建于 1958 年，自 2002 年开始就作为南宁市市政用花的主要生产单位之一，也是南宁市园林系统内各项花卉科研工作的承载单位。多年来，对露地花卉的引种、栽培技术研究及推广等方面做了大量的工作，近几年在财政的支持下启动了温室花卉的引种、种植研究及生产活动，填补了我区无中高档花卉生产的空白，打破了温室中高档花卉全部从广东、昆明进货的局面，河北苗圃成为引领南宁市花卉产业发展的龙头单位。

图 1　区位图

图 1

（二）建设规模

南宁市安吉花卉公园项目用地按原南宁市河北苗圃用地红线进行规划。项目规划用地面积 338585.75m²，工程建设用地面积为 296786.35m²。

二、现状概述

（一）工程范围

项目用地东面是规划建设中的秀灵路延长线，西临屯渌村，南濒秀厢大道，北接苏卢村。规划用地面积 338585.75m²，其中市政道路用地面积约 11453.33m²，内河控制用地面积 54156.55m²，建筑用地面积 30346.05m²，工程建设用地面积为 296786.35m²。东西向直线距离约 500m，南北向直线距离约 900m。

（二）自然环境条件

场地内地势平坦，没有太大的高程变化；场地与周边环境的高差不大，主要是规划中五水河岸顶标高为海拔 77.20m，苗圃现状标高为海拔 75.25m 至海拔 75.88m，标高相差约 1～2m。

苗圃内零星分布有大大小小的鱼塘 3 处，面积约为 19692m²，主要水源是降水和屯渌村的污水，水质较差，主要起到蓄水灌溉苗木作用。

据勘测，场地内有地下水资源，出水量为 30m³/h，水质含铁、锰等离子；五水河流经公园的东面，河道宽度约 3～5m，与现状道路高差约 1～2m，水质污染严重，景观效果较差，规划定位是城市滨水绿地，改造后河道宽度为 7m，防洪控制淹没线宽度为26m，岸顶游步道宽度为5m，铺装材料为青石板，景观水位海拔为74.20m；规划的心圩江支流经过规划用地范围，东西向横穿公园。

（三）植被

苗圃内植被乔木主要有大花紫薇、大王椰、凤凰木、麻楝、扁桃、木菠萝、木棉、秋枫、芒果、青叶垂榕、柳叶榕、小叶榕、白玉兰、人面果、黄花风铃木、无忧花、仪花、蓝花楹、洋蹄甲、香樟、腊肠树。灌木主要有四季桂、八月桂、红花檵木、金叶垂榕、三角梅、黄金榕球、福建茶球。棕榈科主要有董棕、大王椰。地被主要是时令花卉。苗圃内植被长势良好，本次公园规划中保留一些原有的大树融入新景观中，减少不必要的经费开支。

（四）建构筑物

场地原有温室大棚、临时办公楼、职工宿舍楼、废弃的学校旧址、工人临时住所、抽水房、配电房、仓库等。温室大棚可以满足规划后的生产需要，予以保留，并保留临时办公楼。由于市政路规划经过职工生活区，只能保留部分职工宿舍楼，其余拆除。学校、工人临时住所拆除；抽水房、配电房、仓库拆除，需重新设计。

（五）周边用地及建筑情况

地块东面是市政局生活区和公务员小区，已建成的市政局生活区住宅楼为中高层建筑，公务员小区住宅楼为高层住宅，正在建设之中；西面和北面是砖混结构民房，一至多层不等。南面为广西大学行健学院宿舍楼，楼高8层。

（六）优势分析

1. 地理位置优势：项目选址位于南宁市西北部，周边的交通干道均为城市主干道，规划中的轻轨二号线在安吉站设有站点，有着便利的交通网络，为旅游提供了便利的条件。

2. 资源优势：安吉花卉公园是在河北苗圃的基础上扩建。河北苗圃是一家集生产科研、花卉生产、植物租摆、销售服务为一体的综合性园林花卉苗圃，具有50多年的苗木生产销售历史，在露地花卉的引种、栽培技术研究及推广等方面具有丰富的人力、技术资源。

3. 苗圃内现有的一些植物和生产设施、设备可以继续保留利用。

4. 技术优势：建成后的安吉花卉公园承担花卉科研任务，河北苗圃本身就已经具备花卉科研的技术。

（七）劣势分析

1. 河北苗圃虽然建成多年，但其性质为园林生产绿地，缺乏基础设施及配套设施，随着区域的城市化发展，游客对公园的需求也越来越多，公园各项目配套服务设施远远无法满足游客的需求。

2. 虽然可以保留利用一些原有的生产设施、设备，但要实现科技化、现代化的花卉生产的目标，还存在一定的困难。建成后仍需增加先进的生产设施、设备，引进科研人员，建成科研场所，才能适应城市园林绿化产业发展的需求。

3. 五水河经过公园的规划用地，公园绿地被分割，加上现状五水河水质较差，对公园的空气质量形成较大的影响。

三、项目建设的必要性

1. 完善全市园林产业结构，满足建设国家生态园林城市的需求。

2. 完善城市公园建设，提高城区周边居民生活质量。

3. 提供科普展示、传播花卉文化场所。

4. 完善城市区域建设，带动城市经济发展的需要。

5. 创造优美、和谐的生态宜居环境，建设广西“首善之区”的需要。

四、设计指导思想、功能定位及设计原则

（一）设计指导思想

充分结合南宁市“创三城”的目标和要求，通过公园的规划和建设，完善全市园林产业结构，形成比较完善的市级公园体系。同时，通过公园的建设，创造宜人的环境，为市民创造良好的户外活动场所，提高城区周边居民生活质量。

（二）规划定位

本公园的定位是以花卉观赏为主，集游览、生产、科普于一体的市级专类公园。

（三）设计原则

1. 满足行洪排涝要求原则。

图 2　总平面图
图 3　景观分析图

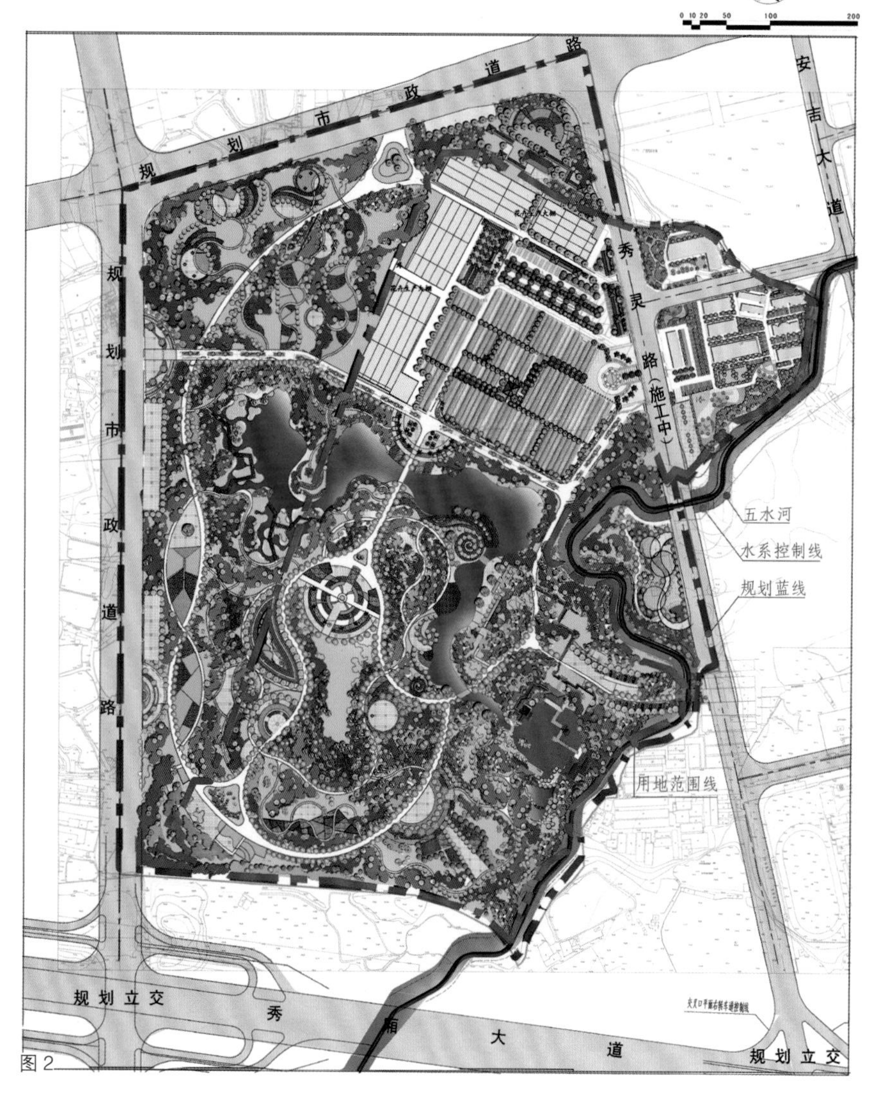

图 2

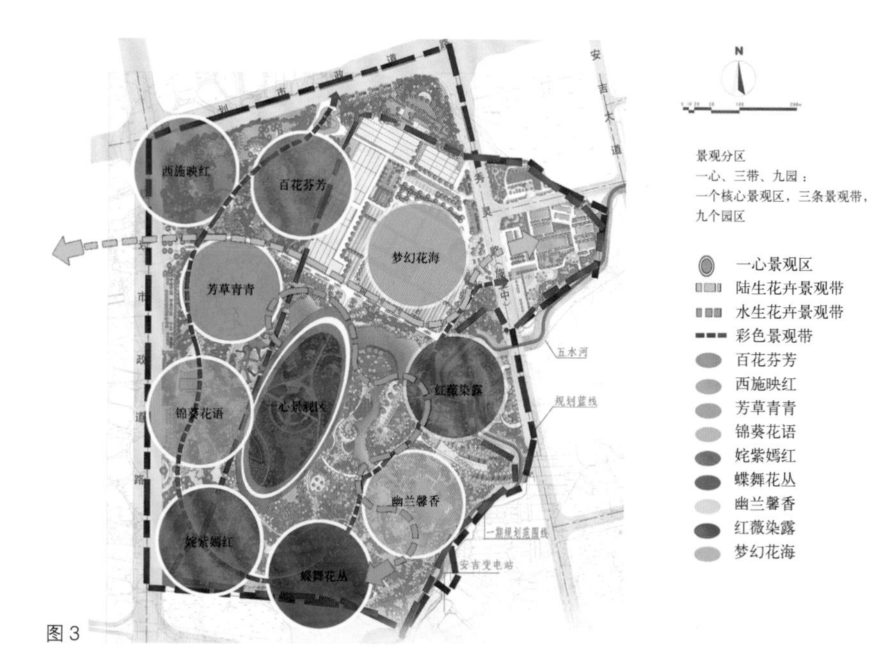

图 3

2. 功能性原则：满足花卉观赏、科研、科普、生产、展示、休闲等功能。

3. 文化性原则：以花文化为设计灵魂。

4. 以人为本原则：充分考虑游客活动需求与环境感受，合理规划布局，创造适宜市民和游客观光、休闲的环境。

5. 生态、节能原则：创造节约型园林。

五、设计构思和布局

（一）设计理念

以花卉文化为载体，以花卉植物为设计元素，打造迷人的花卉王国，展示花卉的自然美、意境美；同时，通过内容丰富的花事活动，挖掘、提升花文化内涵，弘扬花文化，丰富群众文化生活，激发人们对自然的热爱。

（二）设计构思

充分利用原河北苗圃在花卉生产、科研上的各项条件优势，因地制宜，科学合理规划，以花卉植物为主要景观元素，运用花境、花山、花坡、花墙、花廊等不同园林景观布置手法，形成四季有花开，时时有花赏的生态游园环境。并以花为媒，创造丰富多彩的花卉生产展示、文化传播、科普教育的环境场所。

（三）设计目标

1. 创造人与花鸟、森林、湖泊、阳光、新鲜空气与建筑自然交融的优美景观。

2. 提高城市公共空间品质，提升城市形象。

3. 成为花卉科普展示基地。

4. 为打造绿城都市休闲景点提供富有特色的范例。

（四）总体布局

总体布局：一心三带九园。"一心"即花卉广场核心景观区。"三带"即陆地花卉景观带、水生花卉景观带、彩色景观带。"九园"即梦幻花海、红薇染露、幽兰馨香、蝶舞花丛、姹紫嫣红、锦葵花语、芳草青青、百花芬芳、西施映红。

1. "一心"：花卉广场核心景观区

位于公园休闲娱乐区的中心地段，主要是利用开阔的广场，种植世界各地的国花、名花，以盛产花卉的欧洲花卉为主，形成震撼的、五彩缤纷的效果。设有五彩广场、彩虹桥、缤纷广场、绿野仙踪、花卉迷宫、醉花坡、醉花亭等景点。

2．“三带”

（1）陆生花卉景观带：位于公园主入口左侧大道，道路中央设 4m 宽花卉景观带，采用壮锦的图案元素作为模纹花带的纹样，在花带中层和上层种植造型植物，同时点缀园林园艺小品，烘托氛围。主要景点有花卉科普长廊、壮锦花带、幽坛遗梦、卧石藏月。

（2）水生花卉景观带：紧邻陆生花卉景观带，规划把公园原有的鱼塘打通，重新修整湖岸线，经过设计改造形成蜿蜒曲折的湖泊，宛如天成，取名“锦湖”。沿湖边设置亲水平台、木栈道、亭、廊等园林建筑小品，加强园林景观的营造。利用锦湖蜿蜒的水面，通过各种水生观赏植物的合理规划，可使水域景观形成水波涟漪、莲荷片片、鸟语花香、色彩缤纷的优美而独特的景观。

（3）彩色景观带：主园路两侧5m作为重点地段，精心打造成彩色景观带。行道树采用自然式栽植方式，运用各具特色的花灌木、地被组合成绚丽斑斓的植物组团，通过多样化的观花植物搭配，形成高低错落、色彩参差、富于变化的植物景观空间，营造出“人行树荫下，花草随行间”的绿化新景观。

3．“九区”

（1）梦幻花海：展示花卉的色彩美。位于公园主入口陆地花卉生产基地处，主要向游人展示一、二年生草本宿根花卉景观。主要设有温室大棚、花卉科普长廊、园艺展示长廊、花田、风车塔景点。

（2）红薇染露：位于公园 2 号门处，以攀爬植物造景为主，用浪漫华丽的藤本蔷薇、藤本月季、宝巾花作为主要造景植物，打造浪漫满园的意境。设有蔷薇花架、枯木桩花卉盆景、花海迎宾景点。

（3）幽兰馨香：以兰科植物和芳香植物作为主要观赏特色。兰科植物主要是布置在一组名为幽兰苑的江南传统园林风格的院落内，以兰花观赏为主题，内设兰花展示区，兰花种植区等区域，通过展示兰花这一中国传统名花，营造一种浓厚的兰花文化氛围；芳香植物主要是布置在院落外的环境中，主要树种选择白兰、黄兰、桂花、含笑等植物，通过合理的规划布置，人们感受花卉的香味美。

（4）蝶舞花丛：通过大花、丰花乔木和苏木科植物的搭配种植，形成以观赏苏木科花卉为主，其他开花植物为辅的花卉欣赏区域。苏木科植物花瓣多呈蝴蝶状，同时在乔木上栽植寄生兰，攀爬类植物，一年四季花开不败，仿佛美丽的蝴蝶在花丛中翩翩起舞。主要景点有“花海行云”、“千步石丛”“唐诗花园”“宋词花园”等。

（5）姹紫嫣红：位于公园西南部，利用苗圃目前生产用地土坡进行微地形改造，营造丰富的空间。该区域的主要特点是大面积的种植各类品种的紫薇如大花紫薇、小花紫薇、日本紫薇等，紫薇的种植一直蔓延到公园的主园路，希望在春夏交替的时候形成一片热闹的花的海洋，起伏的地形勾勒出一片紫薇花山的美丽景象。该区域的中心是一块休闲地坪，可供游园赏花的人们休憩停留。主要有紫薇花山、紫薇花海、观花小径、花语欢歌等景点。

（6）锦葵花语：该区域的主要特点是种植各类品种的锦葵科植物如大红花朱槿、泰国黄朱槿、粉喇叭朱槿、黄槿、木槿、悬铃花、蜀葵等，特别是种植了南宁市市花朱槿，打造市花观赏园。用多种方式来繁育、宣传和展示市花，让市民对市花的丰富内涵、栽种知识有较深的了解，打造市花文化品牌，提高市花的文化品位。

（7）芳草青青：主要通过自然式布置管护简便、具有观赏价值的草本植物。观赏草特有的线型结构、植株形态、动感韵律及其特征随着季节发生的变化，给人们提供了丰富、独特的美感。观赏草结合微地形改造，单株种植或丛植，可观其质朴清新的叶丛或朴实飘动的花序；行植，则形成具有动感的屏障；成片种植，组成色彩丰富的自然斑块。主要景点有“风之舞”“露丛栈道”、“莺飞篱岸”“芳草亭”等。

（8）百花芬芳：位于公园西北角，通过露地宿根花卉和球根花卉的种植，模拟自然风景中野生花卉在林缘地带的自然生长状态，设计数条美丽迷人的自然式花境。主要景点：“芳香之路”、“斑斓之路”、“繁盛之路”、“花儿乐园”。

（9）西施映红：该区域的主要特点是种植以杜鹃花科植物造景为主的专类园，结合植物、广场、园路、地形等景观要素，配置各种杜鹃花种类与品种，真正将“杜鹃花”融入公园的“特色景观”之中。依杜鹃花种类品种、花期不同设置有春鹃系列（“春满人间”）、毛杜鹃系列、夏杜鹃系列（“鸟语花香”）、高山杜鹃系列、烂漫鹃海（春秋二季性杜鹃）、“杂交杜鹃园”、“常绿杜鹃园”等景点。花色主要为紫、粉、红、白，并依花型分为单瓣、套瓣和重瓣分片种植。

（五）功能分区

根据公园的功能定位及空间景观序列，设计将公园划分为花卉生产展示区、花卉观赏游览区、科研办公区、后勤保障生活区，各功能区有园路与各景点相通，既独立又相互联系。

1．花卉生产展示区

位于苗圃现状花卉生产区域，以花卉生产、科

图4　鸟瞰图
图5　幽兰苑效果图

图4

普展示、经营为主要功能。相应布置有公园大门、温室大棚、露地花卉生产基地、花卉科普长廊、花卉园艺展示长廊、壮乡花卉景观大道。它不仅是园区的生产基地、也是园区对外的主要出入口和通道，同时还是园区景观游览线的起始点和标志点。

2. 花卉观赏游览区

此区是全园最大的一个区域，位于公园的南面，是游览的核心区；相应布置了九个特色主题园区，分别是梦幻花海、红薇染露、幽兰馨香、蝶舞花丛、姹紫嫣红、锦葵花语、芳草青青、百花芬芳、西施映红。

3. 科研办公区

位于公园东北角，以开展花卉科研为主要功能。

4. 后勤保障、生活管理区

位于公园原有的职工生活区，以保障公园的各项生产为主要功能，满足公园后勤及生活管理需要为辅。

六、竖向设计

以尊重现状地形为主，在合理开发的原则下进行竖向设计。

1. 根据五水河规划，其岸顶标高高程为77.20m，与五水河相接处公园规划标高为76.20m，考虑以微地形改造，结合种植花卉和灌木作为过渡和遮挡。

2. 规划利用原有三个鱼塘，将其开挖修整，形成面积达4.2hm^{2}的大水面，取名为“锦湖”。锦湖常水位线标高为74.50m，最低水位线标高为74.00m，最高水位线标高为75.80m，驳岸线标高为76.10m。利用开挖出的塘泥堆砌成山坡，取名“醉花坡”，形成全园的制高点，设计标高为79.50m，坡度为3%～5%。

3. 锦湖中的小绿岛标高为74.80m。通过合理的竖向设计，形成地形的多样变化，使空间达到步移景异，功能与景观融合为一整体。

七、园路规划与交通规划

（一）园路规划

主要园路分为三级，一级主园路，贯穿于整个园区，宽度为5m，路面材料为改性沥青；次路，贯穿于各个景区，道路宽度为3m，路面材料为透水砖；三级游步道贯穿于各个景点，宽度为2m，路面材料为青石板、卵石等。以三种不同等级的园路构成公园道路系统，满足游人观光、游憩、亲水等不同的活动体验需求。

（二）交通组织

沿市政路设置出入口，方便游人从各个方向到达公园，共设有五个出入口。

（三）停车场设置

利用公园现状大王椰林区域设计生态停车场，面积5800m^2。同时在公园的各个出入口都分散布置停车场，面积4900m^2。

八、绿化设计

（一）规划原则

1. 特色性原则：以植物的各种花卉形态为主要观赏特色。

2. 适地植树原则：以乡土植物和花卉为主，外来树种和花卉为辅。

3. 文化性原则：充分挖掘花卉的特色文化，运用廊架、石雕、景墙等多种造景手段，展示、弘扬丰富多彩的花卉文化。

4. 艺术性原则：运用多种造园手法和种植方式，生动艺术再现花卉的各种形态和姿态。

（二）规划构思

公园绿化在满足功能的前提下，整体突出观赏各种形态的花卉为特色，通过点、线、面的布局形式，运用丰富的植物造景形式，形成结构形式组合不同风格的绿地空间。

（三）各分区主要植物品种选择

基调树种：桑科、漆树科、樟科、杜英科。

特色树种：木兰科、苏木科、蝶形花科、锦葵科、杜鹃花科、千屈菜科、禾本科。

景观分区	主要植物种类
百花广场	一二年生花卉、球根花卉
陆生花卉景观带	精品花卉、时令花卉、造型植物
水生花卉景观带	水生花卉、湿生花卉
梦幻花海	温室花卉、珍稀花卉、时花类、开花乔灌木、棕榈科
红薇染露	藤本植物（以蔷薇科为主）
幽兰馨香	香花植物（以兰科、木兰科植物为主）
蝶舞花丛	开花乔灌木（红色花、黄色花、蓝色花）、岩生花卉
姹紫嫣红	开花乔灌木（紫色花）
锦葵花语	锦葵科植物
芳草青青	地被观赏草、水生、湿生观赏草
百花芬芳	露地宿根花卉、球根花卉
西施映红	杜鹃花科植物

九、园林建筑

在设计理念上，首先坚持实用美观和环保生态节能的设计原则。利用广西本地的建筑工艺，材料主要选择木材，不施彩绘，保持江南园林建筑中清新淡雅的效果。

图 5

在设计风格上，主题园区的建筑以江南建筑为蓝本进行设计，坚持建筑小巧玲珑、布局合理的特点，园内根据台地地形布置文化廊、亭、轩、榭等园林建筑，布局错落有致，清静幽雅，处处体现出江南园林建筑的神韵；服务、管理建筑以古朴、典雅风格为主，与江南建筑风格相协调一致；大门建筑就建筑形式而言要反映公园的风格，体量也要适宜，不能遮挡园内太多的自然景观。以“兰”为设计元素，风格上以现代、简练为主，使整个建筑与花卉的文化融为一体。

十、结语

通过生产用地转型为供市民游览、观光为主的公园，不仅需合理的利用规划，还要妥善处理保障发展与转型后的关系，尤其要妥善解决发展的问题，这才体现了科学的发展观，且必须加快提高后期公园综合功能利用的完善性和效益性，能够借助转型的同时，改善周边环境，提高群众的文化生活水平，并在取得社会效益的同时也要得到广大群众的认可。

设计单位：南宁市古今园林规划设计院
项目负责人：农　丹
项目参加人：洪　玫　甘　雨　韦玲玲　张　前
　　　　　　杨宁彬　傅汉媛
项目演讲人：洪　玫

赣州市章江新区中央生态公园及蓄洪排涝工程设计

浙江省城乡规划设计研究院园林一所／杨永康　张秀珍

一、项目概括

（一）项目背景

为加快赣州市城市化进程，实现赣、粤、闽、湘四省通衢的区域性现代化中心城市的目标，赣州市委、市政府提出了把章江新区建设成为宜居、生态、具有赣州特色的新城区，从而进一步提升新城区的城市品位，改善生态景观和蓄洪排涝能力，并委托清华大学的专家对此进行专项研究，清华大学环境景观学、城市规划学、水环境等方面的专家结合章江新区建设用地的现状特点，按照章江新区控制性详细规划的要求，通过反复论证，确定在章江新区建设一处集休闲、景观、生态、蓄洪、排涝于一体的城市中央生态公园。

（二）工程概况

中央公园位于赣州市章江新区中央金脊中部，规划的益光路南侧，属于新区三心之商业中心区的绿心。水溪西起中央公园，跨越规划的发展大道向东南方向延伸至章江黄金岛附近。总用地面积56.7hm^2。

二、公园设计构思

设计以中央生态公园为景观核心，以乡土文脉为线索，以水绿风光为基质，以各具主题的休闲活动为特色，采赣州山水风光之灵气，续传统生态堪舆学说之精髓，承八景文化之底蕴，将文峰揖秀、玉容揽月、八境汇亭等新区八景珠链般镶嵌在中央生态公园及水溪绿带组成的空间序列中，成为章江新区的绿色明珠。

三、公园设计风格定位

公园设计整体风格强调“自然生态、富有人文

图1

图1　中央公园鸟瞰图
图2　总体景观规划结构图

气息”，充分利用现状自然条件，结合章江新区控制性详细规划的要求，将中央生态公园建设成生态环境、景观环境与蓄洪排涝工程有机融合的综合性城市中央生态公园。

四、设计目标、愿景

（一）设计目标

优化城市生态功能；提升新区景观品质；传承和弘扬赣州地域文化；打造新区绿色明珠！

（二）愿景

中央公园及水溪绿地最终将成为章江新区的生态绿肺，市民休闲娱乐的绿色城市客厅。

五、规划结构及功能分区

（一）规划结构——一轴、一心、三段

1．一轴：即水轴，贯穿规划区域内的水系形成的水景轴，是公园及水溪的灵魂。

2．一心：即中央生态公园，是新区的绿肺、景观核心。

3．三段：根据水系的形式及规划的路网分成三段风格各具特色的主题区段，生态水渠景观段、特色溪流游览活动段和郊野滩林游憩段。

（二）功能分区

根据各区段及中心公园相临地块的用地特征具体可细分特色鲜明的区块，其中：

1．一心（中央生态公园）可分为五大功能区块：广场娱乐活动区、溪林探幽游憩区、生态运动休闲区、湿地风光游览区和中心湖区。

2．三段：特色溪流游览活动段根据两侧用地性质及特性可分为特色文教活动区和居民户外游憩区。郊野滩林游憩段可分为：郊野滩林体验区和林下健身活动区。

六、公园文化表现策略

（一）续传统生态堪舆文化之精髓

风水学说在去除其封建迷信的糟粕之后，其在城市村落选址、房屋建造、城市规划等多方面的理论阐述是一门值得深入研究学习的科学体系，这早

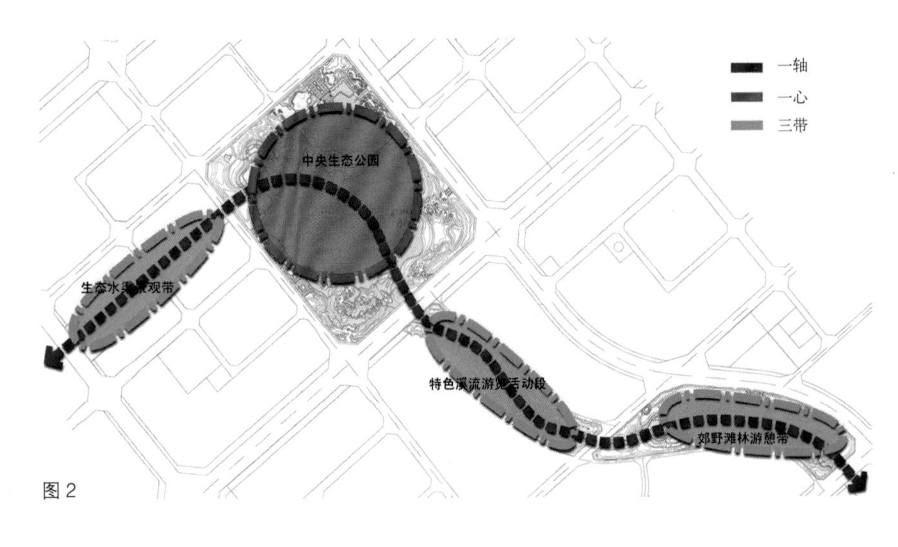

图 2

已是今天城市规划决策者、城市规划师们的共识。其天人合一的理念，朴实的生态观以及对自然环境的尊重早已成为我们学习的对象。

作为在赣南风水学说直接影响下的赣州老城区，其北面“崆峒峙其前，三阳枕其后，章贡佳水环绕”的景观格局已经活现了经典的形势派堪舆学理论，成为古往今来赣州城名人辈出，经济发达最有利的环境优势。作为章贡区最重要的景观绿心，本设计在充分借鉴形式派堪舆理论的基础上，将堪舆学说中最基本的理想风水格局“玄武、朱雀、青龙、白虎”的布局结合中央公园水溪的处理、地形的塑造和景观小品的设置以及溪流进出水口的处理，以求景观学与堪舆学说的理想结合，营造区域性的上佳堪舆形式。

1．藏风得水——水溪与湖泊的营造

堪舆学认为理想的风水形势应“藏风得水”，其中以得水为上。同时认为“气乘风则散、界水则止”，水喻财富，宜聚而不宜直泄。设计因势利导将章江之水引至中央生态公园，形成大小湖泊（明堂），此为聚水而聚财。在湖泊下游出水口采用回环顿挫、如钩似钳的水形锁住水口，并通过乔木、地形的遮挡屏蔽出水之方向，从而在章贡区形成藏风聚气的风气格局。

2．玉带桥、笔架山、文峰塔——喻新区文风鼎盛

设计在大小明堂之间设玉带桥一座，如蟒袍玉带缠绕在区政府门前，在区政府最南面设置高低错落形同笔架一样的地形，成为笔架山；山右侧湿地湖岛的水口之间设文峰塔一座，既是水口塔，也作文峰塔，成为南侧的标志性景观，同时也赋予美好的堪舆形势学喻义。

3．青龙白虎，左环右抱，明堂开阔——成就新区大都市气象

堪舆学说认为明堂须开阔，其左右须有砂、埠（地形或山体或建筑围合）进行环抱，方为理想风水模式。设计充分利用中央湖泊两侧的场地、建筑、植物、微地形共同营造左青龙右白虎呈环抱之势，而中心大湖面水汽氤氲，开阔大气，象征新区建设如万象更新，领导决策有条不紊，沉着大气。承天时与地利，谐人和，绘新区大都市之美好前景。

（二）承八景文化之底蕴

当年，宋代孔宗翰在古虔州（今赣州）北面城墙上修建了一座石楼，名为八境台，并就台上所见虔州景物画了八幅图画，名为虔州八景，即：八境台、章贡台、白鹊楼、尘外亭、皂盖台、郁孤台、马祖岩、峰山八景。后请苏东坡为其八幅图题诗作赋，以表咏赞；苏轼虽未到过虔州却以渊博的学识和丰富的想象力描绘了虔州美景，写下了《虔州八境台》八首诗，由此一举开创了赣州乃至中国“八景文化”之先河。后来，中国各大城市均先后推评城市八景、十二景或二十景等，成为中国名城景点文化的开端。

中心公园位于章贡新区，为承古赣州八景文化之底蕴，开新区八景文化之新篇，设计根据公园各区块景观特色与文化景观品质，营造公园八个特色景群，谓之章江新区中央公园“八景”。

1. 八景之一：虔州印象

位于中央公园北部广场区域，该景点以灯光夜景、水幕电影、喷泉、城市广告为特色，将古虔州的著名山水文化景观、新时代章贡区的城市建设蓝图、发展规划以声、光、电的手段集中展现，成为市民了解古虔州历史底蕴和新区未来城市发展建设的窗口，谓之“虔州印象”。

2. 八景之二：玉穹揽月

位于中心公园景观中心，以贝壳膜观演建筑为中心，其穹隆式的结构轻盈跃动。当晚上华光溢彩，皓月当空，游人泛舟湖上，抬望眼，洁白的穹隆贝壳仿若天仙，跃然于湖上，欲揽当空明月，故名为玉穹揽月。

3. 八景之三：花谷境野

位于中央公园西北角，设计以成片的自然草花漫布于溪流，地形谷地以及林下，绢绢溪流；生态盎然，野味横生，命为花谷境野。

4. 八景之四：八境荟亭

位于中心公园湖区东部湖中小岛，设有一赣州名人史迹碑亭，将古赣州的历史名流及著名歌咏名句刻写于碑石之上。碑亭四周碧水荡漾，游人至此，当读历史先贤之名句、阅谪人之多舛人生，顿觉思绪万千，观湖水之浩荡，体清风之无边，思人生路之漫漫，想事业之发展……，古命八境荟亭，取追古思今之意。

5. 八景之五：文峰揖秀

位于生态公园西南侧，设文峰塔一座，取新区文风鼎盛之意。当游人登临斯塔，环视四周，远山近水，高楼大厦，皆收眼底，故命文峰揖秀。

6. 八景之六：榕林探水

位于生态公园下游与规划桂家路之间的水溪区块，设计以成片的榕树栽植于溪水两侧，宽大的榕根盘根错节，与溪水和谐共生，形成榕树探水的特色景观。

一期：生态湿地公园

重点：放在水系、湖泊与地形植被的建设

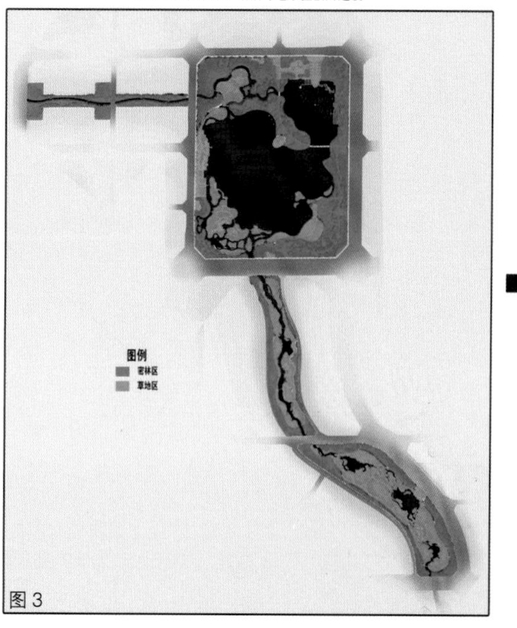

第一阶段：广场娱乐活动区＋生态水渠景观区＋居民户外游憩区

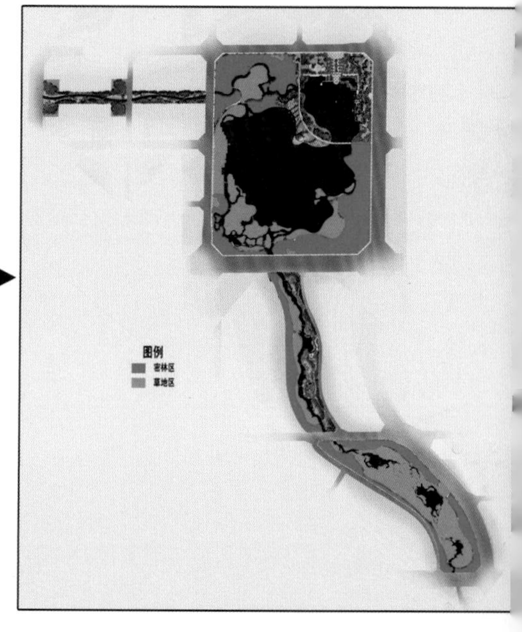

图3　公园分期规划图

7. 八景之七：涧盈潭幽

位于生态公园下游段中上部，设计在利用溪水的自然落差及现状湿地滩涂的景观格局上，设置跌水、溪潭，溪水两侧堆山植树，形成林深物茂、涧盈潭幽的乡野景观。

8. 八景之末：芦湾慕鱼

位于水溪公园下游位置，设计沿水形成众多的水湾洲岛，遍植芦苇，溪水中放养各式鱼类。当游人临溪而游，当慕鱼群之无忧无虑，故名芦湾慕鱼。

七、公园发展战略

根据公园建设的总体目标及相临地块的开发时序与建设力度来统筹公园的建设时序，采用演替渐进式的发展思路，规划将公园的发展分成三个阶段。

（一）第一阶段——生态湿地公园

公园的一期建设将主要满足公园的蓄洪排涝城市功能要求，工作重点放在水系、湖泊与地形植被的建设上，各区块的功能场地与建筑设施以绿化用地的形式预留，绿化分密林与疏林草地两种主要空间形式，其中方案中的建筑设施与硬质场地空间以疏林草地的形式，而设计中以绿化为主的地段中采用密林的种植形式，成为二期建设用地的临时苗圃基地、中等乔木的临时培育基地，及充分利用的公园的土地，同时也减少了一次性绿化建设所需的资金额度。这样，设计方案中的水陆形态、植被空间将形成雏形。公园主要呈现的是一个完全自然式的生态湿地。

（二）第二阶段——湿地公园＋游园

随着一期生态湿地以及规划利好的推动，公园两侧土地价值逐渐升高，开发时机逐渐成熟，两侧各功能区块按照新区总体的建设思路呈梯队式开发，公园各功能区块的建设将先于相临地块的开发建设而建成，从而进一步提升相临地块的土地价值。这时公园将呈现湿地公园＋局部建成的小游园的形式。

（三）第三阶段——城市综合性的中央生态公园

随着公园两侧各功能地块的发展时机进一步成熟，公园的发展建设将进入全面建设时期。公园的道路交通、休闲观景设施以及各种功能设施如湖滨新天地、演艺中心等全面介入，最终形成一个完整的综合性中央生态公园。

八、结语

公园于 2008 年开工建设，2011 年初正式竣工验收，历经三年时间完成了公园建设的初期阶段。公园建成后深受市民喜爱，目前已成为赣州新区最具有活动的城市公共开放空间，给章江新区带来了一定的生态效益、社会效益和经济效益。

设计单位：浙江省城乡规划设计研究院园林一所
项目负责人：杨永康　周伊峰
项目参加人：吴继红　陈　超　周浙东　吴丹丹
　　　　　　张秀珍　吴善佳　许仁华
项目撰稿人：杨永康　张秀珍

期：生态湿地公园＋系列小游园

第一阶段＋湿地风光游览区＋特色文教活动区

第三阶段：第二阶段＋溪林探幽游憩区＋生态运动休闲区

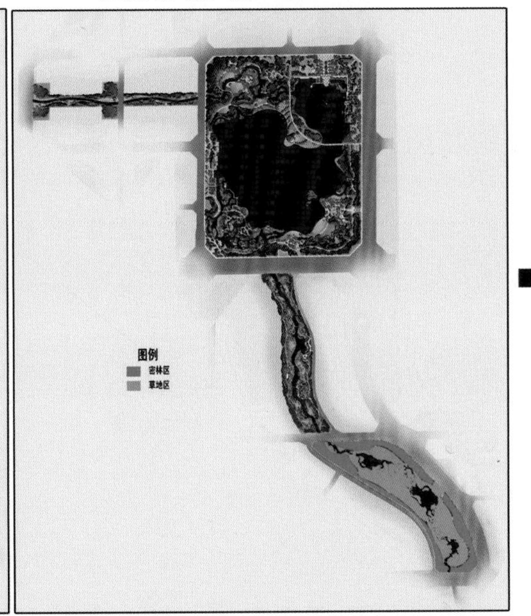

三期：综合性的城市中央生态公园

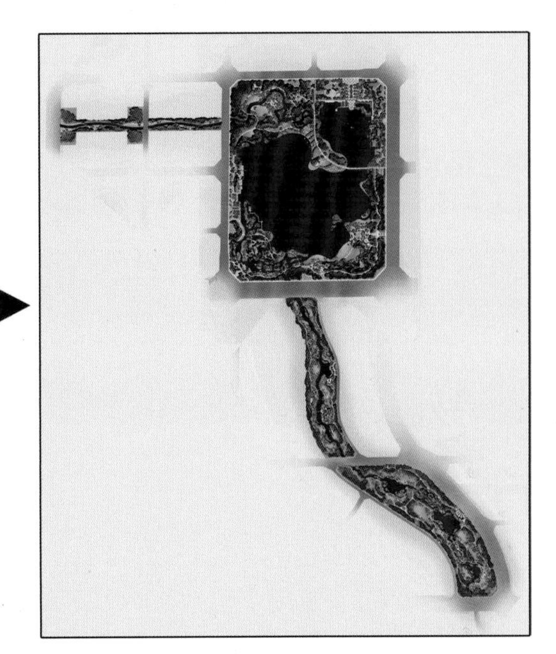

未来城市：改变新加坡水文肌理的城市河流公园

德国戴水道景观设计公司／孙　峥

新加坡翻修的加仑河—碧山公园工程属于公用事业局的“活跃、美丽、干净”水源计划（Active, Beautiful, Clean Waters，简称 ABC Waters）项目的一部分。项目总面积为 62hm^2，总投资 7500 万新元。主要是将长达三公里、冷冰冰、线条笔直的混凝土排水沟改建成弯曲、覆盖着植物的自然河道，并与公园里绿茵茵的草地、宁静池塘、翠绿树木融为一体。此外，设计师对这座公园又进行了重新设计，提升了其娱乐氛围，打造出动态的生态水循环系统。设计师还用从旧混凝土渠道上回收利用的木材为公园建造了 3 个游乐场、餐厅和一些新空间。在这里人们能更进一步地接近自然、欣赏自然。

项目面积：52hm^2（翻新前），62hm^2（翻新后）

项目设计：德国戴水道景观设计公司

项目工程设计：CH2MHill／美国希图公司

业主：新加坡公用事业局（PUB）& 新加坡国家公园局（NPB）

建筑顾问：WLA，GMP，KSP，Riken Yamamoto，HHD，Callison，ECADI，TVSDESIGN

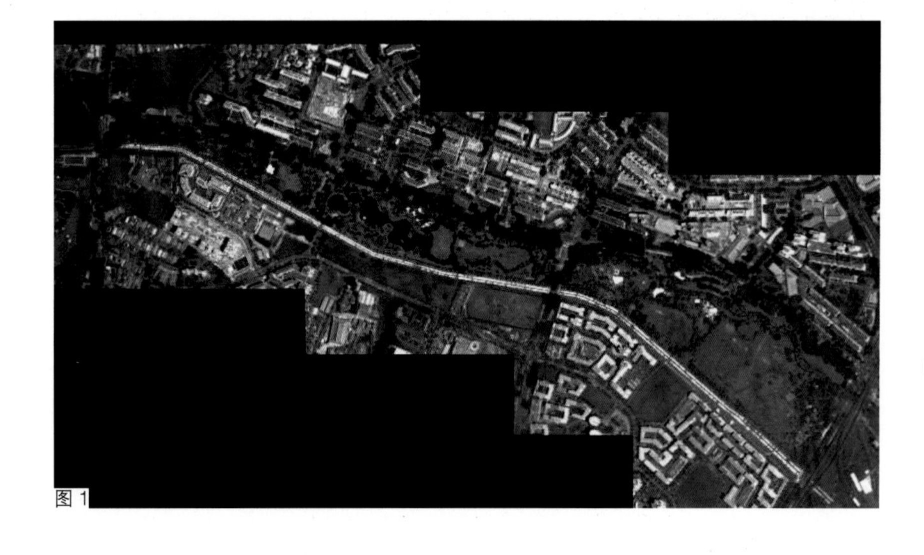
图 1

工程顾问：WLA，GMP，KSP，Riken Yamamoto，HHD，Callison，ECADI，TVSDESIGN

设计时间：2008 ~ 2009

建造时间：2009 ~ 2012

工程领域：总体景观规划、水敏感城市设计

面积：90hm^2/222 英亩

新加坡淡水资源的匮乏是其中央地区流域规划设计背后的驱动力。新加坡地处热带雨林气候，一方面提供丰富雨水资源；另一方面也给雨洪管理与水质管理带来严峻挑战。岛国新加坡淡水资源的匮乏与城市空间质量影响着市民的生活。德国戴水道景观设计公司受新加坡公用事业局 & 国家公园局的委托与美国希图公司合作了中央地区流域规划设计项目。此导则使水系管理从单一工程管理延伸并融合入街道景观与公共空间中。这种跨学科专业设计语言创建了全新的设计理念，即城市生态基础设施的景观化，使得雨洪管理，水质提升与城市景观相结合，节约了城市用地资源，也为市民在城市中提供接触了解自然的机会。

新加坡全国范围内的 ABC（活跃、美丽、干净）水敏城市设计导则的创建是中央地区流域规划应用中重要的一步，因为在新加坡此项目最直接目标即为获取雨水将其转化成自来水作再利用，故而水质在其中发挥着极其重要的作用。

目前，世界上 38% 的人口正经受着水资源短缺。联合国最新统计数据表明，到 2025 年世界上有 60% 的城市将面临水资源短缺的问题，同时与此形成鲜明对比的是，全球还有许多城市正受到洪水的侵害。加仑河—碧山公园（Kallang River—Bishan Park）项目作为蓝—绿城市基础设施的一项新计划强调了水资源供给和洪水管理的双重需求，同时又为城市之中的人们和自然创造了空间。这一项目在政治上和经济上都具有重要意义，自然化了

图 2

图 3

图 1　改造前平面
图 2　改造后平面
图 3　改造后的河流，笔直混凝土排水渠被恢复成为一条长 3km 的蜿蜒、自然式的河流
图 4　改造前的笔直混凝土排水
图 5　改造后自然生态护岸，给人们提供了接触亲近自然环境的机会

图 4

图 5

的河流成了全国雨水收集系统的一部分，用作饮用水来源，从而有助于新加坡水资源的独立（目前，新加坡从马来西亚进口饮用水）。

碧山公园是新加坡中心地带最受欢迎的公园之一。作为迫切所需的公园升级改造和沿公园边缘的加仑河（Kallang River）扩容计划的一部分，该项目将传统的水泥沟渠改造为自然式河流，为市民营造出新的游赏空间。此项目作为"活跃，美丽，干净水源计划（Active，Beautiful，Clean Waters，ABC Waters）"的一部分，是一项长期的提案，目的在于改造整个国家的水体，使之不仅仅局限于排水和供水的功能，而是要为社区融合和游憩提供充满活力的新空间。

在碧山公园中，一条长达 2.7km 的笔直混凝土排水渠被恢复成为一条长 3km 的蜿蜒、自然式的河流，并流经整个公园区域。62hm^2 的公园空间被重新精心设计，以容纳包括浮动的水位线在内的河流系统动态过程，为公园的使用者提供了最大程度的便利。利用回收的水泥渠墙体建造了三个游乐场、餐馆，以及一个新的观景点，大量的开放绿色空间与生态修复后的河流的壮丽景色在城市中心处相得益彰。这是一处值得人们脱去鞋子，与水和大自然接近的地方！

65hm^2 的碧山－荣茂桥公园是新加坡地区公园

之一，也是一个颇受欢迎的城市绿洲（新加坡城市公园设计等级壹，相当于我国自然保护区设计等级）。碧山公园每年接待游客超过 300 万人次，多数为当地市民。由于其建于垃圾填埋场区域，导致了严重的雨污水排水问题。碧山公园南侧是混凝土砌筑的人工水渠式加仑河，完全没有了自然的痕迹，而且每当雨季时河水湍急，洪灾的危险很大。

戴水道在设计中结合功能要求，改造加仑河的一段成为自然的软景河岸。同时将其融于公园之中，为动植物群落创造一个栖息场所。通过使用生物工程技术加固河岸，改善公园的整体循环系统。

一条新的大道与河流相平行，并且足够宽广以应对大量的步行人流。现有水池之一被改造成一个可以净化雨水径流和河水的净化生态群落区域。一个水上娱乐场和一个新建咖啡区域将有助于活跃公园的氛围和举办各种活动。

碧山－荣茂桥公园与加仑河之间的相互融合使得荣茂桥公园独具特色，别具匠心。而更重要的是荣茂桥公园成为第一个新加坡生态水示范项目，为岛国健康河流的未来带来希望。

3 月 17 日，星期六，新加坡总理李显龙受德国大使馆邀请，参加了碧山公园的剪彩仪式。3km 长的加仑河已经由混凝土排水渠恢复成一条自然式的河流，并作为新加坡饮用水收集系统的一部分。碧山公园在新加坡具有城市公园的本地重要性。这个新的公园为人们提供了需求越来越大的娱乐和亲近大自然的场所，碧山公园代表了对生态设施的新视点，使城市在将来更加宜居。

设计单位：德国戴水道设计公司

项目负责人：Dieter Grau, Zheng Sun（中方项目负责人）

工程设计师：Stefan Bruckmann，Hendrik Porst, Florian Zimmermann, Hao Wu

设计团队：Mauricio, Alex, sebastian, bearthort, Nengshi zheng, Peiyu Sun,Zirong yan, Yinshi Jin, Peng zhou, Duyuan Li, Ouyang Feng, Bing Cao, Pei Dang, Jincao Li.

项目演讲人：孙　峥

图 6

图 7

图 8

图 9

图 10

图 11

图 12

图 13

图 6　河流经过改造后，增加生态多样性
图 7　改造后河床区域
图 8　人与自然的接近
图 9　儿童游乐场
图 10　儿童戏水广场
图 11　儿童游乐场
图 12　亲水区域
图 13　生物净化群落

论新疆精神的园林展示

——浅述第八届中国（重庆）国际园林博览会乌鲁木齐展园设计

乌鲁木齐市园林设计研究院／傅璐琳

一、引言

第八届中国（重庆）国际园林博览会（以下简称园博园）规划用地位于重庆主城核心区——两江新区核心位置龙景湖片区，占地面积220hm^2（3300亩），其中水面800亩。园博园位于重庆都市圈的北面，两江新区的西北面。乌鲁木齐园位于传统园林展区，占地1338m^2，位于两山之间的峡谷地带，展区前方一条园区主游览道。

新疆，幅员辽阔，地大物博，山川壮丽，瀚海无垠，古迹遍地，民族众多，民俗奇异，是千年丝绸之路与四大文明交汇之地，是举世闻名的歌舞之乡、瓜果之乡、黄金玉石之邦。乌鲁木齐作为新疆的首府，是全疆政治、经济、文化的中心，中国西部对外开放的重要门户，新欧亚大陆桥中国西段的桥头堡，地处亚洲大陆地理中心，是欧亚大陆中部重要的都市，如何将这些极富新疆地域特色的自然与人文景观通过有限的空间展现出来，并使游人能够产生对新疆精神体会的共鸣是展园所要传递的设计思想的重点。

二、展园设计面临的主要问题及解决措施

1. 设计中的难点是怎样将新疆地域特色完美地呈现在游客眼前，并使游客感受到新疆精神的所在，展园中结合了胡锦涛总书记通过对新疆的天山

图1 总体效果图

图 2　建成后实景照片

图 2

雪松、绿洲白杨、戈壁红柳、沙漠胡杨这四种乡土树种精辟的语言总结及生动的比喻进行了形象的诠释，传递一种新疆人不畏艰难、力求上进的精神。这是设计的一大亮点所在，通过植物造景，不仅完成了空间设计的任务，更是传达了一份情感，恰如其分地发挥着其渲染气氛作用。

除此之外，展园还以葡萄晾房的元素建设特色廊架，展现新疆民俗风情特色；以城市轮廓线的剪影和古代文物比对展示新疆城市跨越式发展的文化；以沙漠驼队景观展示新疆壮阔的地域文化特色和悠久的历史文化；以生土建筑形式的装饰矮墙展示新疆地域建筑文化；以新疆各民族吉祥图腾地景铺装展现新疆民俗风情文化。展园设计处处采用"以境寓情"的手法，充分运用每一寸地块、每一处景致，传达设计的主题思想。

2. 展园用地有限，仅 1338m^2，却要承载展现新疆大气、广袤的景观气质的内容。设计上采取"以小见大"的手法，通过景观元素或遮或显，或明或暗的组合成为忽而开敞，忽而郁闭的不同景观空间，使游客步移景异地欣赏到不同景致。

总体布局手法上体现传统文化与现代表现的相统一，将草原、大漠、戈壁、天山植被等景观作为展园基质背景，通过对周边用地情况、现场地形、植被分布、竖向高程等特征的分析，在 1338m^2 的地块上进行空间的划分、重组与联系，采用了对小空间中不同区域的"显"、"敞"、"抢"、"衬"、"片"等分区设计手法整合独具"新疆精神、乌鲁木齐特色"的景观元素，以小见大，达到游览路线、观赏视线和景观内容结构相互融合的最佳状态。

三、结语

（一）主题与文化特色的有机结合是展园设计的难点和重点

新疆独一无二的景观特色孕育出独一无二的精神与文化，是设计的灵魂所在。

（二）设计小中见大，独具特色，很好地融入传统园林的造园艺术手法

中国园林艺术以再现自然的美为基本特色，但园林的空间是很有限的，对于缺少好的环境条件的城市来说更是如此，所以，如何在有限的园林空间里获得犹如广阔无垠的大自然里的那样的审美体验，一直是中国园林艺术的重要课题。

设计单位：乌鲁木齐市园林设计研究院
项目负责人：傅璐琳
项目参加人：傅璐琳　付传静　李　霞　胥泓州
　　　　　　马腾飞　齐伟宏
项目演讲人：傅璐琳

景观环境

景观环境是近年众说纷纭的时尚课题，一说源自19世纪的欧美，一说则追记到古代的中国，当前的景观环境，属多学科竞技并正在演绎的事务。

地域文化景观创作与利用

——“大河”克拉玛依河东段景观改造

新疆城乡规划设计研究院有限公司／王　策　王　璐

克拉玛依市是一座以石油石化产业为主的资源型城市，地处新疆经济发达的北疆地区，是自治区发展的重点城市。根据规划克拉玛依将打造“世界石油城”，建设成为新疆对外开放的门户，向西拓展政治经济空间的战略支点和战略资源基地。

市油田第十次党代会提出了“建成小康社会全国先进市”和“幸福感城市”的重点打造，将“城”放在了更重要的位置。随着城市的发展，克拉玛依河东段景观改造将为“世界石油城”的打造翻开新篇章。

一、背景及概述

（一）项目背景

“克拉玛依河”是一条人工河，她起源于国家“九五”期间自治区实施的骨干水利工程——“引额济克工程”。它的建设不仅解决了北疆地区油田勘探开发和沿线农业综合开发的水源问题，也为克拉玛依城市生态环境改造带来生机。

1955年7月，克拉玛依在黑油山钻出第一口油井。

1958年5月，国务院批准克拉玛依设立县级市，克拉玛依市诞生。

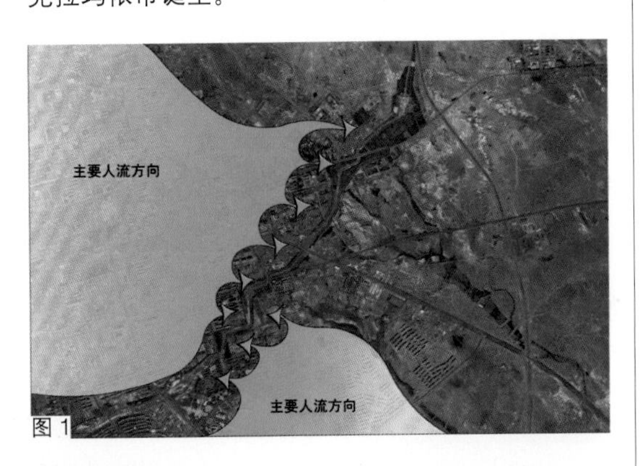

图1

图2

图1　现状人流分析
图2　土地利用规划图

图 3 设计理念图
图 4 总平面图

1997 年 4 月，国家计委批准“引额济克工程”开工。

2000 年 8 月，“引额济克工程”落成，8 月 8 日为第一届“水节”。现已历时 12 年。

（二）文化特征

作为一座因石油而生，又因石油而荣的城市，克拉玛依与石油石化是不可分割的。黑油山的油泉，田野里的“磕头机”群，高塔林立的石化工厂，都是克拉玛依独特的石油文化的重要组成。勤劳乐观、富有活力、多元融合正是克拉玛依城市精神的体现。

（三）现状概况

河东段周边用地主要以工业用地和仓储用地为主，中部北侧有部分教育科研用地，整体用地都属于开发建设前期的用地整理状态；现状游览人群主要来自于城北老城区的居住群和城南新区的居住群。其次有部分外来游客主要以疆内就近旅游人群为主，包括自驾游的游客。

现状植被以北部九龙潭景区的绿化植被覆盖率最高，且现状多数为乔木片林，但整体景观效果较单一，植被立面空间不丰富，土质基本为不均匀中硬场地土，属于 II 类建筑场地，为可建设的一般性场地。东段有七座人行桥，四座车行桥，沿河道就近在河道改造范围内有部分废旧工业厂房，河道周边无大型建筑构筑物，南侧有较典型的雅丹地貌景观，局部可打造形成复杂变化的丰富地形景观。

现状驳岸为硬质直立面式，丰水期沿水岸有较多的安全隐患，对城市居民亲水性有一定影响，游人仅能观水而非真正的亲水。枯水期“枯萎”的混凝土挡墙外露，景观效果较差，不符合“世界石油城”宜居城市的品质要求；设计中驳岸需要赋予不同材质和形式的变化适应景观环境的需求。

范围区内地形西北高，东南低，整体坡度约在 1% ~ 5% 之间，局部高差较大，形成了丰富的地形优势，对河道景观的打造提供了可利用的天然地形资源。

（四）结论

克拉玛依市本没有“河”，是“引额济克引水工程”使克拉玛依市有了“河”。伴随“引额济克引水工程”的成功，十余年来克拉玛依市的经济、社会、生态均有了长足的发展，克拉玛依河不仅是这段历史的承载者，也是将来克拉玛依市迈向“世界石油城”的见证者。

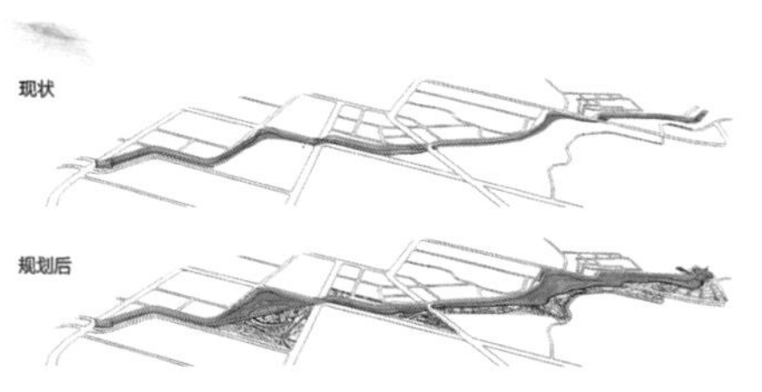

融合之河

这条河贯穿城市东西，衔接老城、南城及东部新城，承载着城市的记忆，见证者城市的嬗变，迎接着城市的腾飞，她如一条融合之链串起了油城的过去、现在和未来。

“融合历史”
“融合现在”
“融合未来”

记录与利用

记录场地的自然资源特征和人文脉络，改造过程中在尊重现状生态环境的前提下，充分利用场地的资源作为设计元素，营造形式多样的滨水空间环境。

历史、现在、未来流动功能模式的融合

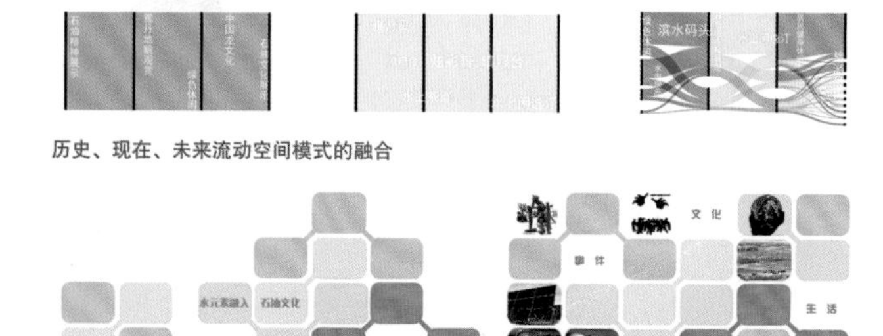

历史、现在、未来流动空间模式的融合

历史、现在、未来流动元素模式的融合

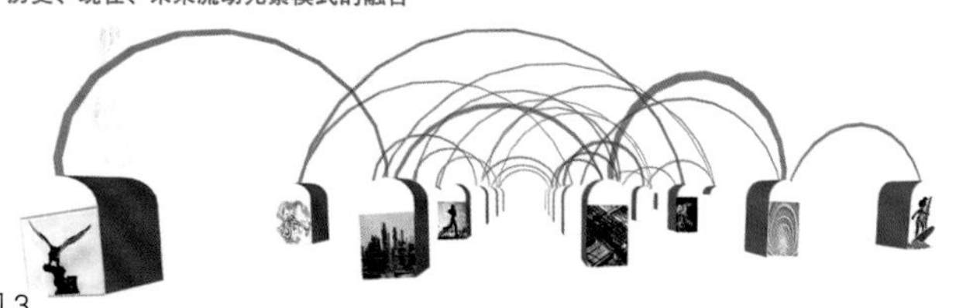

图 3

聚合城市财富

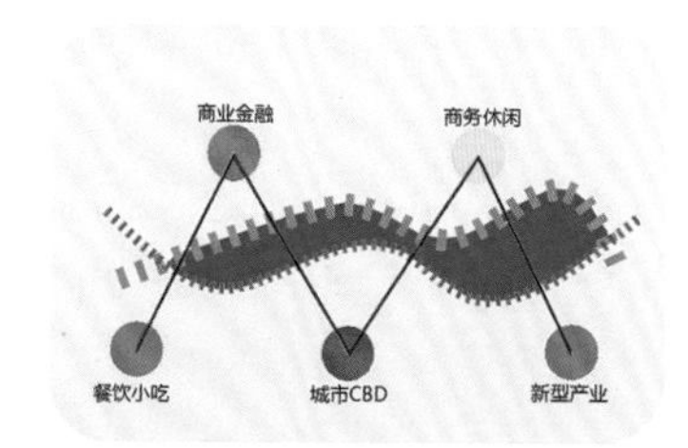

聚合城市人气

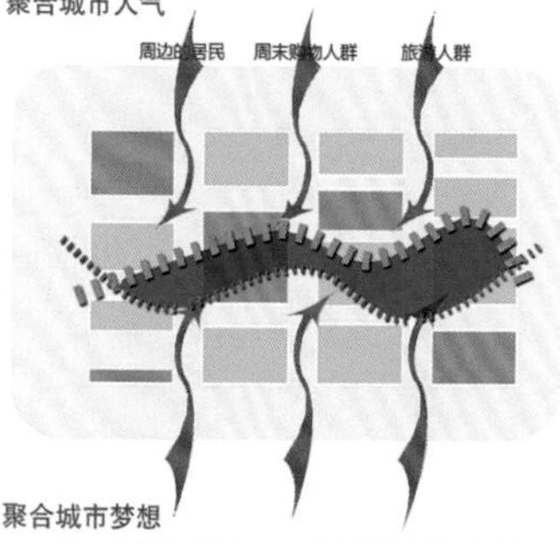

聚合城市梦想

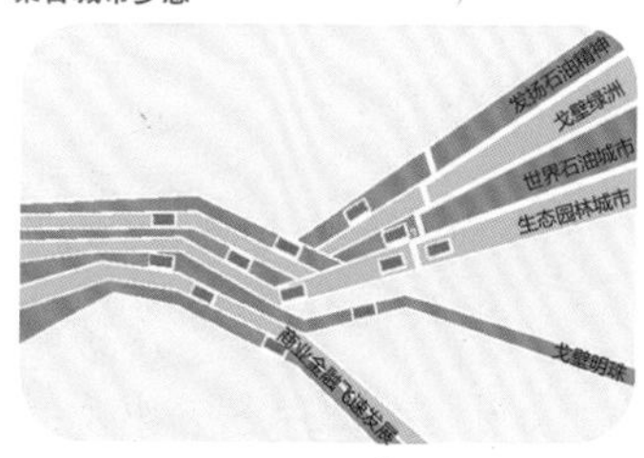

聚合之河

“大河”是为城市居民提供丰富体验的河，漫步、静坐、交流、娱乐、纪念、庆典、联想、感悟，每个人都能在河畔找到所属的空间，她彰显着城市的品质，传播着居民的幸福，她是为油城人民精心谱写的和谐乐章。核心亮点的提炼与抽象，实现了地域、城市、文化的聚合。

“聚合财富”
“聚合人气”
“聚合梦想”

传承与分享

提炼城市的文化传统与精神，在滨水开放空间设计中传承这种文脉与精神，将石油文化、中华传统文化和现代城市文化相互融合，在场地设计中通过艺术手段与游人互动与分享。

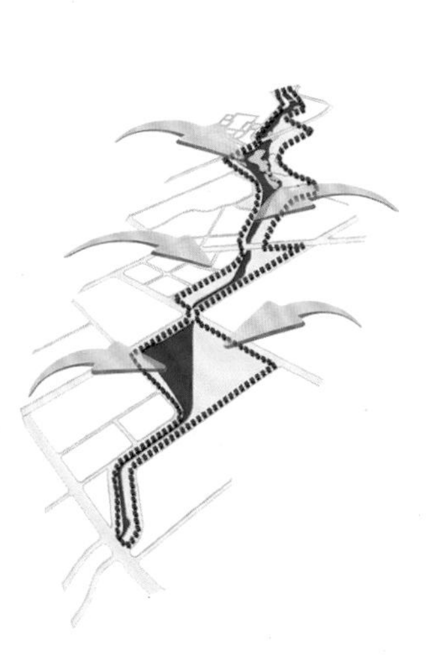

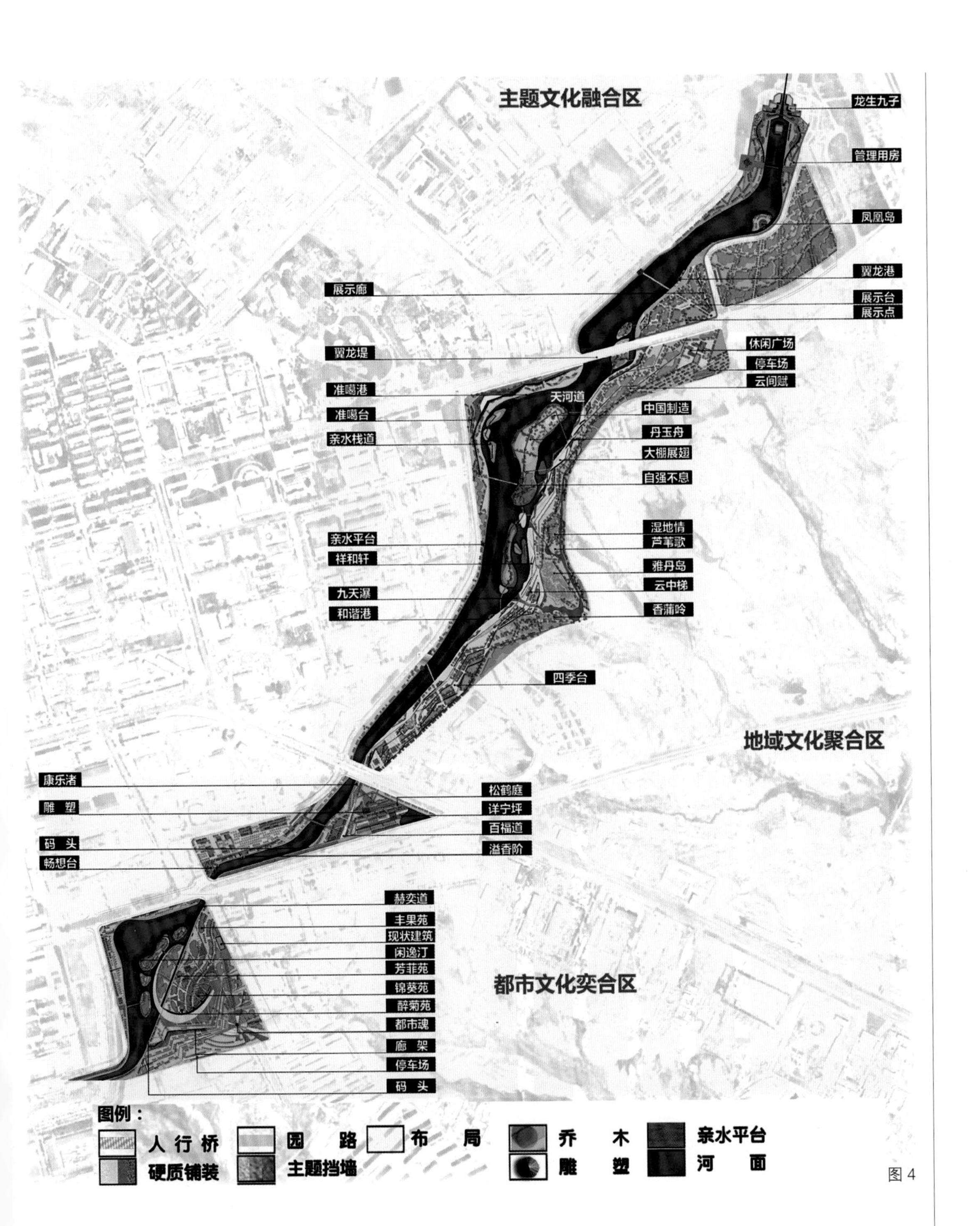

图 4

二、设计思路的形成与完善

（一）设计思路

克拉玛依市是一座因石油而建，随石油成长的城市，正在向着国际化进程发展。设计宜采用现代抽象的表现手法，展现克拉玛依市特有的石油文化、引水文化和因油而生的城市文化，重点打造地域特色文化景观空间。

（二）设计理念

"克拉玛依河"从无到有、从小到大、承载着几代人的梦想，她是克拉玛依人心中的"大河"。

她是一条"融合之河"——"融合历史"、"融合现在"、"融合未来"。

她是一条"聚合之河"——"聚合财富"、"聚合人气"、"聚合梦想"。

她是一条"奕合之河"——"奕合幸福"、"奕合品质"、"奕合精神"。

（三）设计目标

通过场地脉络的梳理和优势资源的整合，重塑场地精神，力求通过河道的改造，绿地的建设、文化的提升，创造一条空间尺度宜人，结构紧凑，场所感强的城市黄金旅游带和品质展示带。

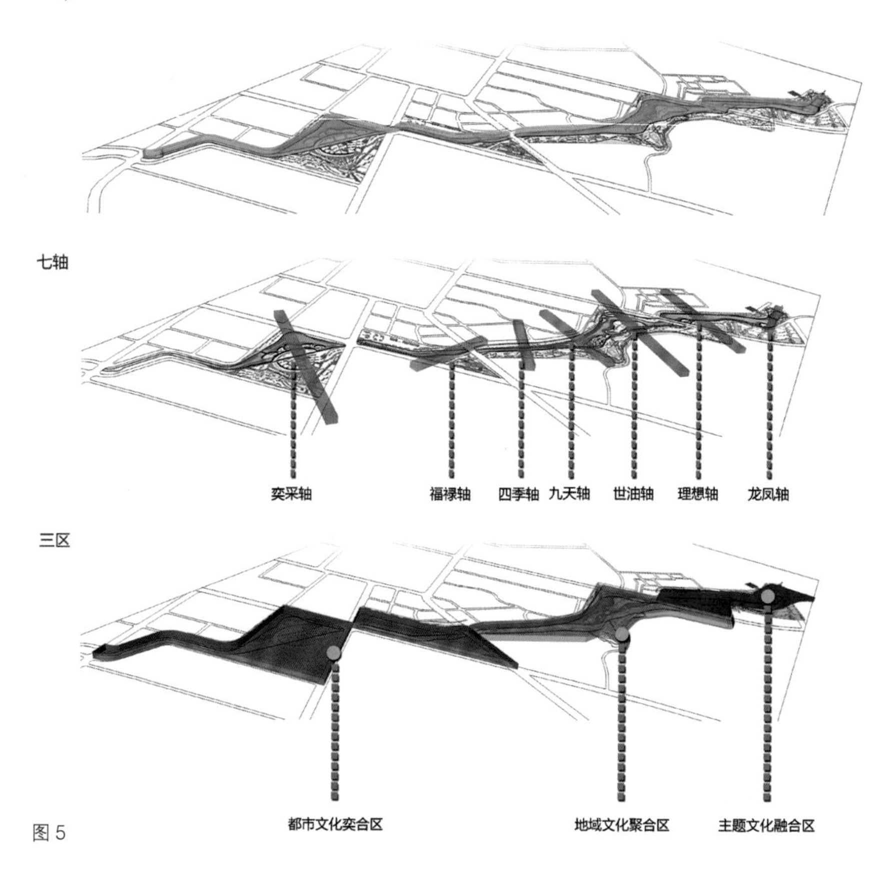

图 5

（四）设计策略

1. 记录与利用

记录场地的自然资源特征和人文脉络，改造过程中在尊重现状生态环境的前提下，充分利用场地的资源作为设计元素，营造形式多样的滨水空间环境。

2. 传承与分享

提炼城市的文化传统与精神，在滨水开放空间设计中传承这种文脉与精神，将石油文化、中华传统文化和现代城市文化相互融合，在场地设计中通过艺术手段与游人互动与分享。

3. 创新与共鸣

围绕克拉玛依打造世界石油城的愿景目标，从城市整体空间形象角度出发，打造河道的整体形象，使之具有独特个性的同时又与城市整体环境统一。

三、设计布局及特色

（一）总体设计

克拉玛依河东段改造全长约 4.2km，面积约 77.9 万 m^2。改造设计力求在水域空间变化、游人亲水方式、文化特色挖掘、景观结构变化上有所突破，形成以“河带”为主体、“扇轴”为渗透、“核心”为亮点的总体布局。

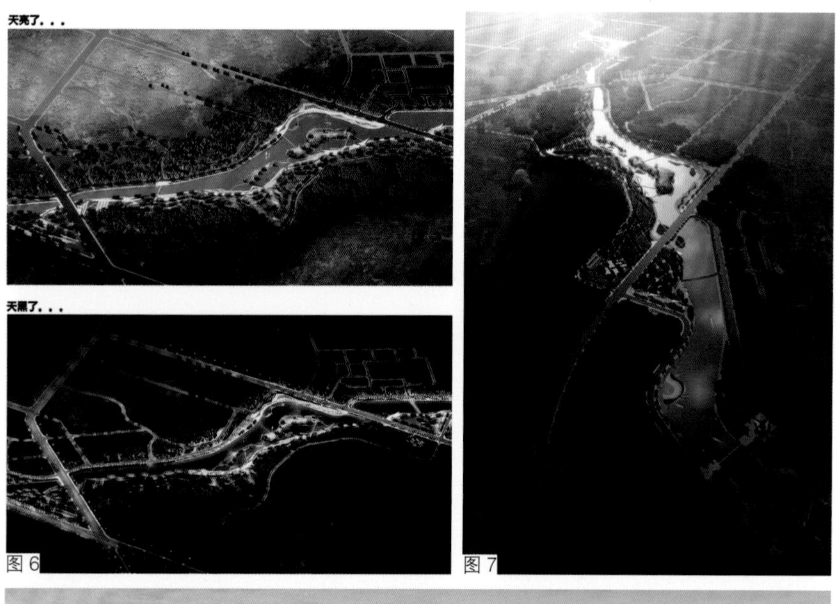

图 6　图 7

图 8

（二）景观结构——一带、七轴、三区

1. 一带：以原河道为主体，向两侧拓宽水面，形成较宽阔的水面，水域范围内大小岛屿交替，景观层次变化，形成具有“大河”气势的景观。

2. 七轴：以“中国扇”为母体，横向穿插“大河”带，形成景观节奏变化统一的艺术空间，同时也把河道带状空间与周边城市的横向关系融为一体。根据景观与功能要求不同，沿线形成不同文化特色的“七轴”——“龙凤轴”、“理想轴”、“世油轴”、“九天轴”、“四季轴”、“福寿轴”、“奕采轴”。

3. 三区：以河道景观带与城市道路、用地性质、文化特点不同，分为三个景观功能区——“主题文化融合区”、“地域文化聚合区”、“都市文化奕合区”。

（三）空间特色

1. 结合石油文化和城市精神形成的标志性景观空间

设计以石油文化的基本元素——“石油桶”、“石化试管”和“准噶尔盆地油气聚集带构造”为原型，艺术化地抽象其造型，形成具有视觉冲击力的标志性景观空间，寓意"世界石油城"将落户克拉玛依市。

2. 结合地形塑造准噶尔地域特色大地景观空间

克拉玛依市在向国际化进程过程中，是一个淘汰落后留取精华的蜕变过程。设计利用河道拓宽后南侧大落差地形，艺术化地抽象准噶尔盆地石油地质构造，形成壮观、绚丽、神秘的大地台地景观，象征克拉玛依市仿佛大漠戈壁中的"雅丹玉"，在经历了各种严峻考验后，将成为国际化的"世界石油城"。

3. 结合景观与建筑一体化形成的视觉冲击力空间

以"鹏鸟"展翅高飞为原型，艺术化的设计控制全区的景观建筑。形如展翅高飞"鹏鸟"的景观建筑，艺术化排列成"一字"和"人字"，形成具有视觉冲击力的外部景观形象。象征克拉玛依市人民的美好愿望一定会"吉祥如意"地变成现实。

4. 结合现状场地特征，塑造具有田园风格的都市空间

场地内大面积的林地及现有待征迁的工业用地是城市生态建设的足迹及城市更新的必然过程，改造中提炼城市的结构肌理与场地的生态肌理作为设计要素，形成格网状、条带状的绿色基底，打造淳朴田园风，同时利用场地中大面积保留的林地与改造后的水面相互呼应，形成水绿交融的景象。

（四）文化挖掘

1. 石油精神的提炼与塑造

在景观核心区设置象征克拉玛依石油文化和精神的标志性景观构筑——"中国制造"和"自强不息"，寓意克拉玛依市走向世界的坚定步伐。场地中艺术化地处理台地挡墙，形成雕塑墙、诗赋墙和词画墙，通过活动场地、景观绿化和雕塑小品组合，多角度立体展现"传承石油人精神，再现创业者风采"的克拉玛依精神。

2. 城市品质的挖掘与展现

克拉玛依市富有不断进取城市精神，近几年先后获"国家园林城市"、"国家卫生城市"、"国家文明城市"、"国家环境保护模范城市"、"国家双拥模范城市"、"国家平安家庭先进城市"等多项国家级荣誉称号。设计以绿地、水为界面，富有创意的小品点缀于场地中，彰显油城的特色与品质，突出"幸福之城"、"文明之城"、"品质之城"的建设目标。

3. 传统文化的观瞻与传承

水是生命之源，引水工程不仅解决了克拉玛依市的用水问题，同时也给整个城市带来无限生机，

图 9

图 10

图 11

图 12

图 5 景观结构图
图 6 九龙潭鸟瞰效果图
图 7 全景鸟瞰图
图 8 景点"中国制造"效果图
图 9 景观建筑效果图
图 10 景观廊架效果图
图 11 驳岸水景人视角
图 12 景观建筑鸟瞰图

图 13　景观轴线布局
图 14　雅丹岛效果图
图 15　亲水空间效果图
图 16　种植形式图
图 17　夜景分类设计图

让城市生活更加丰富多彩。设计为进一步强化主体水景，增加整个九龙潭景区的可观赏性，在九龙潭入水口的北侧，充分利用现有的绿化，紧紧围绕中国传统的龙文化设置了“龙生九子”主题文化园，与现有的九龙潭主景区融为一体，使整体空间更具趣味性和观赏性，同时也让游人有更多的休闲、娱乐空间。在“九龙潭”景观轴线南端设置凤凰岛，寓意“龙凤呈祥”。

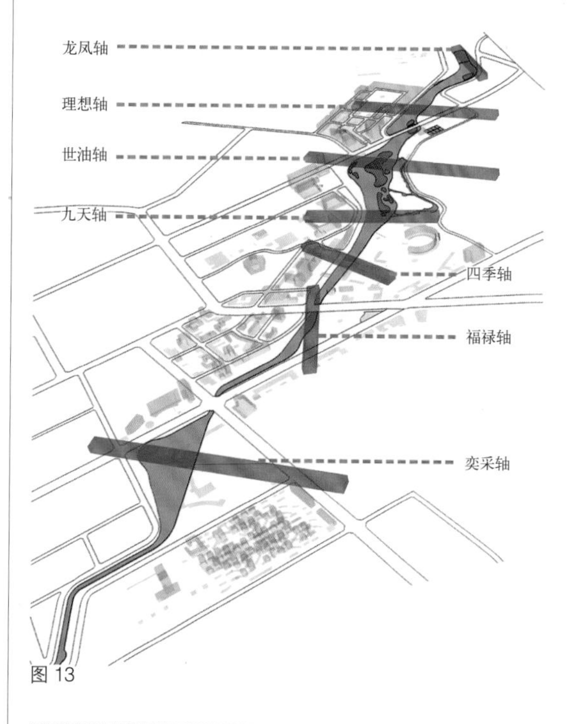

图 13

图 14

图 15

4. 地域生态的恢复与重建

雅丹地貌被认为是世界一大奇观，也是不屈不挠、不畏艰险的象征。场地保留城市内罕有的雅丹地貌和湿地融合景观，并通过人工技术手段进行恢复重建，提高场地的艺术价值和生态景观，使游人品味和欣赏地域生态文化的魅力，像诗人艾青曾经写到的那样“可爱的克拉玛依，是沙漠的美人”。

四、专项篇

（一）道路交通

1. 车行交通：根据城市控制性详细规划，滨河休闲带两侧有道路伴行。设计结合各景观功能区的需求，在滨河路两侧布置停车场，区段共设置停车场 6 处，每处停车场面积约 1200 ～ 1500m^2，为游人提供方便的停车需求。各景观功能区内部不再布置车行交通和停车场，对较大的景观功能区布置管理车行通道。

2. 人行交通：沿河两侧布置人行道和滨水广场，浅水区和水中小岛布置亲水平台和木栈道，台地园区通过各种景观台阶连接园区游步道，游人可通过步行穿越各景观功能区，到达想去的目的地。

3. 船行交通：克拉玛依河水位线沿 370m 等高线行走，每个桥下空间不仅可以行人，而且可以行船，游人可以通过船行交通到达沿线的各景点。设计在每个景观功能区均设有码头，码头主要设在景区的主要景观节点附近。船行交通将成为北方干旱城市的一大亮点。

（二）竖向设计

根据城市控制性详细规划中道路的竖向高程设计，控制河道改造段用地周边高程，使场地高程能有机地融入城市。设计以河道水面高程 370.00m 为水面拓宽控制高程，结合地形特点和景观空间需求，尽量扩大水面，形成具有“大河”气势的水面。河道拓宽后南侧的大地形高差通过景观台地和斜坡绿地化解，并形成特色的大地文化景观。河道南侧景观低于河道水面高程，从而形成地域特色地貌，产生出不同的瀑布、跌水和溪流等“高山流水”景观。

（三）驳岸设计

克拉玛依市地处极度干旱缺水的戈壁腹地，水体渗漏和蒸发都极其严重。设计中充分考虑这些因

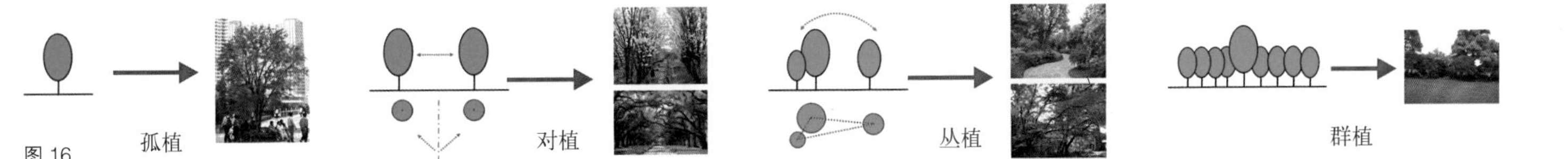

图 16

素，主体河道以防水性能好的刚性驳岸为主，驳岸按河道水利设计要求，高出水面 0.5m，尽量减少水的渗漏损失。主体河道内的岛屿和主河道外的溪流湖面以刚柔结合的驳岸为主，驳岸外观生态柔和，自然伸入水中，岸边高出水面 0.1 ~ 0.2m，增加驳岸的亲水性。同时，沿水岸根据游人和景观需求，布置木栈道和观景平台，丰富岸线的景观变化。

（四）亲水设计

设计拓宽原河道形成不同水深的水上休闲娱乐区域。宽水面处形成水中有岛，岛中有水的景观。亲水区通过水中岛屿与河道行船区分界，水深 0.5m 深左右，水域均防滑材料制作，使每个亲水区域均是安全的戏水空间。游人在此可充分地融入亲水空间中，感受水的魅力。

（五）种植设计

克拉玛依市地处西北戈壁，在四季过程中，人们可以观赏到的植物色彩是相对有限的。在植物的设计中，充分考虑季相种植的色彩搭配，保证在植物生长各季的游览中，色彩尽可能随季节有不同的变化。植物布局以展现群体化完整台地、坡面为单元，力求在同一时间段内形成统一的色彩震撼力。

（六）亮化设计

景区亮化设计强化“大河”的设计理念，以河道两岸的功能性照明为主，在主要景点采用景观性照明烘托的方式，使河道的夜景彰显瑰丽幻彩的效果。

五、小结

“大河”作为克拉玛依市打造“世界石油城”的一项重点滨水景观工程。区域场地复杂的地形、河道水流水位的变化以及和周边环境、地形地貌的组合，在项目推进过程中不断遇到新的问题和各种挑战，依据实际情况和工程不同阶段，工程设计也朝着更加完善和优化的方向全面推进。对于工程中存在的不断出现的问题及难点也将成为宝贵的经验和教材，本文旨在通过整个设计方案的介绍，达到对地域文化景观的表达方式方法，理念思路及各种问题处理方法的交流目的。目前工程正在建设过程中，预计到 2013 年底全面完工，愿本项目对克拉玛依带来一定的生态效益、社会效益和经济效益。

设计单位：新疆城乡规划设计研究院有限公司
项目负责人：刘　谞
项目参加人：刘　谞　王　策　普丽群　王　璐
郭　琼　乔洪粤　赫春红　刘翠玲
赵　珩　李　剑　戴　维　王静怡
王　莉　罗清安
项目演讲人：王　策
项目撰稿人：王　璐

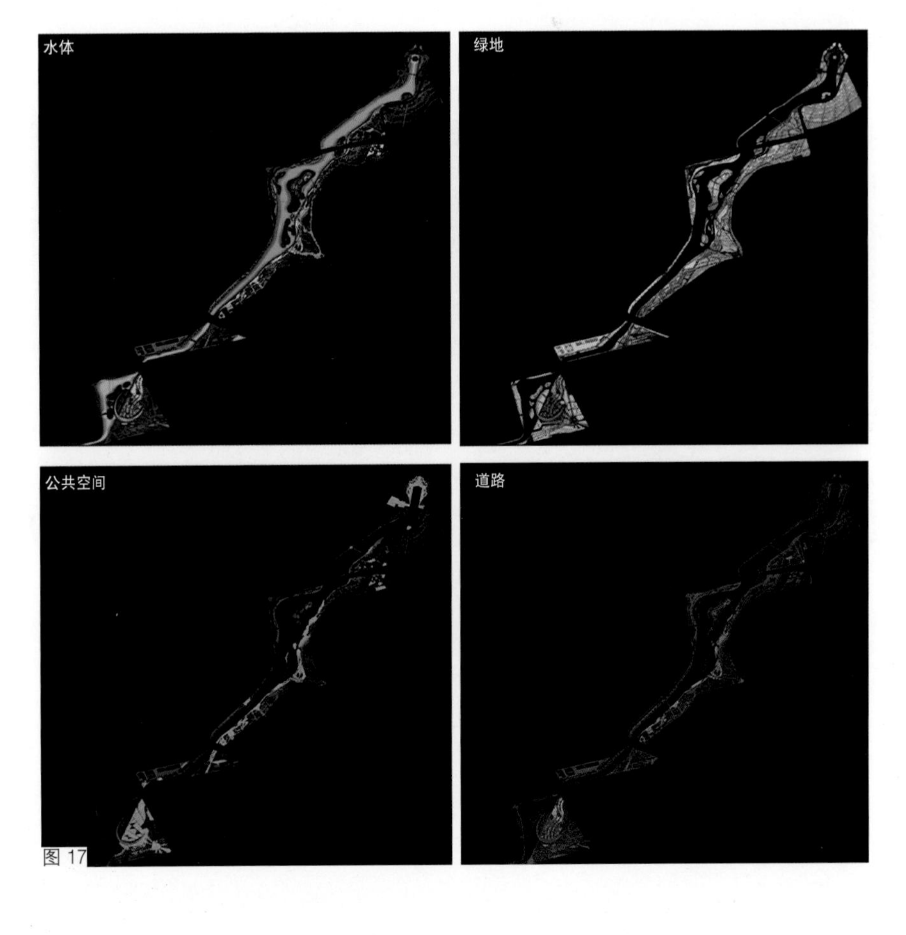

图 17

南宁市五象新区良庆河、楞塘冲综合整治生态景观工程

广西城乡规划设计院／兰　波　黄国达　吴锦燕

图 1　南宁水系结构图
图 2　项目在五象新区的位置图
图 3　设计构思图
图 4　总平面图
图 5　总体结构图

一、工程概况

南宁市五象新区规划总面积 88km^2，规划人口约 100 万，是南宁正在加紧建设的一个集行政、文体、居住、商务、物流等为一体的复合型城市新区。五象新区良庆河、楞塘冲水系位于南宁市五象新区核心区，是南宁市水系总体结构“一江、两库、两渠；六环、十八河、一百湖”中重要的一个环城水系之一，也是五象新区“蓝脉绿网”亲水、亲绿的核心景观和主要的滨水生态绿化廊道，是将来五象新区市民日常休闲活动的滨水公共绿地。项目总用地面积为 401.8hm^2，主要建设内容包括生态恢复和环境景观两部分。

项目北与青秀山风景区隔江相望，西北部紧挨五象岭森林公园，南与外环高速相连，中部有平乐大道、五象大道和玉洞大道等城市主干道及邕南铁路穿越，交通便利。

水系现状由良庆河和楞塘冲两个天然水体组成，周边有旱地、林地和村庄建设用地等，现有建筑均为村民自建的砖混房。流域两岸的现状植被杂乱，乔木主要是分布在村庄周边的果树和竹子。

河道整治后，良庆河全长 13.7km，楞塘冲全长 6.3km，并增加两条人工开挖的运河——玉洞运河和楞良渠，玉洞运河全长 3.2km，楞良渠全长 4.4km。水系共设 8 个人工调蓄湖。良庆河和楞塘冲的下游通过玉洞运河连接形成常水位为 72.0m 的环；良庆河中游和楞塘冲上游通过楞良渠引大王滩水库进行补水，设多级水坝蓄水；良庆河上游段为生态湿地，通过每隔约 100m 设一座蓄水矮坎拦蓄雨水，使河道常年维持 0.3 ～ 0.5m 的水深。

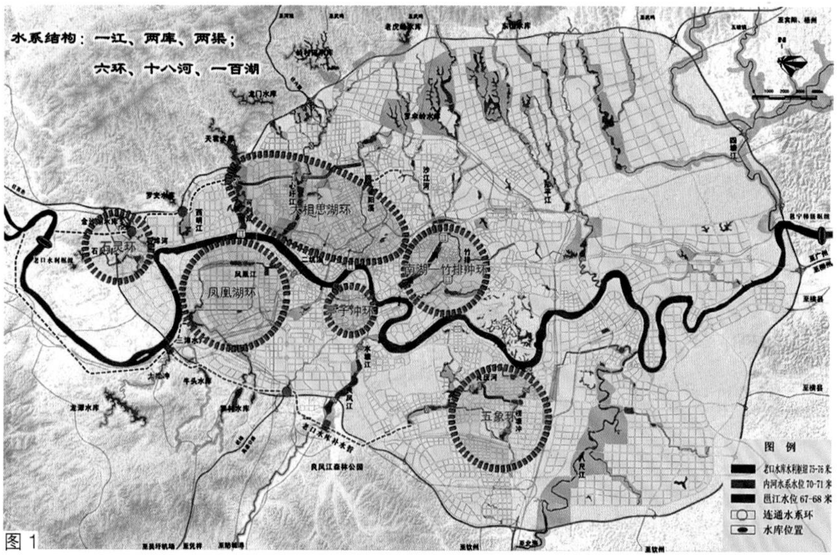

图 1

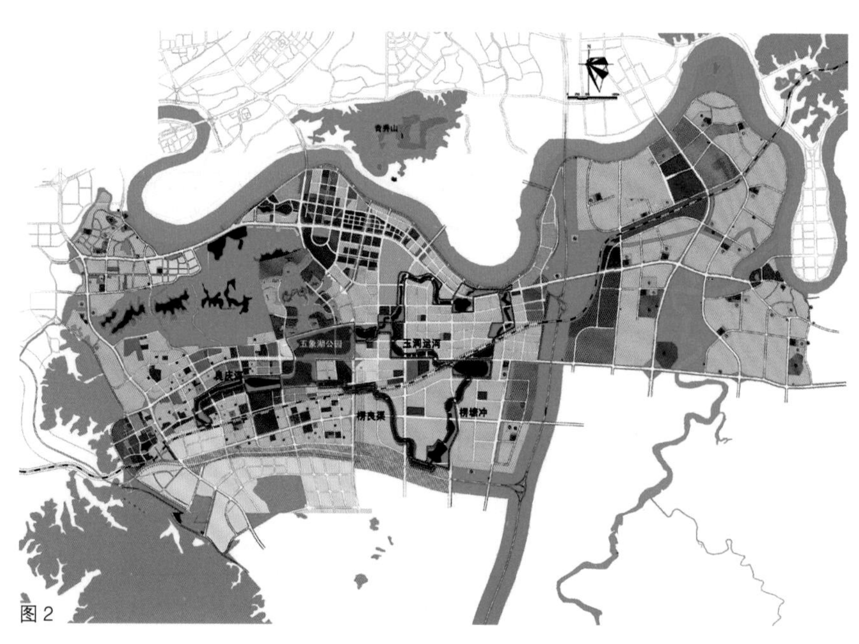

图 2

二、设计目标——水映绿林、回归自然

生态景观设计的目标是恢复河道原有的自然特征，治理和净化水质，保护和改善河流的生态环境，重现“两岸树林繁茂，河中树影斑斓。鱼儿在水草

中嬉戏，鸟儿在绿地上栖息。”的自然、和谐、美丽的滨水画卷；构筑集排涝补水、水上旅游、游憩观赏、健身休闲、文化展示等为一体的城市滨水公共开放性带状公园，提升水系周边土地价值及城市品位，创造良好的社会、环境及经济效益。

三、总体设计

（一）设计构思——水为体，绿霓裳，文化魂

设计首先强调理水，以水作为景观的载体，展现河道水体：滩、弯、汊、岛、岸的自然特征；以植物、生物、地形等自然要素为设计素材，不同的景观段以不同的景观素材来营造特色的景观效果，如密林、疏林、丘陵起伏、野生鸟天堂、鱼类繁殖地等，创造丰富多变、自然有趣的亲水景观；同时，设计还通过体现南宁的民族文化、岭南园林特色和东南亚热带风光，展现富有地域文化特色的“五象十八滩、绕城十道湾”的水系景观主题。

五象十八滩：结合河道的多级蓄水矮坝，采用卵石、块石等天然材料设置成跌水浅滩，形成深潭与浅滩交错的自然溪流景观。

绕城十道湾：结合河湾及人工湖的大面积水域布置具有地域文化和岭南园林特色的十二个景点，构筑各景点与整体相融，文化与自然相融的景观。

（二）总体布局——一带两环十二节点

规划的总体布局为“一带两环十二节点”的空间结构。

一带：是指良庆河上游段的浅滩湿地带。

两环：是休闲旅游环和补水生态环。休闲旅游环是由玉洞运河连接良庆河和楞塘冲下游形成可通游船的以休闲、游憩和水上观光为主的环；生态景观环是由楞良渠、玉洞运河及良庆河和楞塘冲的上游组成，以补水、排泄雨水和生态通廊为主要功能。

十二节点分别为：迎风扬帆、榕林塔影、檀香古韵、五象湖公园、凤凰广场、湿地觅趣、燕子湖、水声花韵、水岸长桥、水上花园、椰林弄沙和竹林对歌。

四、生态恢复工程

生态恢复工程通过构建自然的河流形态和生态驳岸、水质净化、动植物培育等措施，形成生机勃勃的水域，构建自然的滨水生态廊道。

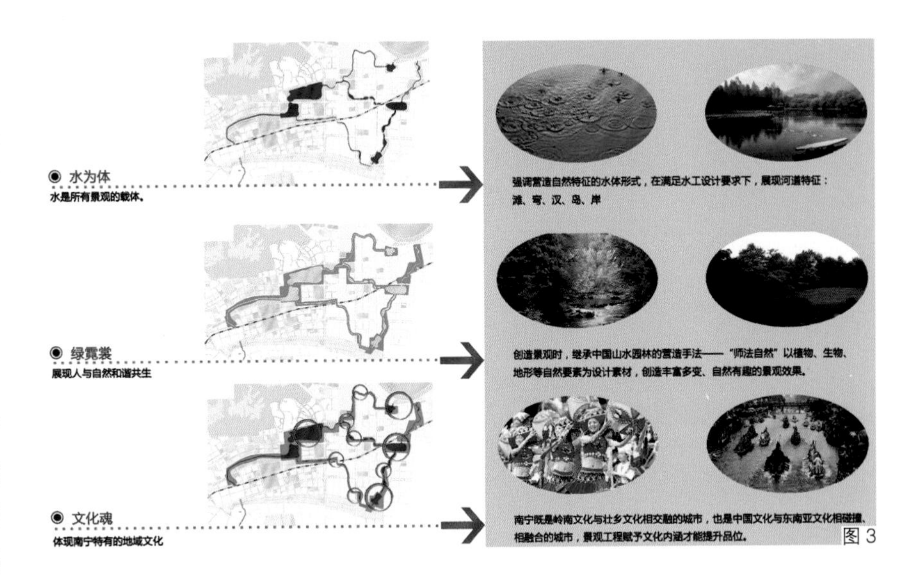

图 3

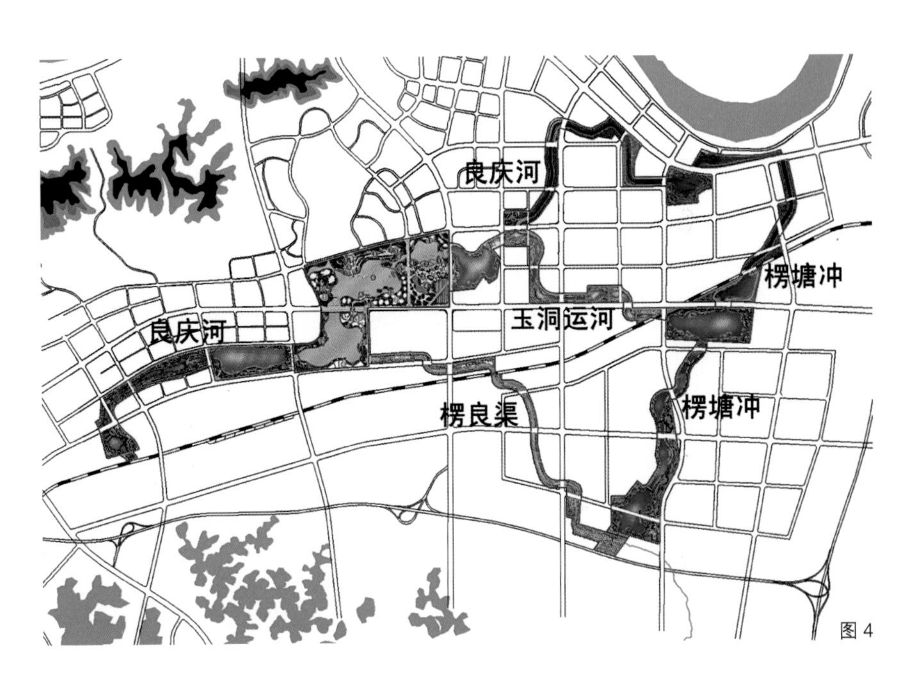

图 4

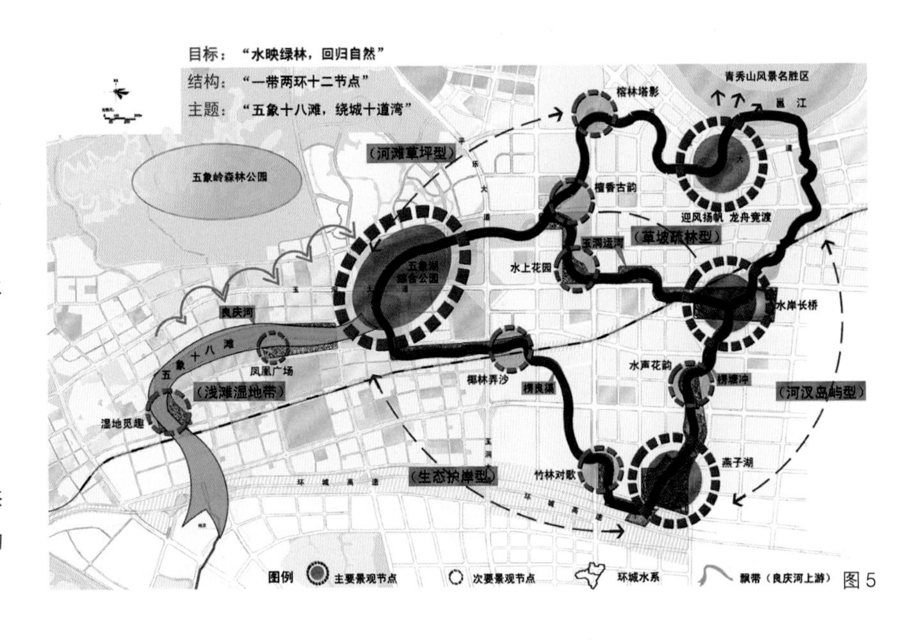

图 5

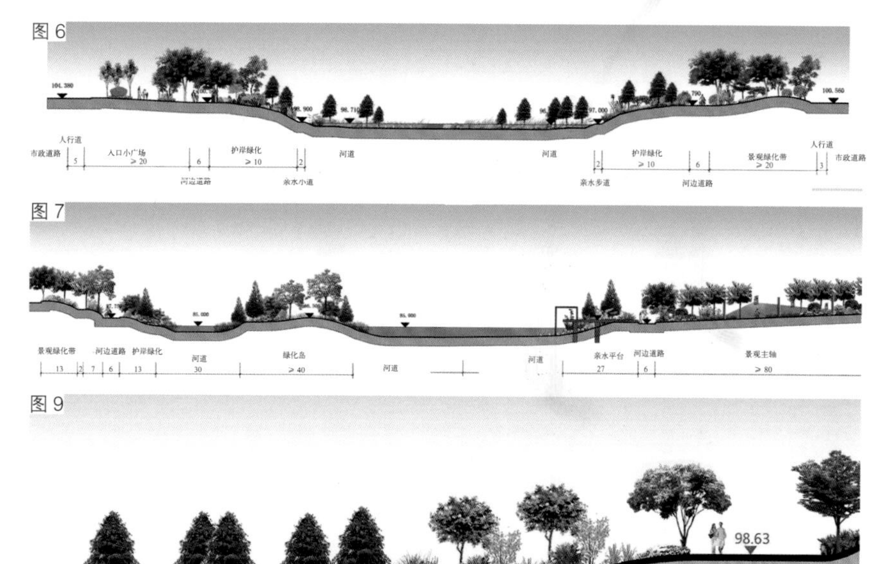

图 6

图 7

图 9

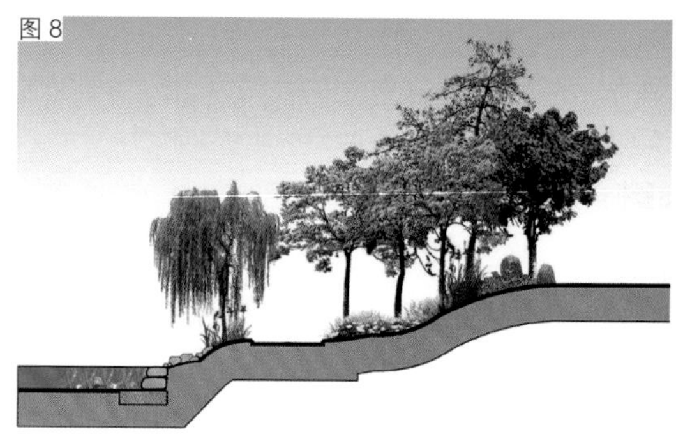

图 8

图 10

图 11

图 6　浅滩溪流型断面图
图 7　河汊岛屿型断面图
图 8　石块挡墙驳岸
图 9　湿地自然驳岸
图 10　绿化意向图一
图 11　绿化意向图二
图 12　湿地觅趣效果图
图 13　燕子湖效果图
图 14　凤凰广场效果图
图 15　竹林对歌效果图
图 16　水声花韵效果图
图 17　水岸长桥效果图

（一）断面类型多样化，形成与地形相融合的自然河流

河道断面设计综合考虑防洪、河流生态、景观等功能需要，在满足城市防洪排涝及通航旅游要求的前提下，遵循自然河流演变规律设计断面。本工程主要采用的断面类型有：浅滩溪流型、河滩草坪型、河汊岛屿型、生态护岸型、草坡疏林型。

（二）建设生态驳岸，保证河岸与水体之间的水分交换和调节功能

设计采用湿地自然型、生态模袋挡墙型、自然斜坡型、石砌台地型、石块挡墙型等驳岸类型，以软质驳岸和自然块石驳岸为主，利用生态材料与种植耐水湿的植物相结合，或在堆砌的石块缝隙内插植耐水灌木与乔木，保持自然堤岸的特性，减少河水冲刷岸线造成的破坏，增强堤岸抗洪能力，同时利用植物过滤水质，减少水体蒸发，保持沿河物种多样性。

（三）通过清淤、截污、污水处理、补水等措施净化水质

通过河道底泥清理、雨污分流、污水截流、修渠引水库水源进行补水等措施，保证河道干净的水源。并通过恢复河道水生生物群落的活性、营造和健全生物的活动环境，维护各种水生动、植物之间的相互依存和相互制约关系，逐渐恢复水体的自净能力。

（四）采用多孔质化河床，利于水生动植物筑巢扎根

对现状河道进行清淤，恢复河床自然泥沙状态，新建运河段采用多孔质化河床，浅滩处铺设各色卵石，减缓水流对河床的冲刷，有利水生动植物的筑巢扎根。在水流缓慢区域放置营养土，种植水草，绿化河床，为水生生物重建栖息地环境。从而以生物防护稳定河床、改善河床生态环境，增强河道生态的自然修复功能，改善河道生态环境。

（五）建设水陆共生、多聚落、多层次的生态植物群落

水生植物按人工湖宽阔水域、浅滩湿地带、一般河道三种河流形态进行不同形式的植物搭配。

河边绿化带选择丰富的乡土植物，采用密林、疏林、树阵、花丛、草坪等多种形式，营造热带果园、水草葱葱、秋色浪漫、四季繁花、藤蔓丛生、芳香弥漫、草坡棕榈、竹林柳岸等绿化特色与景观功能相协调的植物景观。

最终实现绿化从水底→水面→湿地→陆地的延伸，形成水陆共生的多种类、多聚落、多层次的植物群落，营造具有亚热带植物群落的秀丽风光和鲜明的岭南特色的滨水绿化廊道。

（六）培育多种类的动物

设立水生动物及鸟类栖息地，有目的投放鱼、虾、蛙等水生动物，并种植引鸟类植物，培育丰富的动物种类。

五、主要景点设计

景点设计分别从突出河流的自然形态和生态环

境，展示民族文化，展现岭南园林特色和亚热带自然风光等方面，构建丰富多样的滨水活动空间及地域特色鲜明、自然协调的环境景观。

（一）湿地觅趣

功能定位：集水源涵养、湿地生态恢复、绿化美化、生态科普教育为一体的街头绿地。

景观设计利用独特的浅滩湿地条件，河底铺设卵石，水中种植丰富的湿地植物，放养蚌、螺、蛙等水生动物，放置各种湿地植物介绍牌，河岸种植生态涵养林，设置林间休息小广场和景观休息长廊，人们可以到林间休闲游玩，也可以到河边观赏和了解各种湿地动植物，体验湿地带来的自然乐趣。

（二）燕子湖

功能定位：体验人与鱼鸟共欢的乐趣，为楞塘冲片区居民提供丰富的活动场所。

利用湖东南面相对较平坦的地势，设置各种鸟岛湿地，岛上种植吸引鸟类栖息的乔灌木，湖中种植各种水草并设置鱼巢，营造鱼鸟共欢，生态和谐的湖泊岛屿湿地景观。节点东南角的街头绿地设置集散活动广场及健身运动场地，满足居民的日常健身休闲需求。

（三）凤凰广场

功能定位：演绎民间传说，并满足市民健身休闲和水上娱乐的需求。

节点以南宁的“凤凰与五象”的传说为主题，中心广场的凤凰雕塑与北侧的五象岭遥相呼应，人们在开阔湖面、树阵广场、林荫步道和阳光草坡等场地休闲游玩的幸福画面，就是传说最美的演绎。

（四）竹林对歌

功能定位：健身休闲和民歌文化展示。

节点通过健身休闲广场、台地花带、竹林歌台、疏林草坡、亲水平台等景观布局由喧闹的城市道路一级级向幽静的水边延伸，平常作为市民休闲游玩、野餐、聚会和歌舞健身的场所，每逢民歌节可开展民歌对唱的活动。

图 12

图 13

图 14

图 15

图 16

图 17

（五）水声花韵

功能定位：以休闲游憩及花木观赏为主的街旁绿地。

利用河道开挖产生的土方堆砌具有岭南园林特色的自然土丘，种植桃、梨丛林，山体到水岸间塑造梯田花带，水景处理将拦河坝做成落差 4m 的跌水瀑布，游客可在岸边感受流水飞瀑的气势和绚丽多彩的花韵。

（六）水岸长桥

功能定位：铁路的防护绿化，市民户外运动健身和水上休闲的场所。

结合宽阔的湖面及平缓的湖岸片植萍蓬草、芦竹和芦苇等水生植物，营造开阔壮观、自然生态的湖面景观。同时，以铁路桥为借景，以湖岸的树林为映衬，形成一道独特的都市水岸景观。此外，在城市主干道旁的街头绿地内布置休闲、娱乐、运动设施和亲水栈道等，成为周边居民的健身活动场所。

六、结语

在大力提倡崇尚自然、重塑生态河道的城市水利建设中，生态设计在南宁市越来越多的河道改造项目中得到了体现，南宁市五象新区良庆河、楞塘冲综合整治工程正是在这样的背景之下，努力探索一条城市建设与水域生态系统可持续发展相促进的城市河道生态自然景观建设之路。以自然和生态为原则，通过对河道景观的各种自然要素的精心规划和设计，实现城市河流景观在自然生态上的可持续和在城市新区文化品位上的提升。

设计单位：广西城乡规划设计院

项目负责人：吴锦燕

项目参加人：刘金宇　廖建红　侯钦云

　　　　　　秦崇芬　杨　藿

项目演讲人：黄国达

都市型滨水绿道的景观设计与实践

——北京营城建都滨水绿道项目介绍

北京山水心源景观设计院·刘巍工作室／刘雅楠　刘　巍　方　芳

一、绿道网络分级简述

绿道是一种线性开放空间，它通常沿着自然廊道建设，如河岸、河谷、山脉或者在陆地上沿着由铁路改造而成的游憩娱乐通道、一条运河、一条景观道路或者其他路线。绿道开放空间把公园、自然保护区、文化特性、历史遗迹，以及人口密集地区等连接起来。它通过完整贯通的绿色基础设施使生态因子在其间自由流动，从而使"城市"或者原生境遭到破坏的斑块嵌入到自然系统中去，达到人与自然和谐共生的目的。

结合地域景观特色、自然生态与人文资源特点，以及绿道所处位置和目标功能不同可将其分为生态保育型、郊野连接型及都市景观型3种类型。不同类型的绿道因其所处的位置不同，功能也有所区别（表1）。

绿道网络分级考量表　　表1

	生态型（区域层次）	郊野型（地方层次）	都市型（场所层次）
层次范围	国土领域层面、大江大河流域、省域	市域或省域的山脊线、山谷、水系、特色旅游区域	城市或村镇的河谷、山脊、道路、文化廊道等
宜建绿道类型	生态修复型、生态保护型	生态修复型、生态保护型、旅游发展型	产业发展型、生态修复型、文化景观型、游憩型
层次连接	①与地方生态修复型绿道连接 ②与地方生态保护型绿道连接	①与上一层次同类型绿道连接 ②与本层次同类型绿道连接 ③旅游发展型与下一层次文化景观型 & 游憩型绿道连接	①与上一层次生态修复型绿道连接 ②与本层次同类型绿道连接 ③文化景观型与游憩型连接
连接节点	自然节点：森林公园、自然保护区等	①自然节点：景区、旅游区等 ②人工节点：城镇、公园等	①半自然节点：公园、水体、农业园等； ②人工节点：城市中心广场、换乘点、村镇、农业产业园等
建设目的	保护大地生态环境和生物多样性；欣赏自然景致	加强城乡生态联系；方便城市居民前往郊野公园休闲娱乐	改善人居环境；方便居民进行户外活动；保护历史遗存
主要功能	①强化生态区域边界 ②确保生态廊道完整性 ③提供科普探险体验	①串联沿线村庄，促进新农村人居环境建设 ②沟通城市与郊野，扩大城镇居民休闲空间 ③串联主要景点，打造旅游精品路线	①振兴城市旧区风貌，提升土地价值 ②连接城市慢行系统，回归慢生活 ③串联线性绿地，打造开放空间展示旧城文化历史景观

二、北京营城建都滨水绿道项目介绍

（一）建设背景

绿道建设始于我国快速城镇化发展及非农业用地无序扩张之际，伴随着环境生态质量恶化和优秀社会文化丧失，人们开始觉悟，城市需要一个既有生态又有文化的人居环境。广东省走在了全国绿道系统建设和发展的前列。从2010～2011年，广东省仅用一年的时间就基本建成了总长2372km的绿道网，并计划在两年的时间内达到成熟完善。2012年初又推出了新建5800km绿道的规划，引导珠三角绿道网向省内东西北地区延伸，服务人口约2565万人。珠三角绿网的快速发展与其带来巨大的社会与经济效益吸引了多方关注。2010～2011年间打造慢行系统之风流行于全国多省市。

2009～2011年这两年间，北京市西城区应城市发展需求重新规划绿地系统，在与园林局共同筹备期间，营城建都滨水绿道项目逐渐成形。今年年初启动的一期工程（永定河引水渠至白纸坊桥区段）是北京市内第一个绿道项目，这是一次全新的尝试与探索。

（二）基址条件概述

营城建都滨水绿道是北京市同期规划的10条城市滨水绿廊的一部分，是唯一一条处于内城的河道。周边绿地与河道一起构成重要的城市开放空间。丰富的水体是西城区城市景观的独特之处，"五河六海"水系贯穿西城，成为连接各类历史文化景观的绿色廊道。线性河道串联起周边众多的城市功能区。

项目水系北起木樨地，南至永定门桥，属于北京南护城河的一部分，是外城河水、中水的主要排泄渠道。全长约 9.3km，河道宽度 23 ～ 38m，滨河绿地最窄处约 2m，最宽处约为 88m。全线总绿地约 30 余公顷，是北京市整体水系的一部分，根据北京市水系规划，河道本身具有防洪排洪的功能。

（三）营城建都滨水绿道在城市中的角色演变

滨水绿道从天宁寺至永定门段在历史上是古城北京的外城护城河，河道伴随城市的生长也在悄悄发生着变化。

历史上，沿河流经范围是北京三千多年建城史和八百多年建都史的肇始之地，周边更有白云观、天宁寺、先农坛众多历史古迹，以及大观园、陶然亭等人文景观，历史文化底蕴深厚。河道见证了古都北京由田园牧歌走向国际化大都市的进程。

但是现如今沿河道两侧大部分为居住用地，少部分为公共建筑用地，周边规划绿地较少，无法满足居民的休闲活动需求。河道外侧为城市快速路，内侧为城市主干道，两者之间由 21 座车行桥进行连接。绿道全长 9.2km 的范围中仅有 3 座人行桥和 7 处地下通道将周边百姓引入其中。人行系统不完整，周边人群可达性较差。位于项目中段的天宁寺桥区及广安门桥区交通线路复杂，加之河道两岸连接不足，视线隔绝，已经成为首都交通中的两大拥堵路段。

河道与市政道路存在较大高差，竖向联系因泄洪渠的功能被切断，且沿河道上下行连接不足，绿地及活动空间分布零星，河道在城市中被孤立。由于现状护坡较陡，只有少量单一草本勉强存活，生态效益微弱，河道失去了应有的魅力。而这是改造设计中较为复杂的一部分。

三、设计理念：多功能的景观基础设施

根据以上我们对项目的认识，在建设初期营城建都滨水绿道即被定义为一项多功能的景观基础设施：它涵盖生态修复、涵养水土；保证防洪排涝功能；连接线性活动空间；打造北京滨水历史文脉；营造绚丽夜晚景观这 5 大主要功能。

（一）生态修复，涵养水土

因其处于旧城区，改造之前由北京市河湖管理处与水利部门共管，泄洪渠这种单一角色主导河道很多年，河道内护坡较陡，形式单一，未形成良好稳定的植被。没有植物锁水，雨水虽然能够在汛期快速排入河道，满足排涝需求，但是污染物也没有得到过滤，随着雨水一同流走，带来了水体污染。所以"生态修复，涵养水土"是项目首要解决的问题。

在现状护坡坡度≥ 2 ：1 的地段，我们在条件允许的情况下将坡度放缓至 3 ：1，这样一方面有利于植物生长，另一方面也增加了雨水在绿地中的流经面积，使得更多的水分保留在土壤中，减少了地表径流。

在现状护坡较陡地段我们采用生态挡墙的形式处理高差关系，为植物生长提供条件。这次选用的生态挡墙也是一次全新的尝试：考虑到景观构筑物要满足抵御洪水冲击的前提，我们选用了厚实的混凝土材料，但是如果按照以往常规的操作模式又会因这种非自然的阻隔切断了斑块内的生态联系，有悖于我们的初衷。经讨论我们选取了两种形状的混凝土折板作为生态挡墙的主体。每层折板高为 30cm，将 3 ～ 4 层挡板组装即可挡土约高 1m，在错缝排布的折板间隙，水分、空气、微生物与植物根系都可联通。错层花台用植物软化立面，又避免了装饰混凝土墙的工序。

在此基础上重新规划的种植设计，倡导乔灌草搭配的复层种植，选用以乡土树种为主的植物材料，保证良好景观效果的同时又可降低维护成本。

（二）保证防洪排涝功能

依据北京市水系规划，本段河道承担了防洪排涝的功能，故在项目初期，与水利部门共同协调研讨项目可实施研究时已经确定了：所有景观改造不

图 1　北京营城建都滨水绿道历史文脉图

图 1

图 2　直线折板花台
图 3　弧线折板花台
图 4　公安大学桥现状
图 5　公安大学桥改造效果图
图 6　景观构架图
图 7　景点分布图

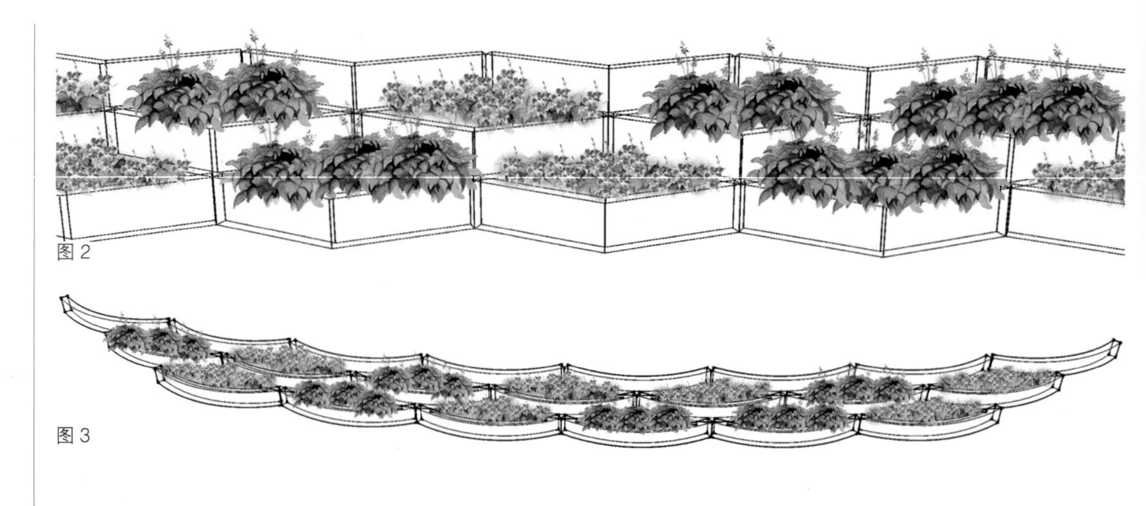

图 2

图 3

得削弱河道泄洪能力的前提，新增构筑物应具备很好的稳定性与耐久性，抵挡洪水及过水时夹杂异物的冲击。因此无论是沿市政路悬挑出的钢结构活动平台，或是河坡上创造种植空间的生态花台，都具备了坚实的结构与稳固的连接。今年 721 特大暴雨灾害，全市平均降水量 164mm，为 61 年以来最大，滨水绿道在这次强降雨中表现良好，抵挡住了考验。

另一个方面，在种植规划的初期，我们也将“洪涝”这个因素列入其中。河坡上的大乔木需以深根性耐水湿的树种为主，减少在极端洪涝灾害时大树倾覆的可能性。灌木及地被花卉也以耐水湿，或水陆两生物种为主，这样一方面能适应雨季河道水位变化，另一方面也可营造自然的水岸景观。

（三）连接线性活动空间

线性连接是绿道的基本功能，这也是项目设计中另一个复杂的部分。一方面河道低于市政路 8 ~ 9m，竖向联系因泄洪渠的功能被切断，河道失去了应有的魅力；另一方面，河道沿线土地受到蚕食，绿地及活动空间分布零星，社会效益及生态效益较低。

绿道的整体规划打破了这种隔离。在设计时，我们在条件允许的情况下通过减缓护坡坡度，连接河道与市政路的竖向高差，这样一方面使得河道更具可视性，另一方面也有利于创造自然连续的植物景观。在河道与市政路高差过大地段，通过增设多个台阶，连通上下行路线。

河道沿线横向维度的连接则通过打造贯通的慢行系统得以完成。将人行系统与非机动车系统分开规划，注重两套系统的隔离与对接，减少人车混行的同时还要考虑各节点入口的通达性。主要涉及：沿岸地下通道的改造与美化；现有人行桥的改造与美化；跨河人行桥的增设；沿河道各主要景点码头的增设；配套服务设施的增加；各主要景点及交通站点非机动车的停放与公用自行车租赁等相关事宜。为城市居民提供散步、骑行、水上娱乐三种休闲方式，实现绿道可观、可达、可游、可驻的规划设想。

（四）打造北京滨水历史文脉

通过对河道基址的全面考量，从设计风格上可将项目分为三个部分：

第一段，永定河引水渠段。从木樨地到天宁寺，全长 2.5km，该段河道曲折自然，非常优美，过去是城外的一条河道，尤其是木樨地一段靠近钓鱼台，古时也是人们游河垂钓的地段，在设计风格上以自然休闲为主。

图 4

图 5

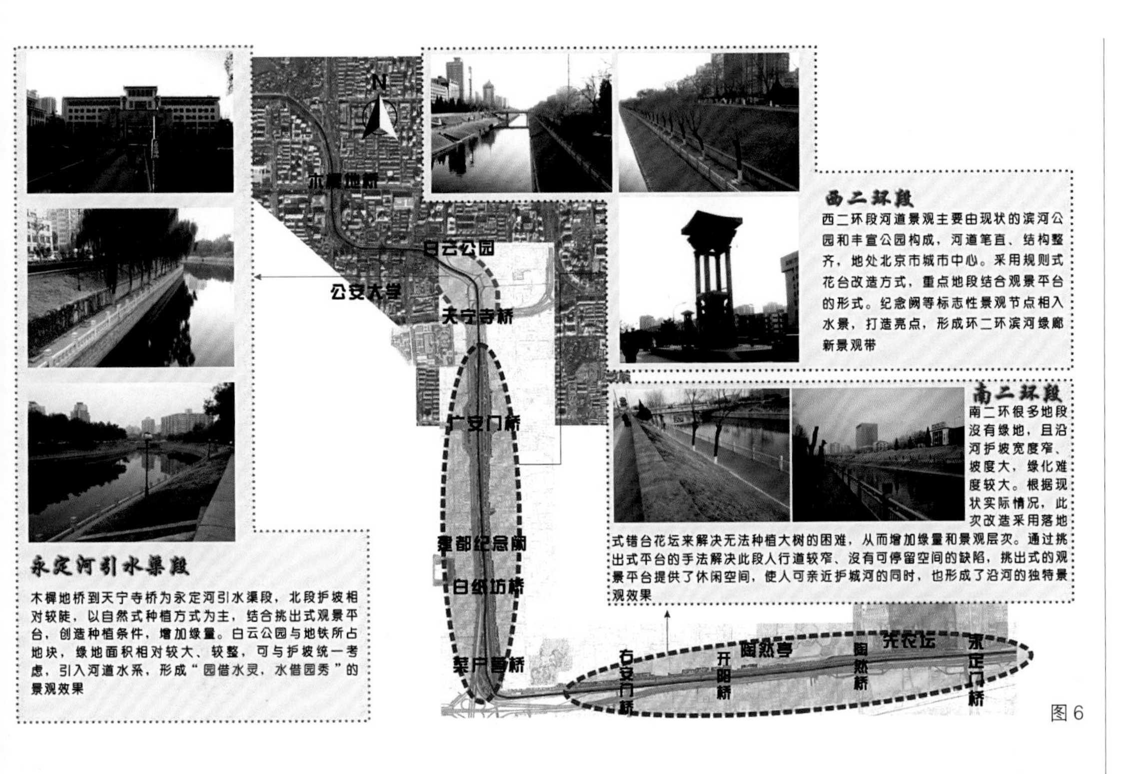

白云公园
公安大学
天宁寺桥
白纸坊桥
开阳桥
陶然亭
陶然桥
先农坛
西二环段
西二环段河道景观主要由现状的滨河公园和丰宣公园构成，河道笔直、结构整齐，地处北京市城市中心。采用规则式花台改造方式，重点地段结合观景平台的形式。纪念阙等标志性景观节点相入水景，打造亮点，形成环二环滨河绿廊新景观带
南二环段
南二环很多地段没有绿地，且沿河护坡宽度窄、坡度大，绿化难度较大。根据现状实际情况，此次改造采用落地式错台花坛来解决无法种植大树的困难，从而增加绿量和景观层次。通过挑出式平台的手法解决此段人行道较窄、没有可停留空间的缺陷，挑出式的观景平台提供了休闲空间，使人可亲近护城河的同时，也形成了沿河的独特景观效果
永定河引水渠段
木樨地桥到天宁寺桥为永定河引水渠段，北段护坡相对较陡，以自然式种植方式为主，结合挑出式观景平台，创造种植条件，增加绿量。白云公园与地铁所占地块，绿地面积相对较大、较整，可与护坡统一考虑，引入河道水系，形成“园借水灵，水借园秀”的景观效果

图 6

第二段，西二环段。这段河道属北京老护城河的一部分，河道笔直又由于地处金中都中轴线上，文化节点众多，在设计风格上采取庄重大方的设计手法，将沿途历史文化串联起来。

第三段，南二环段。沿河绿地空间有限，护坡窄而陡，通过增加沿途绿量，打造停留空间，增设亲水平台和景观平台，供人休息、观赏，使有限的空间发挥最大的价值。

沿线打造的十处景观分别为：木樨渔趣、白云风雨、天宁塔影、蓟碑霞尉、铜阙微澜、太液金波、应天怀古、大观平渡、陶然春雨、临河知耕。实现“绿不断线，景不断链”的景观构想。

（五）营造绚丽夜晚景观

在项目启动之前，河道两岸照明设施布置不足，水岸晚间的静谧之美没有得到很好的开发。照明不足也带来了安全隐患，降低了河道的活力。为了使滨水绿道在晚间呈现出更多样的姿态，可以为大众所用，项目的设计中引入了三个层面的照明系统。

亮化核心：河道整体线形勾勒及桥梁美化照明

线性亮化：沿河植物景观照明（地埋投射及树冠内投射）；散步道庭院灯照明

点状亮化：沿线景观建筑及小品，采用自发光照明

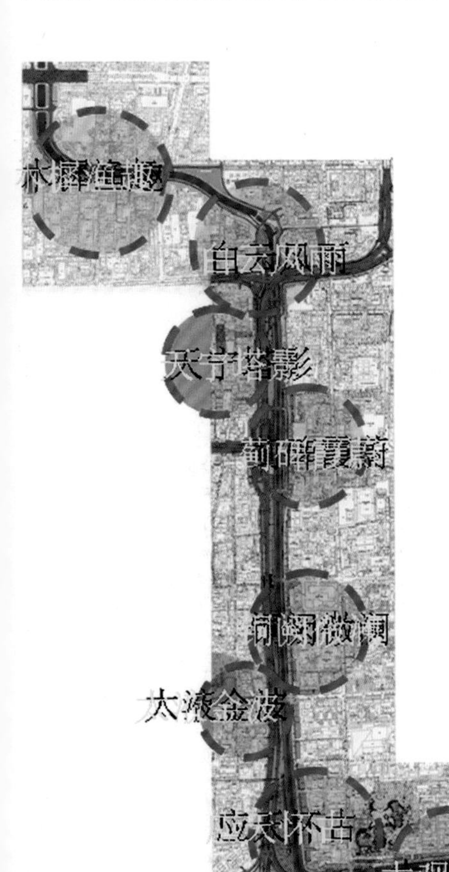

图 7

图 8

图 9

图 8　白云风雨景点效果图
图 9　铜阙微澜景点效果图

而所用光源均采用 LED 节能灯，照度控制在 10lm/m² 以下，避免造成光污染。

通过对上述 5 个方面的考量与循序渐进的建设，营城建都滨水绿道终将呈现为：

一条滨水绿色生态景观带

一条展示城市新面貌的都市干道风景带

一条服务于百姓的城市景观休闲带

一条承载北京古都史迹、寻根北京的特色文化景观带

四、总结与展望

绿道项目是一个多学科交叉的产物，绿道生态网络规划不应是某一单一专业从业人员的一厢情愿，其设计主体是林业、交通、水利等部门的交集，涉及了景观、生态、动植物、旅游、交通、城规等学科，它要求从业人员不断完善自己的知识储备以应对多种复杂的情形。

都市滨水绿道是水系统及绿道生态网络系统在城市中的交集，它在整个生态网络中只是很小的一部分，但是就是这很小的一部分仍旧包含了很多重要的东西。设计人员必须认识到它在多个网络中的连接作用，将生态发展与永续利用的观念贯彻到建设中去，这样才能成就绿道建设的百年大计，让自然拥抱城市，达到人与自然和谐共生的目的。

都市型绿道建设恰逢我国各大中型城市向外扩张与中心区功能转型阶段。绿道项目承担了促进土地使用功能转换，振兴城市风貌，优化人居环境，提升老旧城区土地价值等多种功能。推进绿道改造与整合必将成为城市发展和复兴的催化剂，所以绿道建设须与城市发展一脉相承。广东省在中国式体制下仅用一年时间就基本建成了 2372km 绿网的执行力度让人惊叹。由政府协调，让各相关学科都有均等发言的机会才能使绿道建设不流于表面，不只是一条前不着村后不着店的自行车道或者孤立的带状绿地。而在绿道建设初期如果能将公众参与引入其中，必定会为项目带来更多人气与社会关注，能为日后绿道的协管问题与社会认知度打下良好基础。

今年 10 月中旬，营城建都滨水绿道一期工程将投入使用，明年在纪念北京建都 860 周年之际，由我司承接设计的二期工程（南二环段）与南护绿道项目也将投入建设。这次“摸着石头过河”的尝试与探索为之后的改造设计提供了借鉴。同时我们也希望走在前列的同行们能够多多提供宝贵经验，学会可以提供更多平台供大家交流，促进绿道在我们身边有序生态地建设。

参考文献

[1] Charles E. Little：Greenways For America

[2] 宋延鹏．广东省基于功能需求的绿道选线之理论与实践研究 [J]. 中国园林，2012 (6)：22—23.

[3] 徐文辉．开展城乡统筹中国绿道规划建设的建议及其对策研究 [J]. 中国园林，2012 (6)：15.

[4] 刘滨谊．绿道在中国未来城镇生态文化核心区发展中的战略作用 [J]. 中国园林，2012 (6)：7.

设计单位：北京山水心源景观设计院·刘巍工作室
项目负责人：刘　巍　黄　南
项目参加人：方　芳　刘雅楠　赵　凯　栾永泰
许卫国　刘晶晶　庞学花　王飞等
项目演讲人：刘雅楠

北京龙湾别墅景观设计

ECOLAND 易兰规划设计院 / 陈靖宁　陈跃中

中国拥有5000年的文明历史，中国古典园林曾经在世界上被尊称为“世界园林之母”。随着时代的变迁，中国园林的使用功能、使用对象以及人的审美方式已经发生了巨大的变化。如何能让中国的古典园林延续它的活力与魅力，是现代中国景观设计师共同肩负的使命。

别墅社区作为现代住宅社区的一种形式，一直以来是众多设计师关注的焦点，而别墅区内的景观设计既要符合建筑风格，又要为社区提供相应的生活功能，一个优秀的别墅区应满足多方面的审美及功能需求。本文以ECOLAND易兰的北京龙湾别墅景观设计实践为例，从别墅区内的庭院设计、集中绿地及商业街区等方面较为详细地阐述了其设计思路与细节处理方式，并且针对如何继承体现传统园林中的造园手法做了细致描述。

一、项目概况

北京龙湾别墅区位于京郊顺义后沙峪中央别墅区内，规划总用地面积约34.3万m^2，西南、东南侧拥有200m宽绿化带，西南侧依傍温榆河，有1800m的河岸景观线。项目容积率为0.56，属于容积率适中的经济型别墅社区。

二、整体风格

北京龙湾别墅——从项目名称到建筑风格都具有一种将文化底蕴与现代感结合的“新中式”韵味。本案在着眼于现代人文主义视角的基础上，融入了中国北方的居住理念，从中国古典园林精华中提炼出可以应用到现代景观设计中的简洁设计元素，立足于传统与创新的视角，进行院落布置，形成人文色彩浓厚的居住环境。别墅建筑的外立面设计上，采用了面砖与不同质感的石材进行搭配，色调以深灰与米黄色为主，局部以褐色木格栅作为装饰，整体给予观者一种素雅、沉着、幽静的感觉。

三、住宅区景观空间设计

由于容积率的要求，本项目建筑排布非常紧密，局部留出的公共空间也相对狭小。这种状况对于景观设计师来说，虽然设计面积不大，但设计难度更高。既要在有限空间内解决住宅基本功能，同时又要与建筑风格相统一，强调设计的整体性和品质感，让居住者在居住和生活的过程中不感空间的狭小而唯有感叹设计的精妙。

（一）庭院入口

庭院的入口是别墅形象对外重要的表现形式，在有限的空间内如何创造与建筑风格统一，且满足门牌、信箱、电表箱、垃圾箱等必需功能，同时又要结合绿化、小品以及细节的创造出品质感一流的入口空间是此项目设计的重中之重。

在设计过程中，设计师经过反复推敲，将门的形式具有突破性的设计成一个空间，而不仅是传统概念中的一个面，在有进深的入口空间顶上设置透光的格栅，既不会使人有压抑感，又具有很舒适的空间效果。入口的立面一边采用门牌结合信报箱的设计方式，一边留出空间设置个性雕塑，增加识别感和装饰性。另外两侧墙体和灰空间内还巧妙隐藏了电表箱和垃圾箱，分别以少量植物与特色格栅进行遮挡，避免其破坏庭院入口的整体效果。

与入口门区相连的围墙也不是通常小院围墙的设计方法，由于规划的条件限制，建筑外墙与道路之间的距离狭窄，有的甚至不足1.2m。在这之间如果再设计一道围墙，不如直接利用建筑的外墙作

图 1　龙湾别墅庭院入口 1
图 2　龙湾别墅庭院入口 2
图 3　十字形建筑格局

为围墙的功能，仅在门与建筑之间以 1.5m 左右虚实结合的围墙进行几米的过渡，使其直接与建筑相连。这样既不影响别墅效果，又可节约造价。更重要的是在围墙前不足 1.2m 宽度的绿化空间内以高低搭配的植物进行掩映，几乎让人感觉不到后面的硬质围墙的存在，既突出了入口形象，也达到了庭院被绿色围合的私密要求。

图 1

图 2

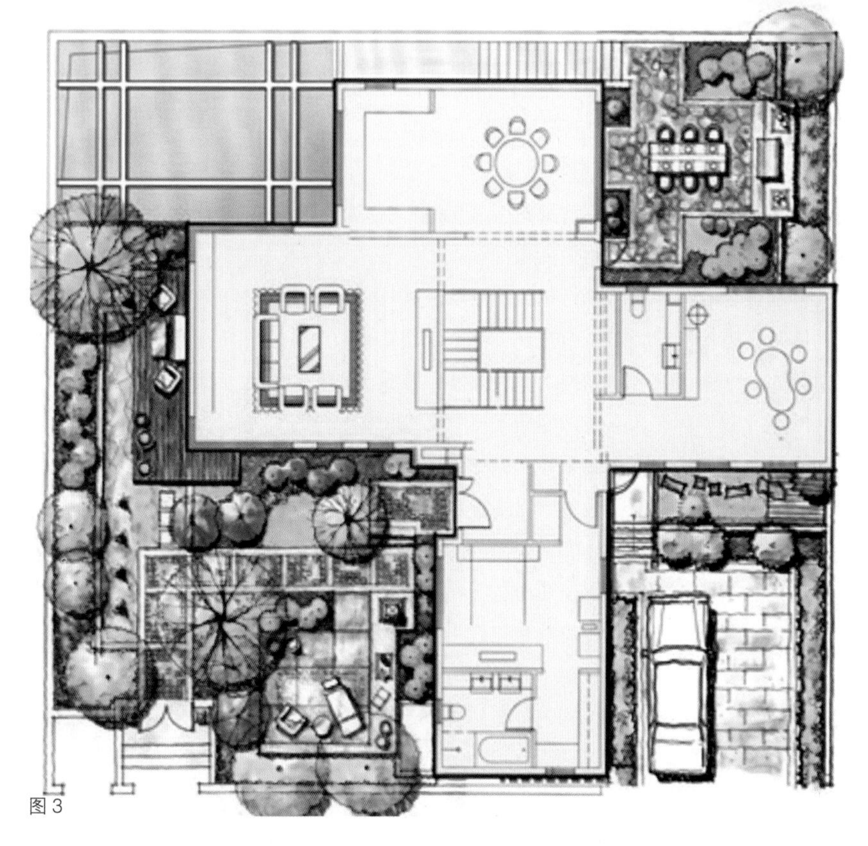

图 3

（二）庭院设计

北京龙湾别墅的单体为原创建筑，以现代中式风格为基调。其建筑格局在以往几期的改进后，最终确定以十字形为主的设计形式，这样在使建筑减少进深的同时增加采光面，并自然形成了四个庭院花园。这四个庭院每个都有各自的特定功能。前庭院是整栋别墅使用率最高的，最要求功能与形象兼备的部分；下沉庭院可采光通风，主要为了提升地下室的使用功能。侧院可满足停放车辆的功能，同时又和主要活动庭院有着明确的分隔；后院结合餐厅作为家庭内部活动空间的延续。

每栋单体别墅的庭院都会在统一风格之下具有各种独特的气质。这个庭院整体给人较强的稳定感，道路与场地均为直线构成，这样在适当增加回家路线的同时最大化了停留空间的面积。景观用材以与建筑统一的灰色调石材和青砖为主，水边设置小面积木平台，避免过多材质和颜色的变化。庭院中选择饰品摆放的位置也经过认真推敲，在庭院中起到画龙点睛的作用。

（三）别墅区集中绿地

在整个龙湾别墅的地块中，可提供人活动的空间非常有限。设计师本着“小而精”的设计原则，在设计每一块场地时不是泛泛地考虑所有人群的停留与活动，而是非常有针对性的考虑别墅区内具体人群的使用要求。

在龙湾四期地块内，规划留出的集中绿地有三块，面积各约 600m^2。设计师在认真分析使用人群后，将这三块场地分别定位为针对儿童、老人与妇女的活动区。妇女活动场地在一般的住宅项目上很少被涉及，在这里场地的色彩、细节处理都给人柔和细腻的感觉，哪怕是地面构筑物，都以花卉主题镂空的做法进行包装。功能上充分考虑妇女人群的使用。比如几个人在一起聊天时，空间布置上已留有婴儿车合适摆放的位置，既不会影响大人对孩子的照看，也不会影响其他人通行。活动场地边的景墙也特别留出玻璃砖墙的位置，使运动时的妇女们还可以隐约看到自己的人影，以此满足女性审美的心理需求。

老人与儿童的场地亦是如此，整体延续新中式的风格，细节与功能设计与场地主题紧密呼应。其实，任何一块场地可以应用的人群并不固定，但具有针对性的设计会引导人的使用方式并突出每个地块的独特性。

四、其他空间的景观设计

本项目地块的东南与西南有非建筑用地的绿地包围，景观设计会着重考虑设置供人参与活动的功能，以弥补本项目社区内公共空间不足的问题，同时与社区界面如何设计，既让社区业主感觉这些用地是社区的一部分，同时又能保证安全管理，避免外人对别墅区私密性的干扰。

（一）体育公园

考虑到社区内部提供的多是供人休息交流的小空间，地块西南与南侧以运动为主的体育公园形式很好的完善了社区功能，并提升了整个别墅区的品质。鉴于绿地本身的性质不能做过多构筑物，设计上采用高低起伏的地形围合出不同功能的运动场地如：轮滑场、迷你高尔夫、网球场、篮球场、游泳池等，以一条舒缓的混凝土慢跑道将各个场地逐一串联。除此之外，在现状基础上将整个体育公园与住宅区间设计一片人工湖面，湖面既是临湖别墅远望的景观，同时又可以有效的阻断公园的人流，不干扰住宅区的私密性。虽然没有围墙栏杆，但用景观的手法也达到了围墙栏杆所具备的功能。

（二）滨湖商业街

龙湾别墅位于中央别墅区内，相对配套设施较少，故而商业街的存在很大程度上可以缓解自身和周边楼盘的需求。商业街区共占地约 2.6 万 m^2，场地中共 8 栋商业建筑，设计中利用景观手段把形态各异、摆放灵活的建筑单体进行整合。商业街中心广场处设置了结合跌水的大树池作为区域的核心景观，从中引申出的小水道将空间根据不同商业功能的要求进行巧妙的分隔，并根据每栋建筑各自的业态组织，设计外围实用的场地空间，如有的地方需要大面积的硬质空间，以满足举行活动的需要，有的地方又需要创造相对安宁静谧的氛围。

商业街内与餐饮挂钩的业态所占比例较大，结合建筑创造室外就餐区域（如花架下的就餐空间、临水木平台）可以使人的参与活动有机的与户外环境结合起来。另外，在不影响商业活动的前提下，一定要让建筑的基础被绿化包围而不是直接与铺装相交，从而有别于一般的城市商业形态，创造出别具风情的自然休闲商业氛围。

与体育公园一样，商业街与住宅间以大湖面隔开，对于商业与临水别墅，湖面都是很好的景观。另外湖心还设有一岛，岛上设置了相对安静的 SPA 业态，面朝南侧商业，通过浮桥的连接围合，更加将热闹的商业区与别墅区从视线到流线上进行分隔。商业对外聚集人气，别墅对内安静私密。

本项目的湖景设计中采用了新的柔性防水材料，解决了大湖冬天结冰冻胀的同时，也让大湖在冬天形成了天然冰场，别有一番景致。同时还利用最新的生态环境技术解决了湖水净化的难题，也正因为生态净水技术，水中会长年生长有大量的鱼虾、水生植物，对景观及生态起到很好的良性循环效果。

五、结语

总之，龙湾别墅项目占地面积较大，空间形态多样，但无论是近乎密不透风的宅间，还是空间宽敞的公共绿带，景观设计都能在整体清新淡雅的新中式风格的基础上，以功能为主线，对空间进行重新的梳理及围合，再配合精致考究的细节设计，最终达到整体统一、局部创新的高尚居住区风貌。

（图片均由 ECOLAND 易兰提供）

设计单位：ECOLAND易兰规划设计院
项目负责人：陈跃中
项目参加人：陈靖宁　惠　庚　黄小川　孙　惠
盛赵丽等

图 4　新中式风格庭院空间
图 5　龙湾别墅体验公园
图 6　龙湾别墅轮滑场
图 7　龙湾别墅商业街区内的会所
图 8　龙湾别墅区内的人工湖

图 4

图 5

图 6

图 7

图 8

雨水利用系统的实践意义

——新城大院环境景观规划设计

西安市古建园林设计研究院／吴向英　陈俊哲

一、引言

（一）项目背景

陕西省政府新城大院位于西安市中心，南临新城广场，北至城市交通性干道西五路，东接城市支路皇城东路，西至城市支路皇城西路，东西侧外围为住宅区。项目总占地面积 21.99hm^2，绿地面积 8.24hm^2。

新城大院曾分别于 1981 年、1994 年历经二次总体规划，现有主要建筑及道路绿化、水电管网等建设，基本上遵照规划思路实施。2003 年 12 月至 2006 年 5 月，对新城大院总体规划进行修编，形成了《陕西省人民政府机关新城大院总体规划》(2006.05)。2007 年在此次总体规划的基础上完成新城大院环境景观规划设计。

（二）历史沿革

新城大院系元末明初形成的王城，用地呈矩形，南北长 700 余米，东西宽 400 余米，城墙高 12m。城外还有护城河，至今北城门还残迹依存。自元末明初形成以来是历代和现代行政中心的所在地。

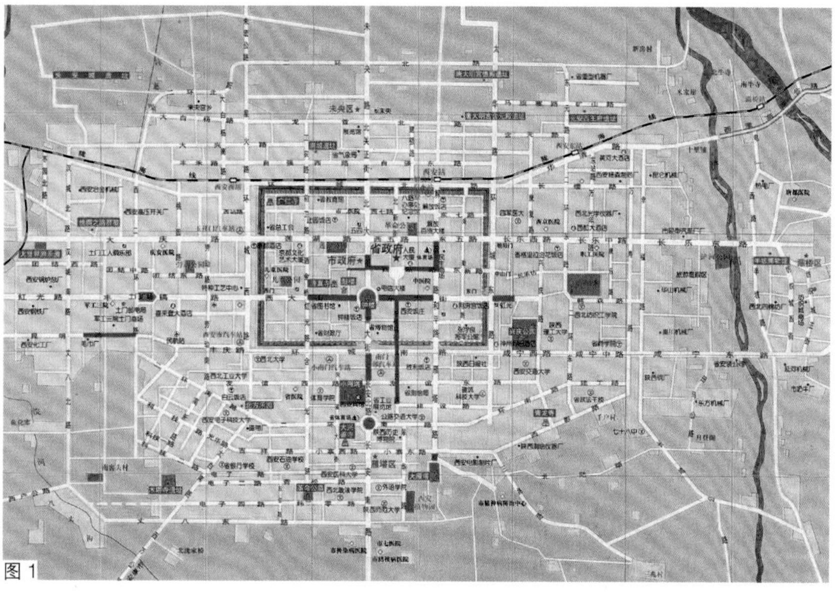

公元 1370 年（明洪武三年），朱元璋封次子朱樉为秦王，统帅重兵，坐镇西北。于 1376 年建成富丽豪华的秦王府。1644 年（明末崇祯十七年），农民起义军李自成曾在秦王府建立大顺政权。明亡后拆毁了秦王府修建西大街城隍庙。1649 年（清顺治元年），改筑秦王府驻八骑官兵。1911 年 10 月 22 日，西安军民响应武昌起义，在战火中秦王府被彻底毁坏。

民国初年冯玉祥督陕，驻军在"王城"，曾拆掉城墙大砖修建兵营，命名为新城。此后，西安绥靖公署、伪陕西省政府亦设在新城。

1936 年 12 月 12 日"西安事变"，张学良、杨虎城二将军，在新城内今"黄楼"设临时指挥部，周恩来总理曾在这里同蒋介石的代表宋子文等进行谈判。

新城大院历史悠久，院内历史文物数量较多，提供了广泛的历史信息，为政府办公场所赋予了特有的历史文化内涵，具有重要的历史文化及景观价值。

院内现有全国性文物保护单位二处，黄楼及杨虎城指挥所。明朝建造的城墙以及烽火台与新城广场城墙是一个统一的整体，是古城保护的组成部分。20 世纪 50 年代至今建设有东西窑洞、两院、原公安厅、政府办公大楼，人大、政府办公厅，这些建筑在与总体环境的协调上，在创造空间景观形象上都形成了特有的环境风貌，并为人们所认可。

（三）现状景观分析

现状景观存在以下问题：景观轴线不突出，整个大院景观空间的序列感不足；环境色彩不和谐，整体性较差；未能将历史文化遗产和景观环境结合

图 1

加以保护和利用，如东西窑洞、明城墙年久失修，景观视线可达性差；景观环境特点不突出，空间氛围营造不够，环境与建筑的品质与内涵不相符。如大楼后的中心庭园以及黄楼后北门区；交通环境较差，缺少停车场统一规划，停车场的视觉不佳等。

二、环境景观规划设计原则

（一）环境景观规划设计定位

营造继承历史内涵、风格现代、简洁明快、视线通透、沉稳大气、分区特色明显的行政办公环境。

（二）环境景观规划设计原则

1. 功能上具有针对性

根据定位分析的使用对象、活动内容、开放程度等因素来有针对性地展开环境设计，使环境的功能合理，针对性强，从而体现出行政办公环境的特点。

2. 营造简洁明快、轴线感强、较为透明的空间环境

充分利用现有的中轴对称条件，通过两侧植物、线性水体以及铺地引导和对景手法的运用营造简洁明快、轴线感强、视线通透、空间开敞和围合相协调的空间环境。

3. 继承历史文脉

城市历史文脉是城市文化之根。而地处"皇城"的新城大院，其内含的历史文化和外在的历史遗迹必然要在其环境中加以继承和体现。

4. 景观元素地域化

在设计中，植物、小品、水体及地形等景观要素的运用都要体现出浓烈的地域文化性，包括植物的种类、小品及水体的形态、地形的特色等。

三、环境景观规划设计理念

西安作为历史悠久的文化名城，其城市建设和城市空间的塑造早在千年前就以其规划严谨、宏大，布局规整、街道宽阔平正，绿化考究，设东、西两市，注意城市用水问题等而闻名世界，成为当时的世界第一大都市。总体景观规划设计遵循古城西安千年以来的城市建设脉络，充分吸取历史上一脉相

图 2

图 3

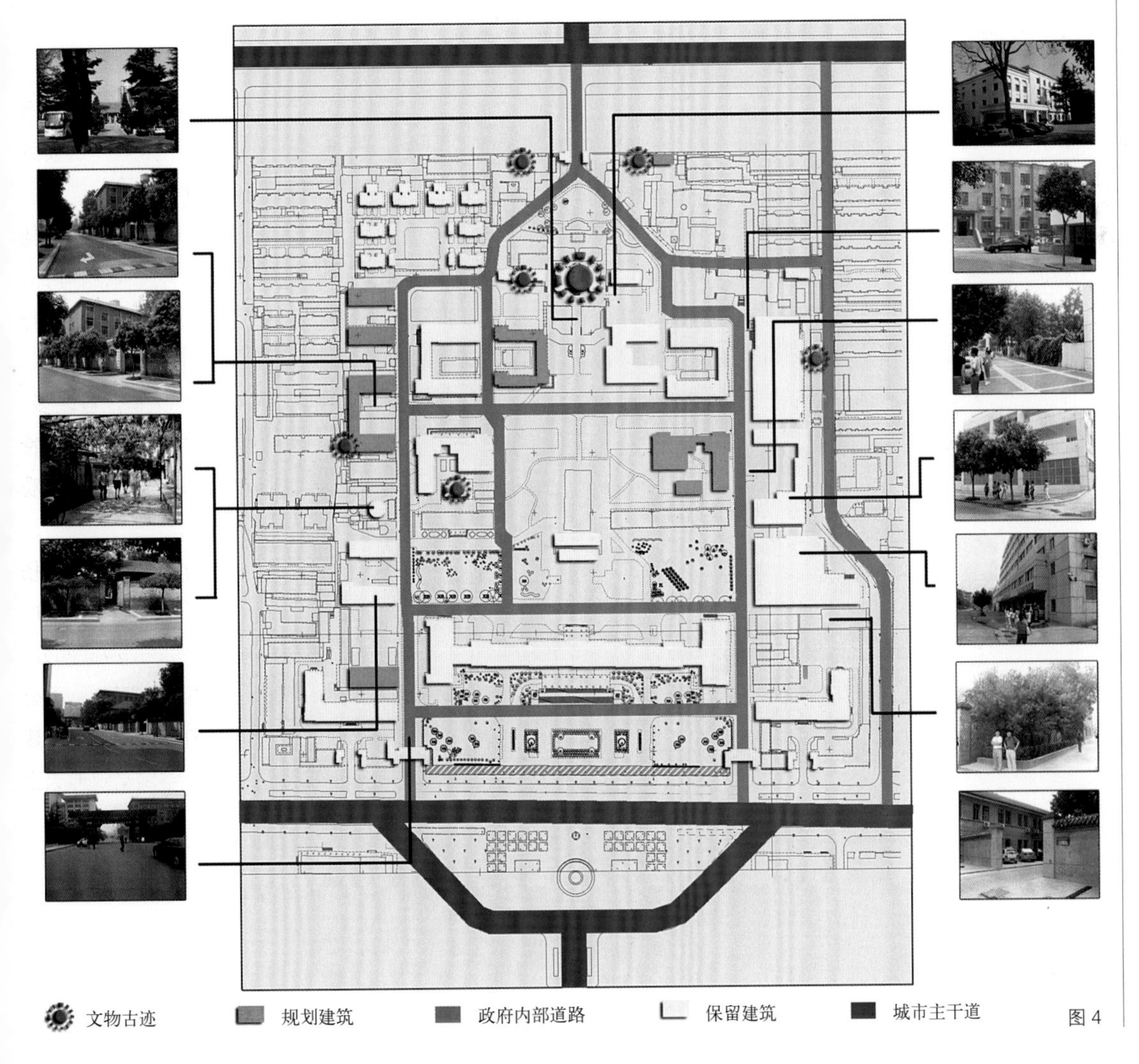

图 4

图 1　区位图
图 2　黄楼
图 3　西窑洞
图 4　现状分析图
图 5　设计理念分析图
图 6　总平面图
图 7　中心庭院景观
图 8　景观水池 1
图 9　景观水池 2
图 10　省长小院景观
图 11　42 号楼景观
图 12　28 号、29 号、30 号楼景观

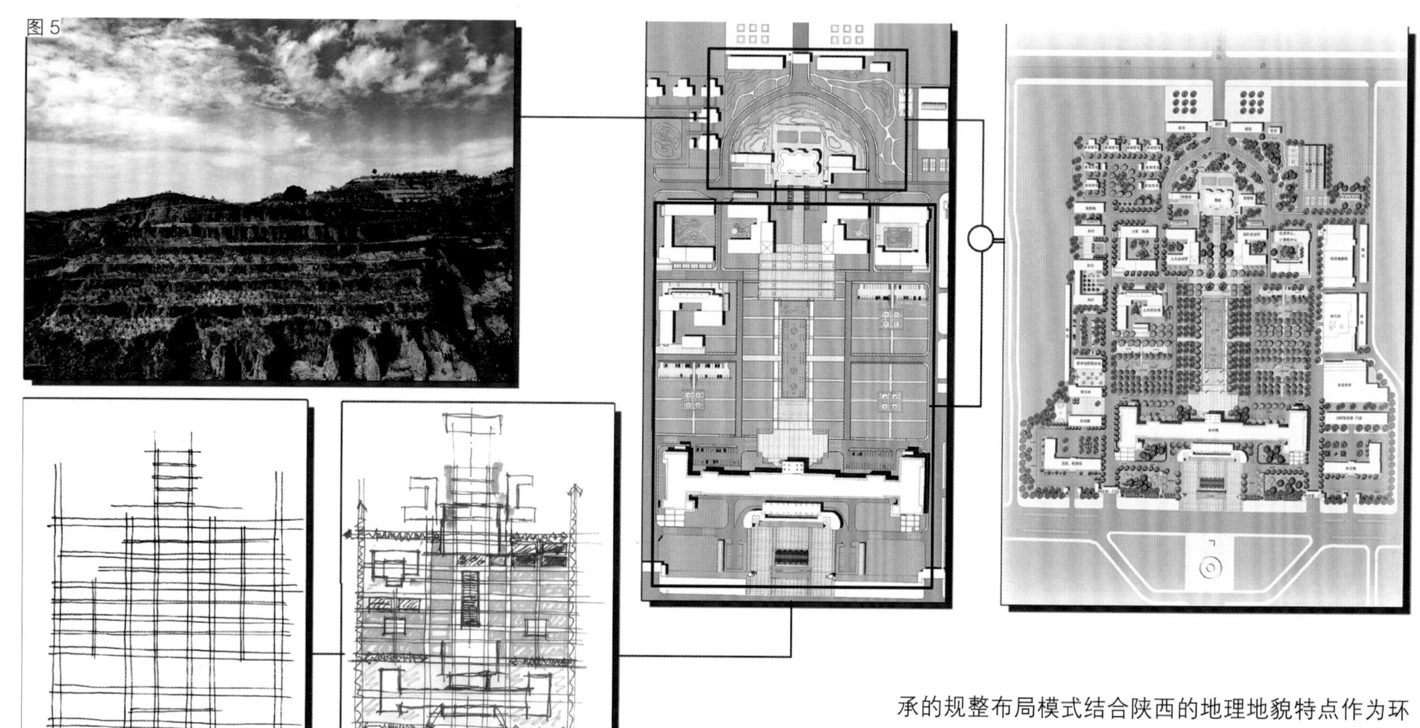

图5

图6

承的规整布局模式结合陕西的地理地貌特点作为环境景观设计的布局理念。与此同时将总体规划提出的生态环保的理念落实到景观规划设计当中。

轴线对称的景观布局模式：在整体形式上借鉴唐长安城的中轴对称、规则布局的空间形态，强调新城大院的景观空间轴线。

轴线北段抽象体现黄土高原地貌特征：轴线的终点即黄楼以北节点以陕北黄土高原的地貌特征为景观原型，塑造出具有陕西特色的山体景观形态，并作适当的现代风格的处理，使其源于现实而不囿于现实。

轴线中段和南段暗合“里坊”格局：轴线中段和南段的规划设计及空间分割来源于地处关中平原的唐长安城之“里坊”格局，以规整的块状形态来体现简洁明快、交通方便、沉稳大气的公共办公环境以及空间开敞、严肃庄重的主入口景观。

四、环境景观总体布局

（一）景观空间轴线设计

在整体布局形式上借鉴唐长安城的中轴对称、规则布局的空间形态，强调新城大院的景观空间轴线。以新城广场为起点，经新规划的大院正门，沿办公大楼中轴线向北，串接景观水池、黄楼、黄楼后假山，结束于北门及北广场的景观主轴。此轴线不仅是整个新城大院的中轴线，还是一条最重要的景观轴线，它具有空间开阔、视线深远、景观层次丰富等特点。建筑以庭院为单位分布于大院内，形成和谐的办公环境。

（二）庭院景观规划设计

庭院景观规划设计在设计思想和手法上，延续整体景观规划理念和整体景观脉络结构。通过多种物质的形式、色彩和质感传达同样感受的信息，将所有的存在物连续为一个整体景观，营造一个可观、可入的空间。根据绿地面积将庭院分为三类：中心庭院、小庭院、小广场。

中心庭院位于办公大楼与黄楼之间，以76m长、23m宽的长方形喷泉水池为景观中心，水池两侧则植以高大乔木，主要为国槐和银杏，夹水池而成带状轴线空间。由水池南端远望黄楼，形成一个景观透视效果突出、简洁明快，视觉层次丰富的视觉轴线。

水池平时平静开阔，氛围庄严沉稳，重大活动时喷泉喷涌，活泼欢快，气氛热烈，使整个办公区景观静中含动，动静相宜。在中心水池下面增加了雨水收集系统（含地下雨水收集池、雨水净化系统、雨水收集管道系统），将整个新城大院的雨水通过管道收集到地下水池中，通过沉淀净化等处理后，进行循环再利用，提供大院的植物灌溉和冲洗之用。多余雨水会随大院的排水系统进入市政排水管道。由于水池两侧保留原建筑，两侧建筑及环境保持现状，设计通过增加下层灌木和小乔木来丰富庭院景观。汀步由建筑楼前连接中心水池两侧铺装，其间点缀景石。

小庭院是自然式绿化种植设计和建筑入口结合规则式绿化设计为主的庭院景观，其中8号楼、11号楼、42号楼、省长小院等是自然式绿化种植设计的庭院，42号楼绿地设计借鉴传统建筑入口的处理手法，以竹子做绿色屏风，遮挡后面的视线，增加园子的视觉层次和空间感，在竹子前面点缀红枫、罗汉松等植物，并搭配低矮的灌木组成入口主景观，使入口虽小，却层次丰富；其后搭配高挑挺拔的水杉林，烘托宁静的气氛。8号楼与11号楼庭院对称，设计上遵循保留利用和改造引进相结合的原则，利用园中现有大乔木的骨干效果（如水杉以及规格较大的石榴树等品种），去除杂乱的小植物。新增加樱花、桂花、竹子、红叶石楠、八角金盘、平枝栒子、海桐、法国冬青、红瑞木等植物，改变现状有树无景的景观现状。形成了层次错落、色彩丰富、品种多样、曲径通幽的景观效果。28号、29号、30号办公楼庭院这几个庭院采用规则式园林的布局形式，庭院中或成直线步道网络或成几何绿篱构图案的形式，力图展现简洁明了的公务风格，展现出简洁、大方的庭院环境。

小广场是以铺装为主的场地，如新城大院南的旗台广场，最早的旗台广场与新城大院相隔一条城市干道。规划时将原来的旗台移至马路对面，紧邻新城大院，成为南大门前广场的中心景观和整个中轴线的起点；规划不仅减小了升降国旗时对城市车行交通的影响，同时加强了新城大院的庄严肃穆感。

（三）植物景观设计

植物景观设计注重树种搭配、主辅结合，选择地方树种，与建筑风格相协调，在每个区域以其骨干树种为主，注意乔、灌木高低搭配，常绿与落叶植物的搭配，做到三季有花，四季常绿。以粗放的“林”和精致多样的植物景点相结合，以园林绿化景观营造“人与自然和谐共存”的形象。

植物材料的选择贯彻生物多样性原则，以选择西安乡土树种、地带性植物为基调树种，适量运用植物新品种，使绿化景观更具生态性、观赏性和艺术性。可选用在西安有千年以上的古老树种，如槐树、侧柏、银杏、白皮松等。

园林式办公区的园林景观设计要与建筑环境相呼应，把握基调，着重细部。针对各区的功能划分，以植物造景为主，增加各区导向性，使各区互相过渡与协调，整个片区绿化空间丰富多彩，同时互相交错、互相渗透、互相联系。

五、雨水循环利用的理念

新城大院总面积21.99hm^2，其中绿地面积8.14hm^2，可回收利用的雨水面积约13.7hm^2。西安地区年降水约600mm，新城大院内的年可利用雨水资源82200m^3，加之人行道和广场采用透水砖，可利用的雨水至少还有30%可收集利用约27400m^3。按

图7

图8

图9

图10

图11

图12

图 13　旗台广场景观
图 14　雨水收集池平面位置
图 15　景观水池循环示意图
图 16　景观水剖面示意图
图 17　停车场铺装
图 18　鸟瞰图

图 13

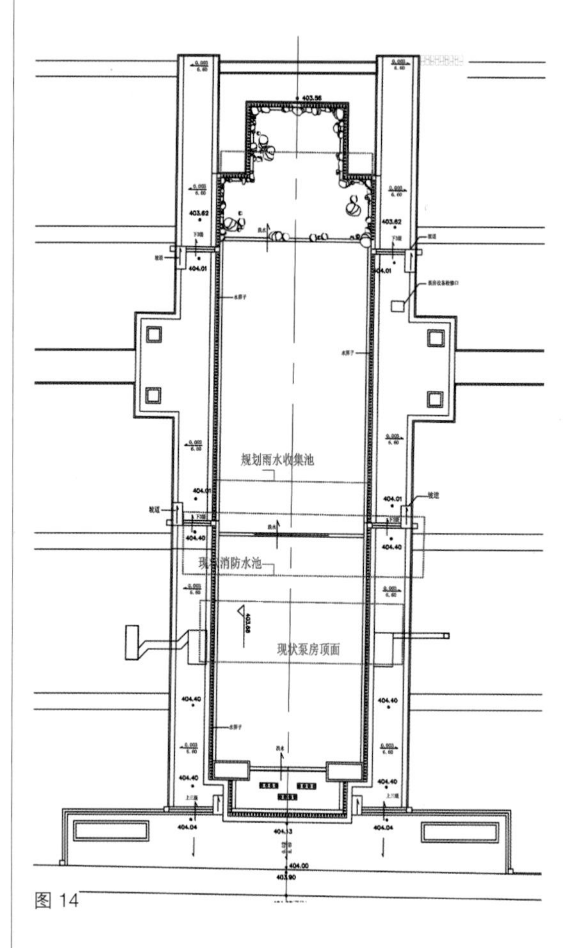

图 14

每年收集水池的雨水循环三次计，每年可收集的雨水总量约为 18000m^3。新城大院内的绿化、景观补充水、洗车以及路面清洗约需水量超过 13000m^3，因此收集及处理的雨水量完全可以保证新城大院内的杂用水要求。

雨水收集系统的蓄水池设在地下。位于在南大楼与黄楼中间的轴线上，体现空间的中轴线对称布局形式。景观水池设于雨水收集系统的蓄水池上方，与其泵房同一标高。为了不影响使用，将泵房的出入口设置在景观水池的西侧绿地里，白色钢构架与绿地环境相协调。采用简单的汀步石作园路将泵房入口与景观水池连接，增加自然气息。

（一）雨水收集利用流程

地表雨水——雨水口、雨水管——集水井、加压泵房——6000m^3 蓄水池（过滤、杀菌、活化及复氧处理）——变频加压——供水管道——绿地、道路冲洗、消防及景观补充用水。

1. 雨水收集

由于新城大院内没有完善的雨水收集系统，根据新城大院内现有的总体规划方案，增设大院内雨水收集系统，同时在人行道上增设透水砖，真正达到雨污分流，对雨水系统的处理创造条件。收集后的雨水储存在一个 6000m^3 的地下钢筋混凝土蓄水池内。增设透水砖对于改善雨水收集、保湿土壤、提高地下水水位、防止地面下陷都大有好处。

2. 处理及利用

雨水收集水池设置在新城大院内的景观水池的下面，在附近绿化带下设置一个全地下的水处理设备及加压利用机房。处理系统主要采用过滤、杀菌、活化及复氧的方式加以处理，处理方式力求安全可靠、节能环保。

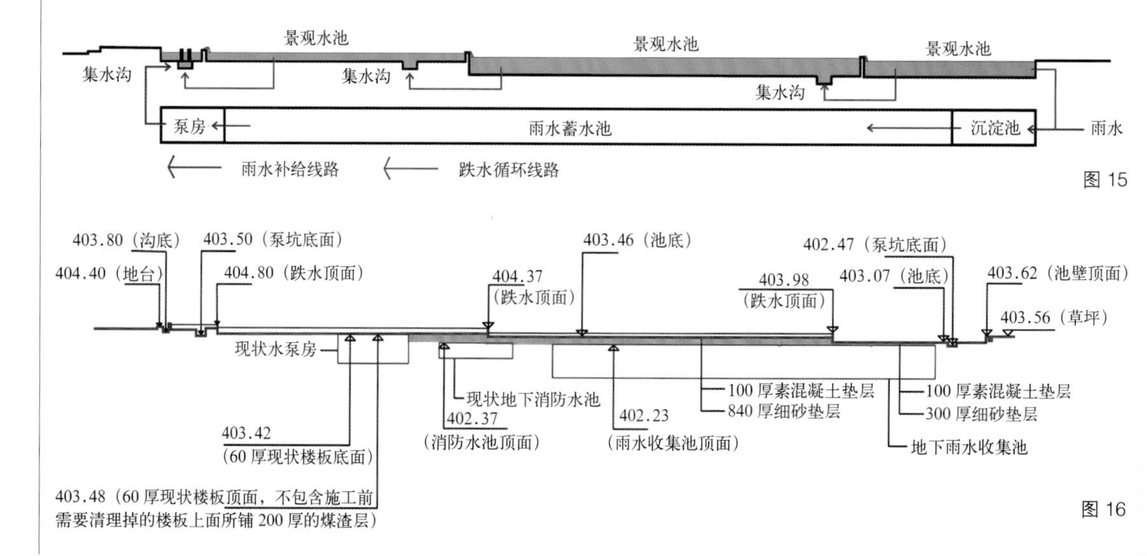

图 15

图 16

处理后的雨水经变频加压后供给新城大院内的绿地用水、道路冲洗用水以及消防及景观补充用水。对于特大暴雨时多余的雨水通过溢流的方式直接排入设置排水管网。加压后的雨水回用管道沿综合管沟环状敷设。

（二）景观水系统的设计理念

景观水池是以短程多级独立小循环跌水代替传统的长程单循环跌水。从第一级跌水到最后一级跌水全部启动需要较长的时间，在这个过程中，最后一级水池的水位下降得很低，水量因在管路中循环而使该级水池的水位在运行过程中不能恢复到适当的高度，很不美观。在设计过程中，采用了以短程多级独立小循环跌水代替传统的长程单循环跌水的新技术，使问题得到很好的解决。

为了防止水池发生不均匀沉降并开裂，采用以沙代替灰土的景观水池基础处理新工艺。由于待建景观水池的底部分别有办公大楼泵房、消防水池及雨水收集池三个地下建筑，而且这些构筑物的顶面标高各不相同，如采用常规的素土夯实加三七灰土处理的办法，则会面临两个问题：一是因为泵房和消防水池顶部因安全问题无法夯土；二是构筑物以外的基础部分为湿陷性黄土，和地下构筑物顶部回填的灰土层具有不同的沉降系数，导致景观水池在使用过程中可能因为不均匀沉降而开裂或者无法保障水面与池壁压顶石的平齐，影响景观效果。

针对这一特殊情况，我们创造性地提出了以细沙代替灰土作为水池基础的新工艺，充分利用沙子松散的特性，使整个水池基础均匀受力，避免了在地下构筑物上夯土，避免了不均匀沉降发生。经过三年的使用证明，长 110m、宽 24m、总面积约 2500m^2 的水池没有发生显著的沉降变化，效果很好。

（三）小庭院及其他场地的雨水利用

对于新城大院内的小庭院设计，则采用绿地透水的方法。例如 28 号、29 号、30 号楼庭院、42 号庭院、8 号楼庭院、11 号楼庭院都采用满足交通的情况下设计绿地，可以通过增大接受降雨面积给予植物灌溉，多余的雨水会通过种植池内的排水管道进入地下雨水收集系统，统一净化处理后再次利用。

对于停车库顶上的绿地，受承重因素的影响，埋土厚度不易过深，因此选择种植灌木及轻巧小乔木。绿化不仅可以改善环境气候，对 PM2.5 的吸收和降低起到很大的作用。

统一规划设计的停车场也是设计亮点之一。原有停车场多为硬质铺装，或设置在路旁，比较混乱。规划则利用建筑周边空闲用地设计停车场。主要采用混凝土嵌草砖作为场地的铺装材料。预制混凝土砖内配钢筋，通过钢筋焊接，其间缝 70 ~ 80mm，用于植草，既满足停车要求又增加绿化面积，也有利于排水。

图 17

六、结语

陕西省政府新城大院环境景观规划设计，在实施后得到了很好的实现，达到生态、自然与人和谐共存的目的。低碳环保是景观规划设计中必须遵循的原则，如何建设节约型城市和绿色生态城市是我们在各种景观规划设计项目中应该共同探讨和思考的问题。对于特定环境条件制约下的规划设计项目，最大限度地发掘新材料、新工艺、新技术是设计师们应有的责任。

设计单位：西安市古建园林设计研究院
项目总负责：吴雪萍
项目负责人：吴　祺　杨建辉
项目参加人：吴向英　杨　波　蔡　静　王淑丽
项目撰稿人：吴向英　陈俊哲

图 18

苍南县湿地地区景观概念规划

浙江省城乡规划设计研究院／谭　侠

一、现状解读

（一）概况

项目位于浙江省温州市苍南县的龙港、钱库、金乡三镇之间，距离温州市中心约60km。基地总面积为33.9km²，现状主要为农田和村庄，水网密集，其中农业灌溉沟渠及水塘面积共2.47km²。

（二）基地特征

1. 基地位于苍南县北部鳌江流域山海之间的过渡地带，密集的水网是山海间的自然排水和蓄水系统，是维护区域水生态安全的有效保证。

2. 现状保持了具有江南水乡特色的水网湿地风貌，基地内农田河网发达，形成天然灌溉系统，创造了良好的农业生产条件。

3. 基地北部的部分河道呈现出比较完整的蛇曲地貌。

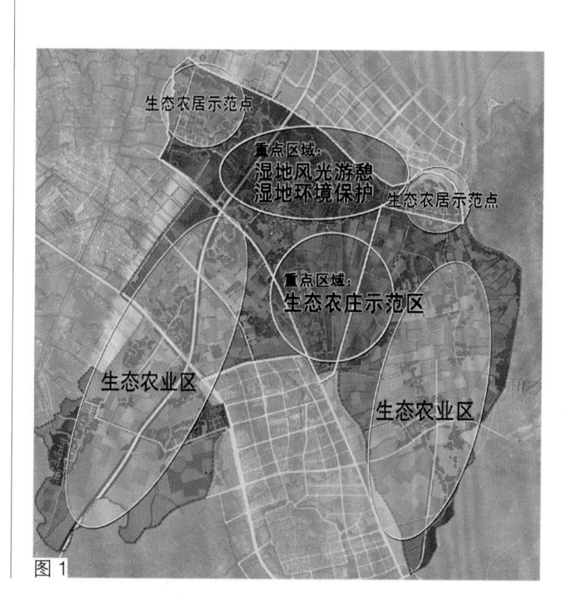

图1

图1　规划策略
图2　总平面图

（三）现状问题

1. 城镇与农居点密集，城镇化趋势明显，农田被不断侵蚀。

2. 低水平加工工业带来严重的环境污染，传统农业日渐式微，水乡田园风貌严重退化。

二、规划策略与功能目标

（一）规划策略

根据现状条件和基地特征，提出多元目标和复合功能的发展模式：

1. 生态保护与湿地景观风貌打造相结合

打造生态修复实验基地，提供对于公众及游客的不同类型的生态教育项目，根据蛇曲湿地的独特性开展湿地游憩与地质科普活动；利用湿地净化系统对环境进行修复，针对水系的不同情况提出不同的湿地恢复和保护利用要求。

2. 农业生产与农业观光相结合

发展各类生态作物区，如优质水稻生产区、优质蔬果示范区，适当设置休闲旅游服务设施提供公众参与农业观光和农事体验活动。加强农业环境管理，使用有机肥料，减少农药使用，利用河网和植物净化水质。

3. 农居及居民生活与乡村旅游相结合

发展新型生态田园居住模式，合理集中建设农居村落，最大限度减少对环境的破坏和影响，把居民和农居纳入游览服务体系，实现转型升级和共同发展。

（二）功能目标

规划以水网农田湿地生态恢复和生态保护为核

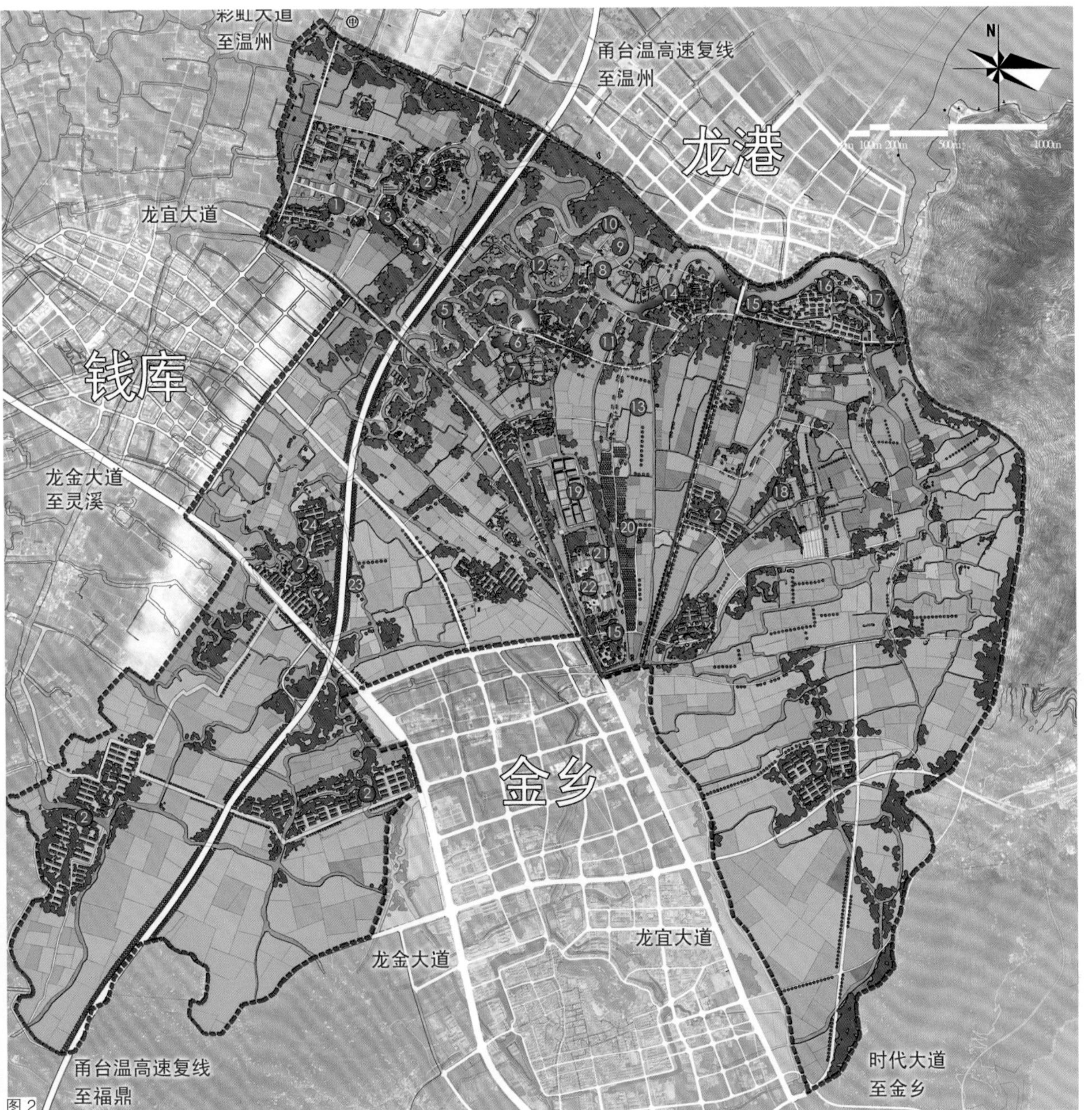

图2

心，以发展湿地生态与农业休闲旅游和试点新农居生活为目标，兼顾农业生产生活与乡村旅游功能，以实现“原生态，新动力”的愿景。

1. 加强生态恢复和生态保护，恢复并保护河道水网的完整性，维护苍南北部山海之间自然水循环的连续性。

2. 北部的九龙河湿地区域，打造以蛇曲地质景观为核心，兼顾河网农田湿地环境保护、湿地科普游赏功能的九龙河湿地公园，建设成为苍南县“水乡田园绿道”的重要节点和游憩基地。

3. 恢复和维护农田湿地风貌，在保持水乡村庄和农业生产生活状态的基础上，重点推进村庄的整合与整治以及水系的整治改造，提升整体环境风貌，开展农业观光和乡村旅游，通过第三产业功能的植入和叠加，实现整体价值提升和产业升级。同时大力推广有机生态农业，减少环境污染，促进农业生产的转型升级和良性发展。其中紧邻九龙河湿地公园的南部中心区块作为生态农庄示范区，西北和东北角的区块作为生态农居示范区。

三、规划内容

（一）分区规划

根据区位环境与现状资源条件，通过深入的调查研究与用地适宜性分析，整个湿地地区规划六大功能区和十大主题景点。六大功能区分别为：主入口服务区、蛇曲湿地游憩区、水乡田园观光区、生态农业体验区、生态农居示范区、生态农业区。

其中蛇曲湿地游憩区为体验蛇曲地质景观的重点区域，在全面修复河网水系生态环境的基础上，沿蛇曲河道及主游览道布局游憩项目和设施，包括蛇曲科普馆、拓展基地、登高瞭望塔、热气球观光项目等。

生态农业体验区立足现有农田格局，大力发展生态有机农业与观光农业，布局开心农场、生态大棚、采摘果林等项目，强调原生态的农业生产生活体验，注重水乡环境营造，水网古桥交织，农田尺度宜人。

生态农居示范区是结合相关规划为九龙河湿地公园地块的村庄保留与集中安置，改善农居品质，增加农家旅舍和农居生活体验的功能，打造生态新农居社区试点，使原住民和农业原生活成为融入旅游体系的一部分。

十大主题景点为迎宾花田、水街芦漾、蛇曲幽径、碧波绿屿、桃坞垂钓、阡陌绿野、芦渚鸥鸣、荷塘月色、水乡田园、桃源深处。以景观节点、项目布置构建多元有趣的序列，围绕主园路构成多样变化的线性体验，自西向东依次形成“花”、“河”、“田”、“港”、“山”的景观序列。

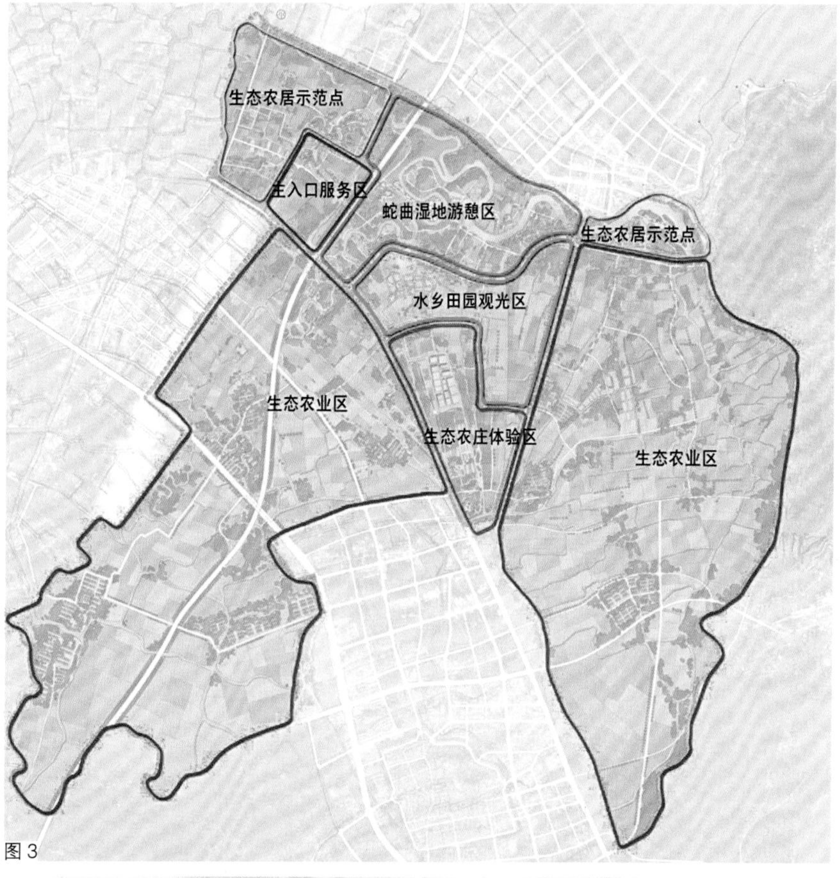

图3

图4

（二）重点项目

1. 游客集散中心

毗邻龙港、钱库，东有南环快速路和甬台温高速公路，南有龙金大道，被有彩虹大道，交通可谓十分的便捷，同时承接绿地系统规划中对于此区域“驿站”的考虑，我们将游客集散中心定在此。为集散客自助旅游、单位团队旅游、旅游信息咨询、旅游集散换乘、景点大型活动、客房预订、票务预订等多种功能为一体的“旅游超市”。同时配套餐饮、购物、住宿等功能。

2. 水街驿站

位于蛇曲游览区东部入口处，既从游客集散中心进入蛇曲游览区的必经之地。现状此处水系呈丁字形交汇，古桥横跨，两岸建筑一字排开，极具打造水街的潜质。规划对水系进行梳理，对建筑立面进行整治，设置亲水平台，打造集餐饮娱乐休闲等于一体的现代水乡风情街。

3. 自行车健身俱乐部

结合交通游览需要我们重点规划了自行车健身道，力图通过设置不同类型的健身车道，满足不同人群休闲健身的需求。同时设立自行车俱乐部，规范组织和管理自行车骑行活动，并设置多个自行车极限或趣味运动场地，满足玩车爱好者一族的体验需求。

自行车慢行交通很好地解决了本规划区面积大步行力不足胜任的问题，同时更是当下一种时尚的健身方式。

设计单位：浙江省城乡规划设计研究院
项目负责人：谭　侠
项目参加人：谭　侠　汪　瑾　余　伟
项目演讲人：谭　侠

图3　分区图

图4　鸟瞰图

图5　主入口服务区

图6　蛇曲湿地游览区

图7　生态农庄体验区

原生广场

——对于综合性城市开放空间设计的理论尝试

北京中国风景园林规划设计研究中心 / 刘志明

随着城市化的进程加快，人们越来越多地意识到城市开放空间对于城市生活的重要性。对于城市综合性开放绿地的设计，也成为现代景观设计的重要组成部分。对于这样的绿地应该如何进行设计？是否存在一种设计理论？

营口市位于辽东半岛西北部。是辽宁省管辖的地级市，是全国重点沿海开放城市。西临渤海辽东湾，与锦州、葫芦岛隔海相望；北与大洼、海城为邻；东与岫岩、庄河接壤；南与瓦房店、普兰店相连。营口南接大连，西临渤海，背靠东北腹地，中国八大水系之一的大辽河从这里注入渤海。

一、基地现状

（一）工程概况

营口经济技术开发区世纪广场，东至昆仑大街、西至辽东湾大街、南至闽江路、北至钱塘江路，规划总用地面积 26.9hm^2。

周边商业服务设施齐全发达，居住小区分布较多，具有良好的发展潜力和较多的使用人群。具有良好的旅游发展潜力。

（二）设计定位

港口是带动城市发展的重要载体，充分体现港口文化和城市特色，将生态理念和可持续发展理念融入广场设计中，使之成为一个具有未来感的综合性国际化生态型景观广场。

二、方法及原则

增强优势，改善劣势，与周边呼应，因地制宜，是贯穿整体设计的基准。呼应整体城市景观机理。横向城市景观轴，即将渤海景观带和原生广场以及儿童公园的山体联通在一起，内外贯通。

坚持四点非常重要的设计方法，是根据基地背景、定位需求拟定的，既存在设计的一般性又有其特殊性。

图1　航拍图
图2　周边绿地分布图
图3　区位分析图
图4　现状照片
图5　广场现状
图6　点、线、面的空间构成

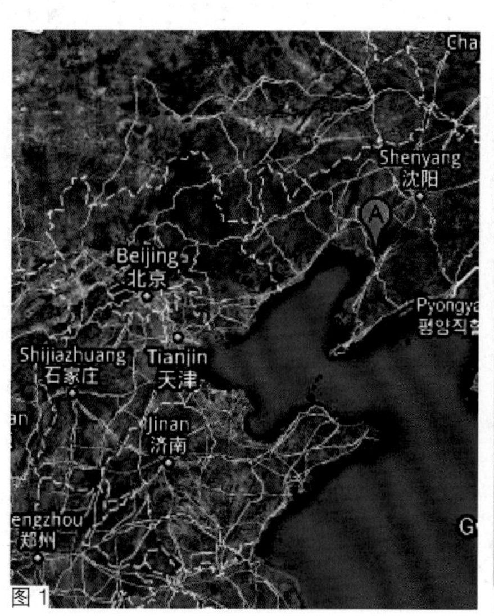

图1

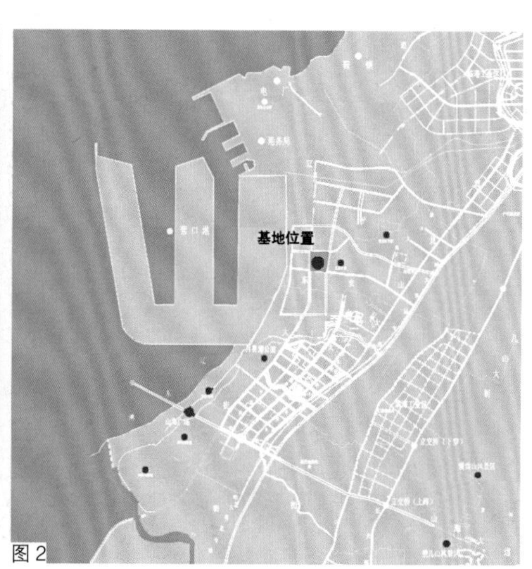

图2

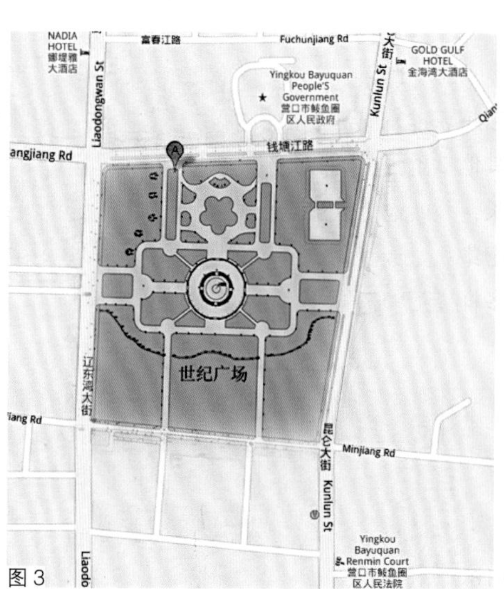

图3

（一）分析科学化——拆解基地的历史重叠

地形分析

1．"点"的构成

与其他广场最大的不同是，在广大的游戏区域中，设计者设计了30个看起来似乎不具有实质功能的构造物，这些设计者称之为"Follies"的东西，在广场中每隔120m就出现一个，他们具有共同的特征是：都是以红色金属为材的构成物。每个"Follies"基本上都是以边长为10m的立方构成体。希望运用重复性的手法，使广场具有一个明确性的记号，产生辨认的认同感。

2．"线"的构成

在广大敷地"点"的垂直坐标系统中，有着若干条通道的"线性"元素，贯穿整个广场。在机能上，使人们在任何天气下，都提供穿越的功能。在都市方面，这些通道分别联系了广场和周边环境，以及广场中心与周边的活动行为。

3．"面"的构成

在"点与线"的垂直坐标系统之间，在此我们的设计团队将它处理为一些开放空间的形式，为接纳各式各样的活动，其中包括有若干个小的主题花园（儿童游戏的花园，老年人康体的花园，运动的花园，教育主题的花园……）每个主题花园可提供不同形式的活动行为产生。

今日的广场必须要抛弃过去的观念——一个自然酷似的复制品，不再是指涉一个绝对固定的理念，原生广场所表现的，可说是当代活动空间的一种变异性，配合着多元文化的思潮，将单一意义消弥，保存冲突及其不确定性，并且拒绝成为建筑象征意义的传承者，此一想法与意图，将是为当代思想所进行最激烈的抗争。

（二）植被复杂化——增加植物的覆盖率

植物策略——利用季风和种子传播的机制和生态特点进行的。在湿润的积水区域，这些树种将和其他靠重力传播的种子的乔木、灌木或花卉一同生长，因此这个区域原有设计的植被将会被不断补充密集化。运用植物生长、接续、修整提供动态背景，多样灵活的植被种类形成了渐变的地貌。

图4

图5

（三）肌理多样化——不同的工程表面变换穿插和谐统一

材料策略——增强实用的亲切感和灵活性。

现状基地面积巨大却有着单纯的场地关系，因此设计不同的工程表面增加其肌理的复杂性，为整体场地营造趣味性，增强设计感。众多系统的交汇增大了重叠和交互的面积。

（四）功能杂糅化——创建一个功能多样感受丰富的场所

以人为本是我们要坚持的主要原则，增加丰富多样的功能满足不同人群的使用需求，并且研究功能场所的利用和可行性，以此为依据设计场地。

三、主题与概念

（一）生态概念

从景观设计师的角度出发，生态性的景观已成为景观设计师内在的和本质的考虑。尊重自然发展过程，倡导能源与物质的循环利用和场地的自我维持，发展可持续的处理技术等思想贯穿于景观设计、建造和管理的始终。在设计中应尽可能使用再生原料制成的材料，尽可能将场地上的材料循环使用，最大限度地发挥材料的潜力，减少生产、加工、运输材料而消耗的能源，减少施工中的废弃物，并尽

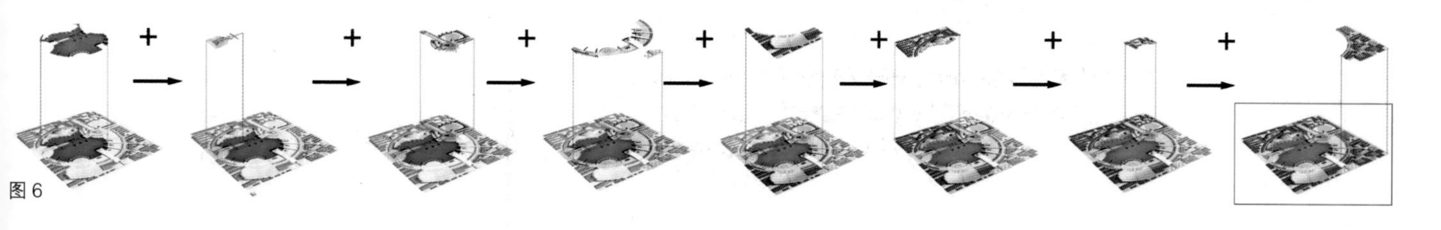

图6

图 7

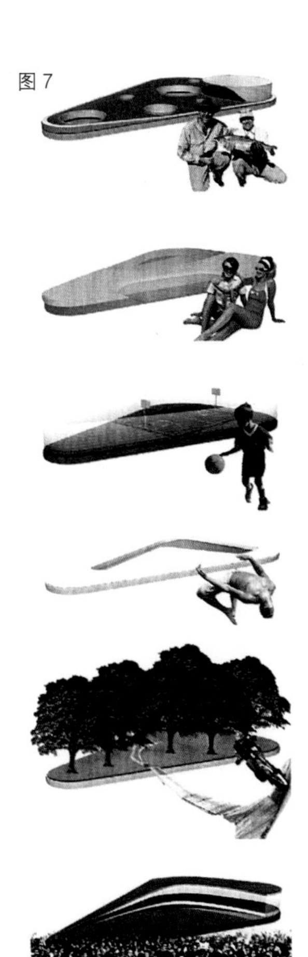

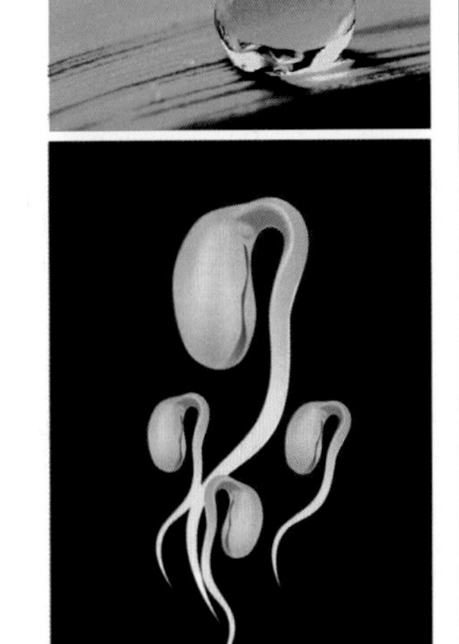

图 8

可能地保留当地的文化特点。合理的生态性与以往的对功能、形式追求处在了同一位置，甚至在后者之上。 以往一些景观设计中运用了许多绿色植物，但为了形成效果，维护它们就必须花费大量人力物力和财力，背离了生态意义上的“绿色”。在不同的地域，有其不同的自然特点，包括气候、植被种类等等，在这次设计任务中我们充分认识这一点，尽可能地在基址上设计出自然植被，构建一个框架，为一些乡土的植物提供生存条件，并可以让其自己发展循环不断自我补充，这样才是真正的生态。

在尊重港口文化遗产的同时，广场的生态特质为整个区域增添了新的品质，它们提高了环境的可居住性和商业价值，它们是可行的阶段划分的工具，它们为这一区域赋予了一种独特的地域感。

（二）设计灵感

该基地设计定位是一个具有自主发展生态低碳的景观广场，其本身是生态自然的，并与人类活动的交互影响中，也是具有生态开放性、丰富性及可持续性。通过对基地背景的解构以及前期详细的科学分析，整个广场的设计独树一帜，通过植物的生长、季风影响下植物种子的传播，衍生发展成为一个整体的自然环境。从本源上就是最生态最自然的模式，因此我们的设计团队想到“活的生命体”这一设计灵感。在此设计灵感的延续下，根据设计定位，整体设计的基地犹如多维空间里一个独立的生命点。

从建设决策 – 设计 – 建造 – 使用 – 拆除，表现出类似于生命体的产生、生长、成熟和衰亡的过程，通过对建筑实例的分析，揭示了建筑的自调节、可生长和自循环等类生命体特征以及以此为基点的建筑创作策略。

（三）设计主题

以“胚芽”作为设计的灵感，进而引入“萌芽与甘露”的概念，从而得到了“活的生命体”的设计主题。

萌芽，新事物的开端。营口港作为整个辽东半岛对外开放的重要窗口，他是刚刚起步的新港口，喻示海港经济的茁壮成长。

甘露，胚芽生长过程中不可缺少的重要部分。作为一切原生物来源的海洋，将甘露带到我们的营口港，进而带到整个辽东半岛，并将海港特色吹入整个东北内陆。

“因水起源，通达天际”，水是营口港发展的源泉，我们想要达到的效果就是站在原生广场的一个点能看到海洋另一端的天边。

在此处原生引申含义为集聚了各个领域众多优点的富有生命力的新事物。这一点，开拓了未来，延续了历史，成为崭新的开端但并不割裂与历史的联系。

在这之前，在自然地理方面，营口从以前的一片滩涂演变到有人类居住的现代化城市；在经济脉络方面，营口从以前的一个闭塞的渔村到经济贸易发达的港口；在景观艺术方面，由东方古典设计风格慢慢发展到西方现代设计方格。在这之后，新的未来画卷将由此展现，在自然地理方面，这一点将成为自然之源，使得营口成为可持续发展的低碳城市；在经济脉络方面，这一点将吹来海港之风，带动经济更加快速蓬勃的发展；在景观艺术方面，这一点将开拓新的设计风格，将自然作为本源，经济作为基础，集合现代艺术之大成，满载海港特色，成为艺术之集。

以集装箱的抽象艺术形式为载体，承载着知识与科技，信息与未来，生态与艺术，和谐统一，绵亘古今，穿越整个场地，使广场仿佛是一个新生事物的开始并具有生命力的艺术品，在潮起潮落、沧海桑田的巨变中，承载历史，寄托未来。因此取名为原生广场，体现了“自然之源、海港之风、艺术之集”。

（四）设计构成

拆解基地的历史重叠。原生广场由两大方面构成，一方面是大地景观，另一方面是集装箱系统。

大地景观又包含的自然要素和城市要素。自然要素由山脉、森林、草坪和大海构成。城市要素则由工程表面构成。

1. 大地景观

山脉，城市绿色骨架。延续原生广场东侧的人造山体，冬季抵挡西北冷风的入侵，广场空阔丰富广场线性。

森林，城市绿肺。

植物策略，利用季风和种子传播的机制和生态特点进行。该广场的植物生长系统以模拟自然森林形成规则为依据。广场东南角的生态森林，在春夏盛行的东南季风作用下，植物种子被吹撒到整个广场上，形成了广场的植物生长系统。

在湿润的积水区域，这些植物种子将和其他靠重力传播种子的乔木、灌木或花卉一同生长，因此这个区域原有设计的植被将会被不断补充密集化。运用植物生长、接续、修整提供动态背景，多样灵活的植被形成了渐变的地貌。

草坪，城市绿毯。

海洋，城市景观灵魂。有形水体展现无形的景观感受。

工程表面，城市人为皮肤。

2. Iconic

集装箱体系（中央景观标识＋集装箱通道）

以集装箱的抽象艺术形式为载体，承载着知识与科技，信息与未来，生态与艺术，和谐统一，绵亘古今，穿越整个场地，使广场仿佛是一个集聚了众多优点的具有生命力的艺术品，在潮起潮落、沧海桑田的巨变中，承载历史，寄托未来。

四、方案设计

（一）总平面图

广场从视觉符号、触觉、听觉上，奏响了一曲优美的时代交响曲。"一条龙、一湾水、一片绣、一支曲"，让人眼醉、耳醉、心醉、神醉、陶醉，留给观众无尽的回味和思考，让人神形皆醉……

我们的设计中水作为广场中的重要元素，以水兴事，以水为源，它的不同存在方式，创造了出影响任何情绪的不同种类的环境和气氛。水是这个世界风景中的要素，将生活变成感受中柔和和坚固的风景。而我们设计的这个广场也是有情绪的，在肆无忌惮的怒涨和悄悄地溜走，或更多的是一种运动中的宁静。我们给它创造了不同以往体验的景观，让水成为一条路线，一处停留点，一种景观，更多的是一种生活体验。雨水的再处理利用，污水的自然净化，自然排放景观将贯穿我们整个设计的始终。在自然中体验水，在水中思考，在自然中寻找水韵律的影子。

（二）鸟瞰图

五、方案分析

（一）功能分析

根据现状条件合理进行功能布局。全广场分为11个功能区：中央／婚仪广场区，演艺广场景观区，滨水休闲景观区，露天浴场区，水幕电影景观区，科普艺术展示及极限运动区，儿童活动／老年人康体区，城市休闲区，大湖景观区，山体观景区，中央景观轴。

在主题游览区内，主要设置盆景园、整齐的

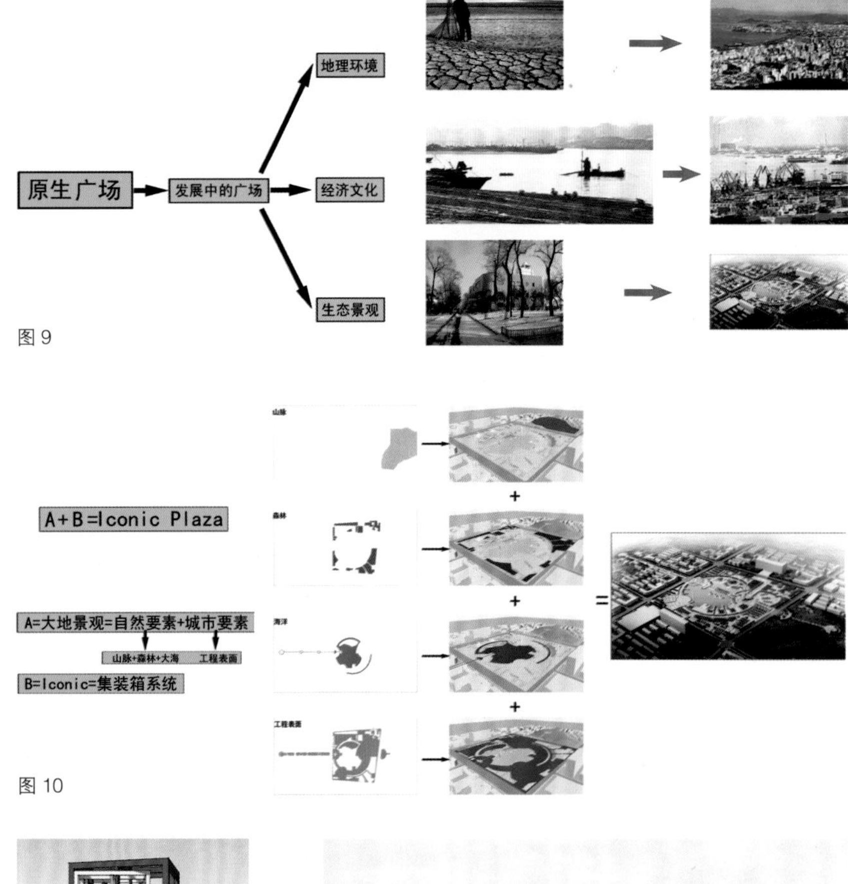

图9

图10

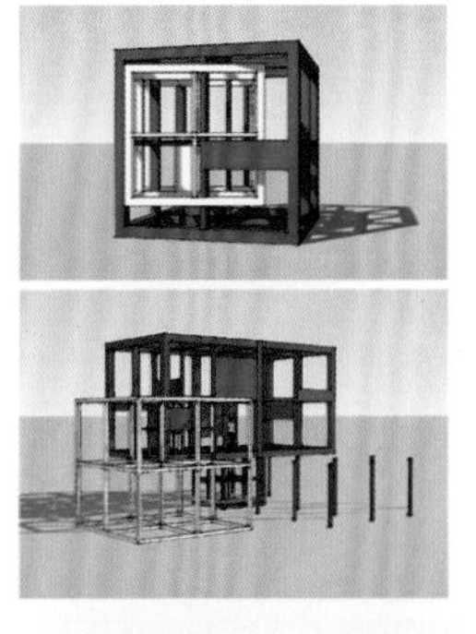
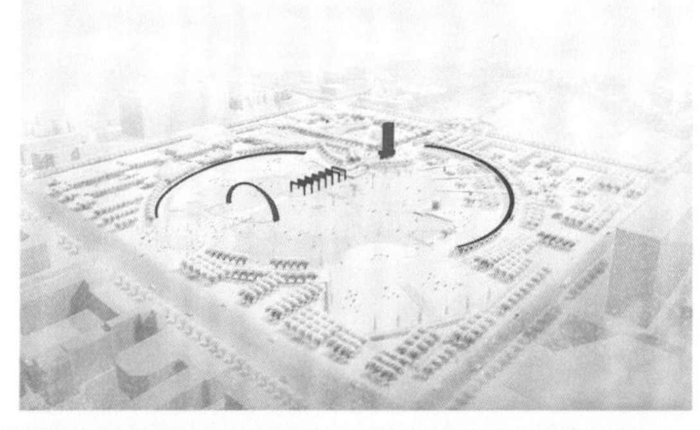
图11

树阵等构成绿化带，将水系引入其中，与整体景观相连接贯通，隔离铁路噪声，营造良好的公共休闲环境。

中央／婚仪广场区融合了集会、婚庆等多种内容为一体。以大面积的铺地，水面以及富有浪漫气息的景观长廊共同烘托出一个现代艺术的综合性活动场地。

演艺广场景观区，演艺功能为主，与中央广场相呼应，从观众台上看滨水演艺，舞台的背景就是中央广场的主题雕塑。

滨水景观区主要以干净的铺装为主，整洁，大气。滨水木平台和休闲散步道为游人提供自在闲适的休闲游览感受。景观上设置大型音乐喷泉，流光

图7　功能模式图
图8　设计灵感图
图9　设计主题模式图
图10　设计构成模式图
图11　Iconic 示意图

图 12　方案平面图
图 13　功能分析图
图 14　视线分析图
图 15　水系分析图
图 16　交通分析图
图 17　种植分析图

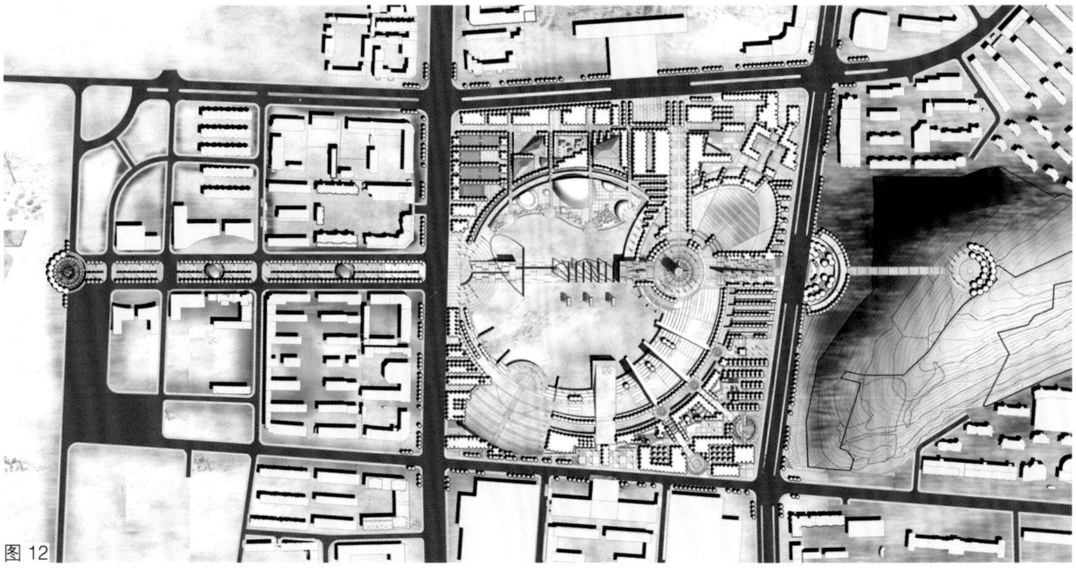

图 12

溢彩的灯塔和观赏游览的木平台，增加趣味性和观赏性。

露天浴场区，充分利用水体，以湿地的形式，为人们提供一个安静舒适的享受太阳浴的环境，并起到绿色生态的作用。

水幕电影院，以水为幕，投影仪照出的影像照在水幕上，就成了电影，再配上流行的或者古典的音乐，气势磅礴，就是一场集合声音和视觉效果于一体的电影音乐盛会。

科普艺术展示及极限运动区，配合现代主义的景观设计手法，让人们从中学到知识。

儿童游玩及老年人康体区，儿童活动游玩区引入先进的室外活动器械，为不同年龄层次的儿童和青少年提供良好的活动场地，并在附近提供老人健身设施，使综合性健身活动集中，并运用大量种植为该区域提供一个良好的生态景观环境。

城市休闲场地，抬高的场地和林下活动场地为主，皆以现代的设计手法营造出欢快的景观气氛，烘托出自然生态的景观环境。环境较为私密，景色宜人，为居民提供休息场所为主。

大湖景观区，冬季可作为滑雪滑冰区，合理利用，增加人们的活动场所。

山体观景平台，俯览整个广场，感受其的视觉冲击力。

中央景观轴，横向景观轴，将大海、广场和山联系在了一起。

（二）视线分析

全广场共有一个一级景观节点，四个二级景观节点，两个三级景观节点，七个城市景观轴线控制节点。视线通透，景观层次丰富。

1. 静态景观视线

整个广场有四个二级视觉中心和一个一级视觉中心，看向一级视觉中心的视线是主要静态景观视线，原生雕塑是整个广场的制高点，也是整体景观的视觉焦点。在整体由东向西的景观轴线中，作为地标性景观，引导游人视线。站在这里可以俯览整个广场，并能看到海的彼端。

广场内主要景观视线来自于两个方向。一是由演艺广场看向中央广场，是游人进入演艺广场后看到的主景，大气磅礴、充满气势；二是由水幕影院看向中央广场视线，并且视线可以由中央景观水系的灯柱延展到中央地标性雕塑。

看向二级视觉中心的视线是次要静态景观视线；两个二级视觉中心为演艺广场和水幕影院，其

图 13

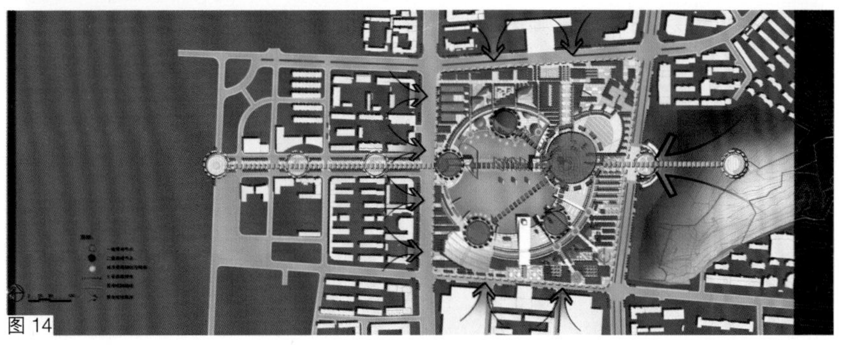
图 14

周围视线为次要静态景观视线。

2. 动态的景观视线

广场中环湖路为主要动态景观视线同时也是主要观湖界面。

3. “借景”手法的运用

同时也存在一个广场外的景观视线即从儿童公园的制高点看向演艺广场，并且可以从演艺广场看向儿童公园，将山体作为绿色的背景。

4. 观众席视线分析

观众席到舞台中心的最大视距为 150m，观赏角度达到 180° 并且在满足可坐下 15000 名观众的情况下，使观众席达到最佳的观赏效果。

（三）交通分析

整个广场分为一个主要出入口和三个次要出入口，道路规划因地制宜，形成规模适中、布局合理、安全高效、景观特色鲜明的广场交通系统，湖边形成环路，适合游人游览路线。并在水上设置四个码头，形成便捷水上游览路线，更好地利用水面景观资源。

（四）水体分析

中央景观水系作为主景，强化整体东西向景观轴线，并且穿连起各个主要景观节点。将海水引入，联通起来。

全园水体面积共有 50153m^2，占总面积的 19%，驳岸形式分为四种，直驳岸、石头驳岸、台阶驳岸以及草坡入水驳岸。

（五）风向及日照分析

该区全年主导风向为 NNW 风和 SSE 风，而东或西风向的频率最小（仅为 3% ~ 4%）。全年静风频率为 18.1%。冬、夏季的主导风向差异较大：冬季的主导风向为 NNW，风频达到了 16% 左右；其次为 NE 和 NW 风，风频在 10% 左右。夏季则主要以 SSE 风占绝对优势，频率在 17% ~ 18%；其次为 SE 风，风频在 9% ~ 10%。

（六）公共设施布局规划

1. 零售商业：集中布置在游客量大的集中活动场地。

2. 厕所：服务半径 250m，根据实际需求设置。

3. 指示牌：根据需要，在广场明显位置和重要交叉路口设置。

4. 垃圾桶：根据规范每隔 50m 设置。

5. 电话亭：根据需要每隔 150 ~ 200m 设置。

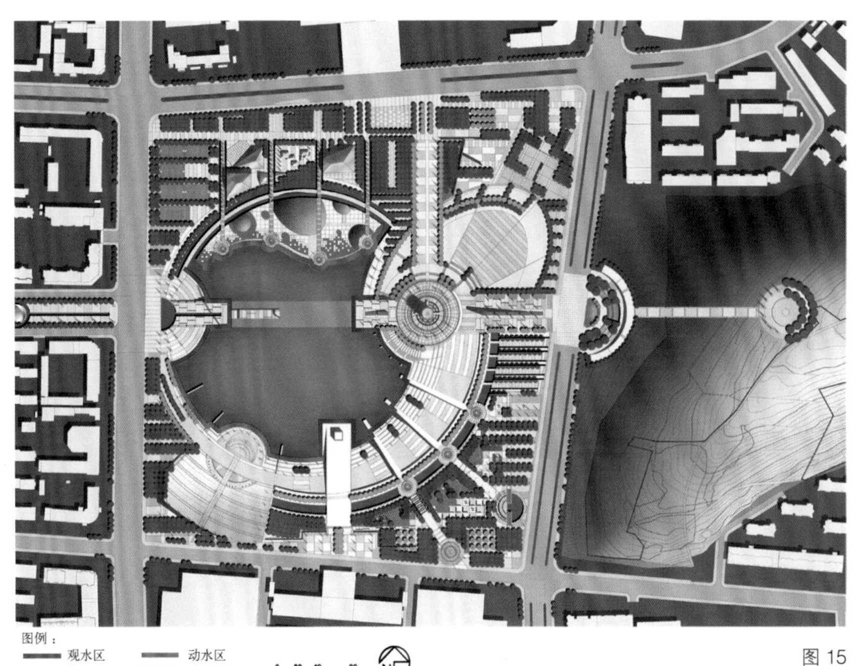

图 15

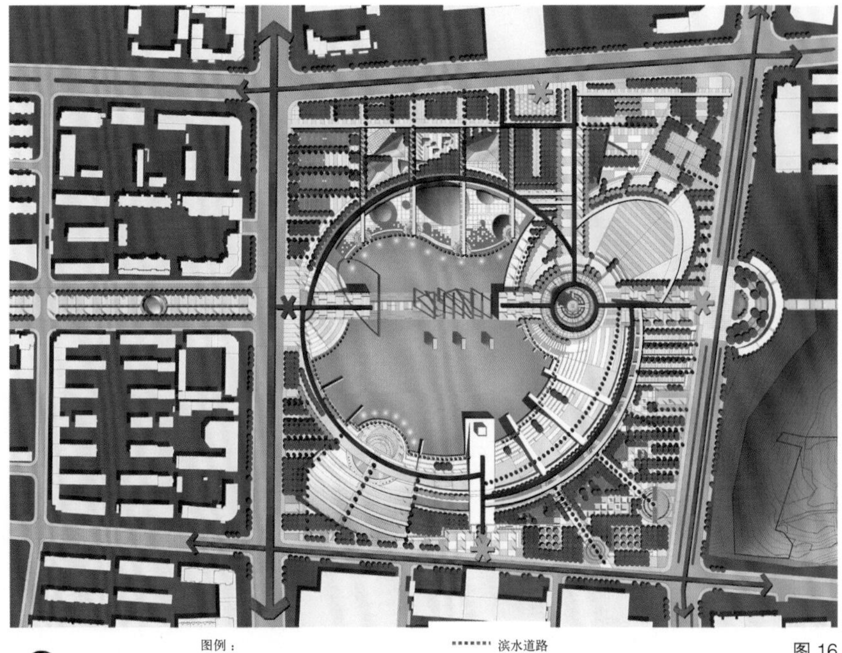

图 16

图 17

图 18 节点效果图
图 19 鸟瞰图

6. 消防设施：根据规范每隔 200 ~ 300m 设置。

7. 停车场：根据停车场规划设计规则中一般性城市广场的停车位指标（车位 /100m^2 游览面积）计算得出所需机动车停车位 60 个，自行车停车位为 538 个。

（七）种植设计

1. 营口冬季盛行西北风，在场地的西北角以常绿挡风乔木为主，减缓广场风力，使人们有更舒适的停留场所。春天多吹东南风，在场地东南方多以落叶乔木为主要骨干树种，亦起到播种绿化的作用。

2. 通过种植特色树种，色叶植物：黄叶（五角枫、银杏等）、红叶（火炬树、糖槭等）、开花灌木（锦带、榆叶梅、绣线菊、紫叶矮樱等）。

3. 种植形式分为：复层、双层、单层等，引导景观视线。

图 18

图 19

六、重要节点设计：中央／婚仪广场 滨水休闲广场

位于广场北出入口处，是集合了市民休闲、婚庆活动为一体的开放景观休闲空间。

中央雕塑为原生广场的一个景观制高点，以"露珠"为形象，与音乐喷泉、水中景观灯、滨水平台、码头相结合，登上这个点，不仅能俯览整个广场，而且经过景观设计者的巧妙处理，视线通透，能看到海洋彼端的天边。

广场主要由滨水步道和休憩台地构成。空间富有变化的同时尺度上又不失亲和性。营造舒适宜人的滨水休闲景观，在考虑安全性的同时满足游人的亲水特性。通过对广场水岸的梳理，创造各种不同的水前空间，沿水岸设计人行步道、廊桥、木平台，为游人的休闲生活提供多层次的景观感受。

七、结语

结合历史人文底蕴，利用优质自然条件，运用现代手法，打造一个集休闲、娱乐、婚庆为一体，自然生态，以人为本的城市广场开放空间。充分体现营口特有的城市特色，使之成为营口市具有独特性、不可复制性、可持续性以及生物多样性的区域性景观标志。甚至成为辽宁省甚至整个辽东半岛具有代表性的景观标志。

这种设计策略只是我们对于具有复合功能要求的综合性城市开放绿地设计的一种全新的尝试。可能它还不够完善，但是作为一名设计师，我们要具有一颗敢于创新、敢于挑战、敢于尝试的必胜信心，走向中国未来景观设计之路。

设计单位：北京中国风景园林规划设计研究中心
项目负责人：刘志明
项目参加人：高慧萍　吴静娴
项目撰稿人：刘志明

九华山涵月楼度假酒店景观规划

北斗星景观设计事务所／樊士颖

一、项目概况

九华山涵月楼五星级度假酒店位于九华山风景保护区西侧，四周群山环抱，自然条件优越，基地内地势平坦。九华山 99m 地藏菩萨大铜像位于园区外围东北侧，一条活水源从东北侧外围山体缓缓流入基地现场内部。规划建设基地面积 207610.8m^2，合 311 亩，总建筑面积 83274.7m^2，包含 42 套别墅式客房单元，550 间度假酒店式公寓和 258 套庭院式度假公寓。

园区分为三期开发，南侧为一期，现已建成五星级度假别墅酒店，北侧为二、三期，规划为可售的庭院式度假公寓。五星级度假酒店区域的设计集度假、餐饮、娱乐、休闲、养生、购物和住宿为一体，秉承皖南地区徽文化历史的文脉，同时依托丰富的九华山自然景观和深厚的佛教文化资源，建立一个拥有自然山水景观的休闲、度假、旅游等高品位的优质度假场所。

如何在建筑营造的徽州风情里面加入景观的独特徽州景观文化，并将景观的徽州文化与佛教文化相融合，这是我们在做景观设计时所面临的最重要的难点。

二、徽州文化

徽州文化，即徽文化，是中国三大地域文化之一。徽州文化是一个极具地方特色的区域文化，其内容广博、深邃，有整体系列性等特点，深切透露了东方社会与文化之谜，全息包容了中国后期封建社会民间经济、社会、生活与文化的基本内容，被誉为是后期中国封建社会的典型标本。

徽州文化的主要内容有徽派篆刻、徽派版画、徽州工艺、徽州雕刻、徽州文书、徽派建筑、徽州村落、徽州民俗、徽州宗教、徽州地理、徽州动植物资源等。

徽州建筑集徽州山川风景之灵气，融风俗文化之精华，风格独特，结构严谨，雕镂精湛，不论是村镇规划构思，还是平面及空间处理、建筑雕刻艺术的综合运用都充分体现了鲜明的地方特色。尤以民居、祠堂和牌坊最为典型，被誉为“徽州古建三绝”，为中外建筑界所重视和叹服。它在总体布局上，依山就势，构思精巧，自然得体；在平面布局上规模灵活，变幻无穷；在空间结构和利用上，造型丰富，讲究韵律美，以马头墙、小青瓦最有特色；在建筑雕刻艺术的综合运用上，融石雕、木雕、砖雕为一体，显得富丽堂皇。

图 1　分期示意图

图 1

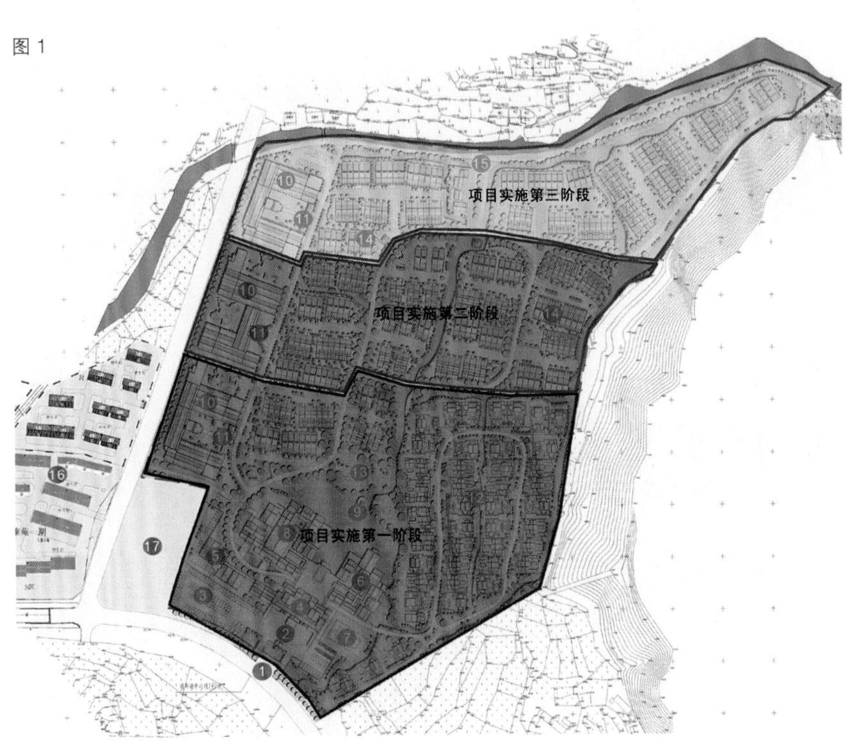

❶ 酒店入口　❷ 水口景观　❸ 停车场　❹ 接待中心　❺ 后勤服务　❻ 娱乐中心　❼ 网球场地　❽ 餐饮、会议中心　❾ 中心水景　❿ 度假公寓　⓫ 公寓入口　⓬ 庭院式酒店客房　⓭ 集中绿化景观　⓮ 庭院式度假公寓　⓯ 度假公寓区入口　⓰ 九华雅苑一期　⓱ 金九华国际大酒店现员工公寓用地

图 2

图 3

图 4

三、九华山佛教文化

九华山，位于安徽省池州市东南境，风景区面积 120km²，保护范围 174km²。是首批国家重点风景名胜区，著名的游览避暑胜地，现为国家 5A 级旅游区、全国文明风景旅游区示范点，与山西五台山、浙江普陀山、四川峨眉山并称为中国佛教四大名山，是“地狱未空誓不成佛，众生度尽方证菩提”的大愿地藏王菩萨道场，被誉为国际性佛教道场。

四、徽州文化在本项目景观中的营造

（一）元素分析

1. 水元素

徽州山水拥有其独特的魅力与风韵，形成独具徽州的“水口文化”及“水文化”。从唐模水口、万安水口到徽州西递、宏村古民居入口，每个村落水口布局设计，再现了朴素的美学元素，讲究天人合一，融入徽俗民情，荟萃生活情趣，使山水和谐，情理相称，形神合拍，充满了无穷的活力。

在徽州九华山涵月楼景观设计中，就引用了徽州的“水文化”。涵月楼之水分为三段：源（九华圣泉）——溪（九溪花涧）——湖（瑶池仙境）。瑶池仙境中，片石生情，白墙会意，将别墅式部分客房设计与湖面相连，成为独特的滨水度假别墅。同时红枫飘逸，松柏笔直，翠竹摇曳更将这幅山水画点缀得有声有色。湖岸对面的茶亭，与茶山相互呼应，无论是亭边的祥云、桥边的抱鼓石、桥面的莲花细节的刻画都增加了徽州“水文化”的文化厚度。

2. 山元素

徽州山峦起伏，其中九华山被列为皖南横列的三大山系之一，与黄山、天目山齐名。此山奇秀，高出云表，峰峦异状，其数有九，唐天宝年间诗仙李白曾数游九华山，睹此山秀异，九峰如莲花，触景生情，在与友人唱和的《改九子山为九华山联句并序》中曰：“妙有分二气，灵山开九华。”可见九华山山势拥有灵秀之美。

整个九华山涵月楼背依灵山，区内地势平坦，设计借山景入园，精心观察和记录九华山四季变化，场地内日出日落，在每栋别墅内设计了特定场所，可进行打坐，收纳佛光。即使是寻常游客，在庭院内就可以尽览九华胜景的奇秀和灵慧。

3. 石雕元素

徽州三雕是徽州的文化瑰宝，集中体现了徽州人的智慧和工艺。我们在设计与施工中，寻访徽州当地的老艺人，听他们讲述石雕的文化，将传统的工艺与现代的加工技术融合，通过桥墩、窗花、灯柱、台阶等细节的雕塑，让整体景观在高雅大气中增加了细腻。

4. 木雕元素

徽州木雕，是传统"徽州三雕"之一。徽州山区盛产木材、建筑物绝大多数都是砖木石结构，尤以使用木料为多，所以，就有了木雕艺人发挥聪明才智的用武之地。旧时，徽州木雕多用于建筑物和家庭用具上的装饰，其分布之广在全国首屈一指，遍及城乡，民居宅院的屏风、窗棂、栏柱，日常使用的床、桌、椅、案上均可一睹木雕的风采。

我们在庭院中将屏风与窗棂的设计融入传统的木雕工艺，透而不漏，遮而不挡，与整体的景观与建筑风格相一致。

5. 植物元素

植物强调当地原生植物群落，在仔细调查原生态植被的基础上，增加彩叶林，每到春日初夏，各式花树、灌木色彩绚烂，带来视觉和嗅觉的震撼。各个组团内的植物体系，在保护原生态植物的基础上，以不同植物品种进行造景来烘托建筑和景观主体。

碧云天，黄叶地，波上寒烟翠。每到秋日初冬，黄山栾树、银杏、乌桕、红枫等色叶植物将整个大环境渲染的好像豁然抖开绚烂的调色板，将金黄色、琥珀色、红色、橙色、紫色交织的油画、水粉画面骄傲的展示。

佛教的传统植物在此也落叶生根，南天竺、菩提树、罗汉松、芭蕉的大量运用，与九华山的佛教圣境相互辉映，净化人的心情，洗涤人的身心，陶冶人的情操。

（二）意境分析

意境是人们通过体会周围环境而获得的心境和感受。徽州文化更是需要游走和体会，在青山秀水小道上转悠，在民风淳朴的古街里坊行走，你会顿然感到与现代都市的嘈杂与浮躁迥然不同，一种久违了的乡野清新与人文古韵迎风扑面而来。

1. 自然意境

九华山涵月楼需要通过人们自身入住体会，无论是雨打芭蕉、滴水穿石，还是水面映照的浮云落日，都展现了自然的美好，达到"物我两忘""身处世外"的禅境。同时自然意境还需要自然来描绘，植物的种植和选用就采用了自然的手法，四季季相分明，常绿落叶交替，并运用了徽州盛产的灵璧石与植物之间进行组景，形成小草从石缝中探出头，藤蔓缠绕着景石这样生动的自然意境。

2. 文化意境

文化意境是融合了古代文人琴棋书画的高层次文化与广大劳动人民喜闻乐见的民俗文化。设计中为每户独立别墅都进行命名，并挂上牌匾，每户的命名又不是凭空想象，而是根据庭院内的布置和景色有感而发。如竹境轩则是以翠竹为主，层层递进的空间又与竹子的节节高升不谋而合。山间水房面对溪流和山峦，别有一番情趣。除每户的命名外，亭廊中的对联诗句也体现了作为新中式酒店的文化内涵。此外琴台、棋台、茶园的设立为今后酒店方组织各种活动提供了空间和场所。

3. 生活意境

文化景观产生于人，也要为人所用。最为关键的就是强调人的生活意境。尤其是作为五星级度假酒店而言，居住的舒适性和游憩的便捷性都要同时满足。九华山涵月楼既要继承传统徽州民居的生活习惯，又要利用现代技术让客人住得舒适。在公共区域内尽量少设台阶，在游览小道中又要有拾阶而上的乐趣。除了在空间和场景上营造出徽州的传统风貌，又要注重现代人的审美习惯和情趣，例如在别墅庭院内，打造私密隐逸的场景，让住客练练太极、瑜伽或冥想，都是"游憩"的最好方式。湖岸边的喷雾设施的加入，使游人在湖岸边漫步中体验一丝丝仙境的韵味，宛如在画中、在雨中、在梦中的景象。

4. 休闲意境

涵月楼成为九华山地区顶级的休闲酒店，除了对其地域文化的挖掘之外，还有无数的顶级休闲体验。水上餐厅、水上SPA、乌篷游船、登阁观景、湖面豪宅……这些休闲体验，都将极大满足人们对极品休闲旅居文化的渴望。

五、佛教文化在景观中的营造

（一）佛教元素

徽州的佛教元素因九华山而扬名海内外，九华山与山西五台山、浙江普陀山、四川峨眉山并称为中国佛教四大名山，又被称为"莲花佛国"。

佛教元素的应用相对需要比较慎重，将"莲"作为涵月楼中的重要元素，除了九华山莲花佛国，也是佛教的四大吉花，此外莲花被崇为君子，风采

图2 水系分析图
图3~图17 实景照片

图 5

图 6

图 7

图 8

图 9

图 10

图 11

图 12

图 13

图 14

图 15

图 16

图 17

和气度都让人为之心折。设计将莲花用作铺地拟为"步步生莲"，用做石雕的莲花盆造景，将莲花设计成莲花灯、莲花烛，将专门的一片水域设计成莲花池，潜移默化间将莲花与酒店客人的日常生活融会贯通。

（二）禅宗元素

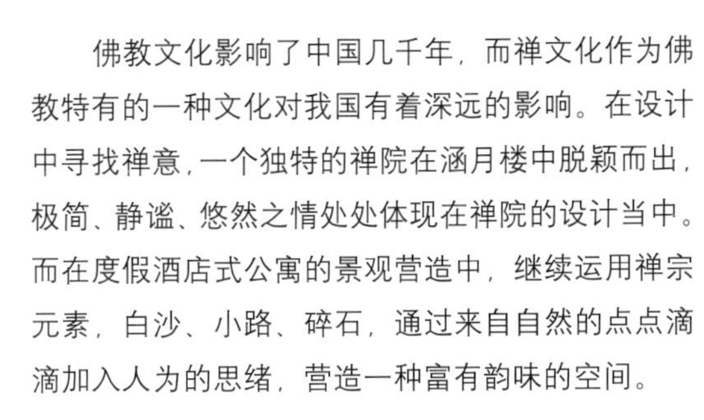

佛教文化影响了中国几千年，而禅文化作为佛教特有的一种文化对我国有着深远的影响。在设计中寻找禅意，一个独特的禅院在涵月楼中脱颖而出，极简、静谧、悠然之情处处体现在禅院的设计当中。而在度假酒店式公寓的景观营造中，继续运用禅宗元素，白沙、小路、碎石，通过来自自然的点点滴滴加入人为的思绪，营造一种富有韵味的空间。

六、结语

（一）传统文化的提炼是整个酒店设计的灵魂

对于位于风景区周边而且当地具有一定传统文化的基地，文化元素的介入与景观的打造是相互协同关系。合理的架构文化概念，是整体酒店设计的重中之重。

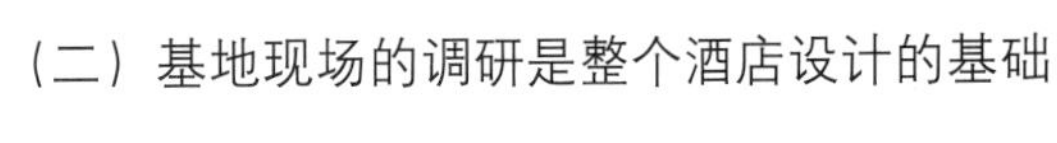

（二）基地现场的调研是整个酒店设计的基础

在做此项目之前，我们进行了大量的实地调研工作，从当地植物品种的研究到当地村落的演化，再到当地传统手工艺人的寻访，都为做出一个具有文化韵味的酒店景观设计打下了坚实的基础。

项目组成员名单
设计单位：北斗星景观设计事务所
项目负责人：虞金龙　樊士颖
项目参加人：徐爱军
项目撰写人：樊士颖

传承西湖传统甘当一名卫士，为西湖设计锦上添花是人生最幸福的事——陈樟德

名家名师

各行各业都是既出成果又出人才，风景园林业界也是如此，本栏将逐步汇集介绍20世纪50年代以来成长并已离退的风景园林师传略，反映他们的简历、代表作品、感悟体会及相关图照。欢迎业界同仁举荐。

陈樟德，1940年生，浙江龙游人，1959～1965年就读同济大学建筑学专业。毕业后赴大三线参加061和065工程规划设计和施工管理工作，曾任副连长。1975年调到杭州市园林管理局，从事风景园林规划设计和技术管理工作。任杭州园林设计院副院长兼总工程师。获得杭州市优秀科技工作者称号，浙江省建设系统优秀科技工作者称号，1992年开始享受国务院特殊津贴。1998年取得教授级高级工程师资格，一级注册建筑师。

2002年作为社会各界知名人士代表，在北京人民大会堂座谈会上宣读论文，获优秀科技论文一等奖。现任杭州陈樟德园林设计研究院董事长。曾受聘担任浙江大学和浙江树人大学园林专业兼职教师。曾任杭州风景园林学会副理事长。多年来从事园林科技工作。

一、为杭州西湖风景区做的规划设计作品

为杭州西湖风景区做的规划设计作品主要有：郭庄修复规划设计，获得国家优秀工程设计银质奖、建设部优秀设计一等奖、浙江省优秀设计特等奖；

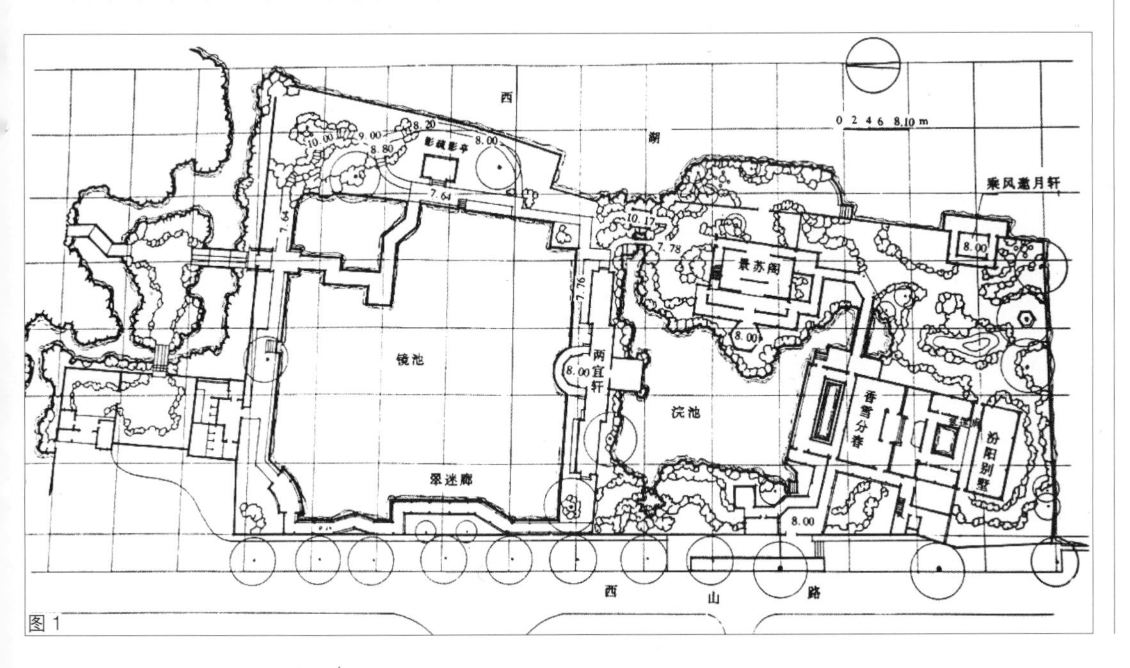

图1　修复后总平面图

图2

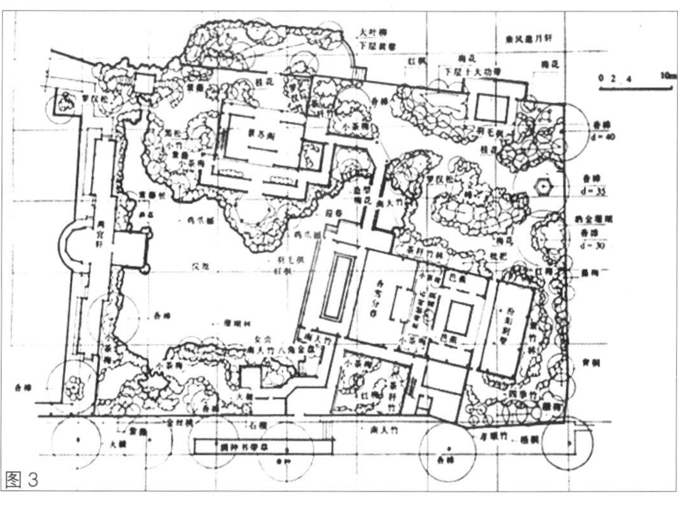
图3

黄龙饭店园林设计获得国家优秀工程设计铜质奖；云松书社规划设计，获浙江省优秀风景建筑称号、浙江省优秀设计一等奖；岳湖口建筑设计，获浙江省优秀风景建筑称号；曲院风荷公园（西湖十景之一，从不到1亩地扩大到426亩地）规划设计，内有多项评为浙江省优秀设计；中国茶叶博物馆规划设计，评为浙江省优秀设计三等奖；西湖引水工程明渠段设计（太子湾公园水系）；玉带晴虹（西湖十八景之一）修复设计；吴山大观（西湖十八景之一）规划设计；湖山春社修复设计；烟霞采色（西湖四十二景之一）修复设计；石屋虚明（西湖四十二景之一）修复设计；水乐清音（西湖四十二景之一）修复设计；竹素园修复设计；望湖楼异地迁建设计；杭州城隍庙复建规划设计；杭州植物园资源馆方案设计；杭州植物园山外山菜馆设计；杭州植物园山水园整治设计；杭州动物园金鱼馆设计；六公园茶室设计；黄龙洞入口整治规划设计；湖畔居茶室设计；西湖保护工程"酒文化"景区设计；湛碧楼茶室设计；城隍阁施工图设计……。

二、为京杭大运河保护工程做的规划设计作品

为京杭大运河保护工程做的规划设计作品有：

图5

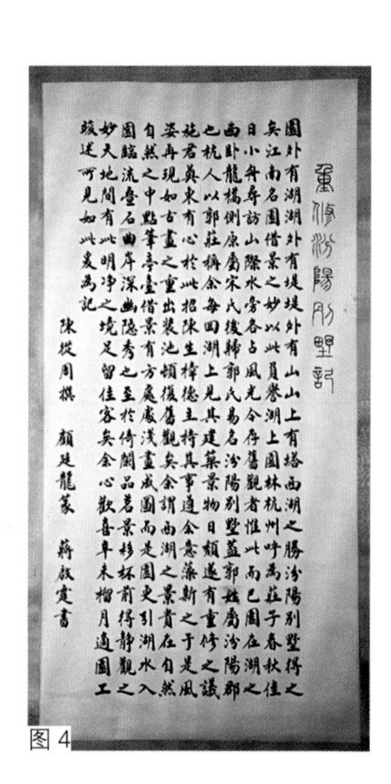
图4

图6

图7

运河文化广场规划设计、运河茶馆建筑设计、杭州东河（运河与钱塘江沟通）保护工程绿化带规划设计、京杭大运河（德胜路到秋涛路）整治规划。

三、为浙江省内做的风景园林规划设计作品

为浙江省内做的风景园林规划设计作品有：国家风景名胜区溪口雪窦山露天弥勒大佛景区规划设计（2005年在境内外招投标中标，规划面积52万m^2）、省级风景名胜区新昌穿岩十九峰风景区详规、新昌重阳宫景区规划设计、舟山中韩友好公园"沈清园"规划设计、金华黄大仙景区规划设计、金华婺州公园规划设计、桐庐严子陵钓台景区规划设计、建德新安江儿童公园规划设计、余杭公园整治规划设计、临安青山湖初期规划及圣鹤山庄设计、海盐天宁寺商游区规划设计、镇海香山寺文化旅游区修建性规划、台州南山植物园规划、宁波洪都花园景观设计、宁波梁祝文化公园梁祝景区设计（获省优秀设计三等奖）、千岛湖明珠观光主题公园规划、绍兴会稽山南镇殿规划设计、临安钱王广场设计、安吉赋石度假村规划设计。

图8

图9

图10

图12

图11

图13

图2　复建郭庄鸟瞰效果图
图3　郭庄绿化布置图
图4　陈丛周先生亲笔撰写的《重修汾阳别墅记》
图5　以静观对景为主，步移景异的南面
图6　西湖十八景之一——玉带晴虹
图7　望湖楼
图8　吴山天风
图9　黄龙饭店景观设计
图10　云松书社
图11　国家风景名胜区溪口雪窦山露天弥勒大佛景区鸟瞰
图12　雪窦山露天弥勒大佛
图13　大佛景区弥勒殿

图 14　省级风景名胜区新昌穿岩十九峰风景区详细规划
图 15　中韩友好公园“沈清园”规划
图 16　桂林榕杉湖双塔
图 17　河北省十大精品园——磁州窑文化创意产业园
图 18　河北省十大精品园——磁州窑文化创意产业园
图 19　河北省十大精品园——磁州窑文化创意产产业园
图 20　与香港三良木公司合作完成的大连小平岛风景旅游区规划
图 21　新加坡同济院

图 14

图 15

图 16

图 17

图 18

图 19

图20

四、为国内做的风景区规划设计作品

为境内做的风景区规划设计作品有：桂林榕杉湖景区规划、日月双塔文化公园规划、日塔/月塔建筑设计、桂林七星岩公园月牙楼设计、苏州天平山庄规划设计、珠体四大佛山普舵寺规划设计、河北省十大精品园——磁州窑文化创意产业园规划设计、同香港三良木公司合作完成大连小平岛150万m^2地块风景旅游区开发规划。

五、为境外做的项目有

为境外做的项目有：新加坡同济院（新加坡第2号文物保护单位）保护维修工程设计、新加坡牛车水广场规划、新加坡天福宫修复设计方案、香港集古村设计方案、乌克兰“中国园”设计方案、澳门中山名嘉庭园规划。

六、科研论文及著作

1.《园林造景图说》——上海科技出版社出版，和储椒生合著。

2.《园林造景图说》——台湾博远出版社再版。

3.《中国建筑史纲要》——为浙江大学、树人大学、杭州园林技校编写的教材。适用园林专业。

4.《西湖风景园林》——参加部分章节编写。

图21

5.《工程建设手册》——浙江科技出版社出版，参加编写。

6.《全国城乡建设建筑设计统一工日定额》——参加园林部分编制工作。

7.《曲院风荷公园规划构思立意断想》（园林名胜1985年）。

8.《为自然风景画龙点睛》（建筑学报1990年）。

9.《小园人家》——谈郭庄的设计（建筑学报1994年）。

10.《杭州黄龙饭店园林设计》（建筑学报1988年）。

11.《从风水文脉谈杭州城市的发展》

图书在版编目(CIP)数据

风景园林师12　中国风景园林规划设计集/中国风景园林学会规划设计委员会，中国风景园林学会信息委员会，中国勘察设计协会园林设计分会编．—北京：中国建筑工业出版社，2013.8
ISBN 978-7-112-15553-8

Ⅰ．①风…　Ⅱ．①中…②中…③中…　Ⅲ．①园林设计－中国－图集　Ⅳ．①TU986.2-64

中国版本图书馆CIP数据核字（2013）第137635号

责任编辑：田启铭　郑淮兵　杜　洁
责任校对：肖　剑　刘　钰

风景园林师 12
中国风景园林规划设计集
中国风景园林学会规划设计委员会
中国风景园林学会信息委员会　编
中国勘察设计协会园林设计分会
*
中国建筑工业出版社出版、发行（北京西郊百万庄）
各地新华书店、建筑书店经销
北京嘉泰利德公司制版
北京画中画印刷有限公司印刷
*
开本：880×1230毫米　1/16　印张：11　字数：340千字
2013年9月第一版　2013年9月第一次印刷
定价：99.00元
ISBN 978-7-112-15553-8
(24145)